空间信息网络拓扑建模与可视化

Topological Modeling and Visualization of Space Information Networks

胡华全 于少波 张喜涛 著
邹 玲 于荣欢 郝红星

国防工业出版社

·北京·

内 容 简 介

本书针对空间信息网络规模越来越大、结构越来越复杂、分析难度越来越高的发展现状，以及空间信息网络拓扑特征表达困难、不易理解等科学问题，瞄准空间信息网络的复杂网络属性，以宏观的视角研究体系结构设计和拓扑建模问题，尝试构建了体系结构可重组模型、加权动态演化模型和多层拓扑模型。为了使用户更形象、直观、清晰地感知网络拓扑状态，辅助各类人员更容易地掌握多层次拓扑结构的演化规律，本书创新性地提出了融合动画和时间线、多层网络压缩布局、优化布局等多种空间信息网络可视化方法和人机交互分析方法，构建了具有典型代表性的可视化原型系统框架，支持用户基于可视化图形界面进行自由浏览、探索和分析，从而实现对空间信息网络多维度、深层次的理解和认知。

本书可作为空间科学、信息与通信工程、系统科学等学科专业领域的研究生参考书，也可作为科研院所相关专业工程技术人员的参考资料。

图书在版编目（CIP）数据

空间信息网络拓扑建模与可视化/胡华全等著. — 北京：国防工业出版社，2022.10
ISBN 978-7-118-12616-7

Ⅰ.①空… Ⅱ.①胡… Ⅲ.①卫星通信系统—网络拓扑结构—研究 Ⅳ.①TN927

中国版本图书馆 CIP 数据核字（2022）第 162079 号

※

国防工业出版社 出版发行
（北京市海淀区紫竹院南路 23 号 邮政编码 100048）
天津嘉恒印务有限公司印刷
新华书店经售

*

开本 710×1000 1/16 印张 16 字数 282 千字
2022 年 10 月第 1 版第 1 次印刷 印数 1—2000 册 定价 92.00 元

（本书如有印装错误，我社负责调换）

国防书店：(010)88540777　　书店传真：(010)88540776
发行业务：(010)88540717　　发行传真：(010)88540762

前　言

老子在《道德经》中说："道生一，一生二，二生三，三生万物。"世界万物之间有各种各样的联系，有些联系是自然的，有些联系是人为的，然而，大象无形，绝大多数的联系是不可见的。通过构建网络可视化模型，利用人类视觉系统的先天优势"看到"事物之间的连接，并由此"看到"由连接形成的网络，对于理解万物互联的这个复杂系统具有重要意义。在"看到"的过程中，让人们洞悉蕴含在复杂系统中的现象和规律，是可视化研究所追求的终极价值。

空间信息网络是国家的重要基础设施，也是网络信息体系的重要组成部分。人类依靠空间信息网络强大的空间覆盖能力实现信息获取、传输、处理和分发，能够实现地面装备无法完成的任务和目标，从而更好地支持人类社会可持续发展。空间信息网络由于工作环境和运行模式的特殊性，无法像地面通用装备一样通过大量日常应用进行效能分析与评估，因此在数字空间中开展空间信息网络分析在航天信息领域显得尤为重要。

本书为读者提供一种新颖的观察和分析空间信息网络的视觉方法，让读者从可视化视图中"看到"浩瀚太空中客观存在的空间信息网络成为可能。当然，这是从抽象的、逻辑的、系统的角度来实现这个目标，而不是一种具象的和物理的实现。我们知道，一个简单的抽象网络，包括一个节点的集合和一个边的集合。通过将全部的空间网络相关目标建模成一个节点集合，将目标间的链路建模成一个边集合，可以构建起一个拓扑的空间信息网络，从而支持从复杂网络的角度实现多维度的网络分析。

"在复杂事物的发展过程中，有许多的矛盾存在，其中必有一种是主要的矛盾，由于它的存在和发展规定或影响着其他矛盾的存在和发展。"空间信息网络具有一系列特征，我们认为，动态特征和多层特征是其中最主要的两个特征。围绕这两大特征，我们系统梳理和分析了空间信息网络的可视化任务，进行拓扑建模，实现网络可视化方法，并构建了具有典型代表性的可视化框架。

本书共10章：第1章、第9章由胡华全、邹玲撰写；第2章至第4章由于少波、于荣欢撰写；第5章至第8章由张喜涛、郝红星撰写；第10章由胡华全、于少波、张喜涛等撰写。胡华全对全书进行统稿。成书过程中，得到了吴玲达研究员的倾心指导，以及宋汉辰、冯晓萌、李超、姚中华等专家学者的大力支持，在此表示感谢！

本书相关技术研究获得装备预研重点实验室基金资助（编号：6142010010301）；本书的出版，获得天基信息支援重点学科专业建设项目资助，在此表示诚挚的感谢！特别感谢国防工业出版社编辑，他们严谨细致、认真负责的工作态度，确保了本书的顺利出版。

由于作者在理论、实践和技术方面的水平有限，书中错谬和不足之处在所难免，敬请广大读者批评指正。

作者

2022 年 8 月

目 录

第1章 概述 ... 001

1.1 空间信息网络 ... 001
1.1.1 空间信息网络概念 ... 001
1.1.2 空间信息网络特征 ... 004

1.2 空间信息网络拓扑建模 ... 006
1.2.1 网络拓扑建模基本概念 ... 006
1.2.2 空间信息网络体系结构建模方法 ... 007
1.2.3 空间信息网络拓扑演化建模方法 ... 010

1.3 空间信息网络可视化 ... 013
1.3.1 网络可视化基本概念 ... 013
1.3.2 网络可视化方法及发展 ... 014
1.3.3 空间信息网络可视化任务 ... 020

1.4 本书内容 ... 025

参考文献 ... 026

第2章 以数据为中心的空间信息网络体系结构可重组建模方法 ... 030

2.1 引言 ... 030

2.2 以数据为中心的空间信息网络体系结构模型 ... 031
2.2.1 DaaC 体系结构建模思想 ... 031
2.2.2 DaaC 体系结构建模机制 ... 033
2.2.3 DaaC 体系结构模型实现方法 ... 036

2.3 以数据为中心的空间信息网络体系结构可重组模型 ... 037
2.3.1 基本概念及原则 ... 038
2.3.2 可重组体系结构建模机制 ... 040
2.3.3 可重组体系结构模型实现方法 ... 042

2.4 案例分析 ... 046
2.4.1 可重组体系结构建模案例分析 ... 046

2.4.2 体系结构建模方法定性对比分析 ·············· 050
2.5 小结 ·············· 052
参考文献 ·············· 052

第3章 基于局域世界的空间信息网络拓扑加权演化建模方法 ·············· 054

3.1 引言 ·············· 054
3.2 局域世界演化基础 ·············· 056
 3.2.1 空间信息网络的局域世界现象 ·············· 056
 3.2.2 经典局域世界演化模型 ·············· 057
3.3 空间信息网络动态拓扑模型 ·············· 057
 3.3.1 多属性节点 ·············· 058
 3.3.2 有向加权边 ·············· 059
 3.3.3 动态拓扑模型 ·············· 060
3.4 空间信息网络加权局域动态演化模型 ·············· 060
 3.4.1 空间信息网络拓扑演化规则 ·············· 060
 3.4.2 空间信息网络拓扑演化机制 ·············· 064
 3.4.3 空间信息网络加权局域动态演化算法 ·············· 066
3.5 案例分析 ·············· 068
 3.5.1 演化模型评价指标 ·············· 068
 3.5.2 演化模型验证分析 ·············· 068
3.6 小结 ·············· 074
参考文献 ·············· 075

第4章 融合动画和时间线的空间信息网络动态可视化方法 ·············· 077

4.1 引言 ·············· 077
4.2 基于动态力引导算法的空间信息网络动态布局方法 ·············· 079
 4.2.1 动态力引导算法布局理论分析 ·············· 079
 4.2.2 动态力引导算法布局实现算法 ·············· 082
4.3 考虑加权局域现象的空间信息网络属性可视化方法 ·············· 084
 4.3.1 基于质心约束的局域属性可视化 ·············· 085
 4.3.2 基于双重编码的加权属性可视化 ·············· 085
4.4 基于平移和缩放的空间信息网络交互方法 ·············· 086
4.5 案例分析 ·············· 088
 4.5.1 实验平台及数据来源 ·············· 088

  4.5.2　网络拓扑布局结果分析 ·· 090
  4.5.3　加权局域属性可视化结果分析 ·· 091
  4.5.4　网络交互结果分析 ·· 093
 4.6　小结 ··· 094
 参考文献 ··· 095

第5章　空间信息多层网络拓扑结构建模与可视化 ································· 096

 5.1　引言 ··· 096
 5.2　基于多层网络的空间信息网络拓扑结构建模 ······································· 097
  5.2.1　多层网络模型分析 ·· 097
  5.2.2　空间信息网络多层特征分析 ··· 100
  5.2.3　空间信息多层网络拓扑结构建模 ····································· 103
 5.3　多层网络仿真分析 ··· 106
  5.3.1　多层网络设计 ·· 107
  5.3.2　多层网络建模与分析 ·· 108
 5.4　基于Card模型的空间信息多层网络可视化框架设计 ························· 112
  5.4.1　信息可视化参考模型——Card模型 ································· 112
  5.4.2　空间信息多层网络可视化框架 ··· 113
 5.5　小结 ··· 115
 参考文献 ··· 115

第6章　基于节点重要性的空间信息多层网络压缩布局方法 ··················· 118

 6.1　引言 ··· 118
 6.2　基于社团结构节点重要性的单网络层压缩算法 ··································· 119
  6.2.1　基于模块度优化的多粒度社团结构探测 ························· 120
  6.2.2　基于拓扑势的社团结构节点重要性评估 ························· 121
  6.2.3　压缩算法整体描述 ·· 124
 6.3　基于节点介数中心性的多网络层压缩算法 ··· 126
  6.3.1　多层网络节点介数中心性分析 ··· 127
  6.3.2　基于介数中心性的多网络层节点重要性评估 ················· 129
  6.3.3　压缩算法整体描述 ·· 131
 6.4　案例分析 ··· 135
  6.4.1　单网络层压缩布局实验与结果对比 ································· 136
  6.4.2　多网络层压缩布局实验与结果分析 ································· 143

6.4.3　压缩布局方法的优势与局限分析 ·················· 151

6.5　小结 ·· 152

参考文献 ··· 153

第7章　基于两级多力引导模型的空间信息多层网络优化布局方法 ··· 154

7.1　引言 ·· 154

7.2　两级多力引导布局框架 ·· 156

7.3　考虑"节点"尺寸的布局空间划分 ························· 158

7.4　基于多力引导模型的优化布局 ······························ 159

  7.4.1　多力引导模型 ··· 159

  7.4.2　温度控制 ·· 163

  7.4.3　多力引导布局算法描述 ································· 164

7.5　基于四叉树的斥力计算加速 ································· 165

7.6　案例分析 ·· 168

  7.6.1　实验与评价方法设计 ···································· 168

  7.6.2　布局效率对比分析 ······································· 169

  7.6.3　布局效果对比分析 ······································· 170

  7.6.4　优化布局方法的优势和局限分析 ····················· 173

7.7　小结 ·· 174

参考文献 ··· 175

第8章　基于多视图关联的空间信息多层网络层—边模式可视化方法 ··· 176

8.1　引言 ·· 176

8.2　多层网络层—边模式可视化任务分析 ···················· 178

8.3　基于交互式界面的多视图关联分析模型 ················ 179

8.4　多层网络高阶模式信息视图设计 ·························· 181

  8.4.1　基于韦氏图的层间相似模式可视表示 ··············· 181

  8.4.2　基于有向箭头的层内交互模式可视表示 ··········· 183

8.5　基于人机交互的多视图关联分析 ·························· 184

  8.5.1　底层数据共享 ··· 184

  8.5.2　多交互方式设计 ·· 185

8.6　案例分析 ·· 187

  8.6.1　实验方案设计 ··· 187

8.6.2　相似模式表示分析 ………………………………………… 187
　　8.6.3　交互模式表示分析 ………………………………………… 192
8.7　小结 ……………………………………………………………………… 195
参考文献 ………………………………………………………………………… 195

第9章　基于可视界面的交互式分析方法 …………………………………… 197

9.1　引言 ……………………………………………………………………… 197
9.2　面向隐含模式探索的交互式网络布局方法 …………………………… 198
　　9.2.1　交互式网络布局问题分析 …………………………………… 198
　　9.2.2　隐式连接模型 ………………………………………………… 199
　　9.2.3　交互式力引导布局算法 ……………………………………… 200
　　9.2.4　实验结果与分析 ……………………………………………… 200
9.3　面向细节信息展示的交互式查询方法 ………………………………… 202
　　9.3.1　多重图信息查询问题分析 …………………………………… 202
　　9.3.2　可视查询框架 ………………………………………………… 203
　　9.3.3　基于放大镜隐喻的细节查询方法 …………………………… 204
　　9.3.4　面向专题图的分类查询方法 ………………………………… 208
9.4　小结 ……………………………………………………………………… 209
参考文献 ………………………………………………………………………… 210

第10章　空间信息网络拓扑可视化原型系统 ……………………………… 211

10.1　引言 …………………………………………………………………… 211
10.2　空间信息网络拓扑动态特征可视化原型系统 ……………………… 213
　　10.2.1　系统设计 …………………………………………………… 213
　　10.2.2　系统实现 …………………………………………………… 219
10.3　空间信息网络拓扑多层特征可视化原型系统 ……………………… 229
　　10.3.1　系统设计 …………………………………………………… 229
　　10.3.2　系统实现 …………………………………………………… 232
10.4　空间信息网络集成可视化原型系统 ………………………………… 237
　　10.4.1　系统设计 …………………………………………………… 237
　　10.4.2　系统实现 …………………………………………………… 240
10.5　小结 …………………………………………………………………… 242
参考文献 ………………………………………………………………………… 243

第 1 章　概　述

1.1　空间信息网络

1.1.1　空间信息网络概念

空间信息网络的基础理论研究尚处于起步阶段，截至目前，根据对公开资料的分析，在命名、定义、内涵等方面还没有统一的表述。现将空间信息网络、天地一体化网络、天地一体化信息网络等相关概念和定义列举如下：

（1）空间信息网络是以空间平台（如同步卫星或中低轨卫星、平流层气球、飞机等）为载体，结合地面网络节点，完成空间信息的获取、预处理、传输、再处理任务的网络化系统[1]。

（2）空间信息网络是以空间运动平台（包括卫星、飞艇和飞机）为载体，实时获取、传输和处理空间信息的网络系统，向上可支持深空探测，向下可支持对地观测等应用[2]。

（3）空间信息网络是以空间平台（如同步卫星、中低轨道卫星、平流层飞艇和有人或无人驾驶航空器等）为载体，实时获取、传输和处理空间信息的网络系统[3]。

（4）天地一体化网络是综合利用新型信息网络技术，以使命为导向，以任务为驱动，以信息流为载体，充分发挥空、天、地信息技术的各自优势，通过空、天、地、海等多维信息的有效获取、协同、传输和汇聚，以及资源的统筹处理、任务的分发、动作的组织和管理，实现时空复杂网络的一体化综合处理和最大有效利用，为各类不同用户提供实时可靠、按需服务的泛在、机动、高效、智能、协作的信息基础设施和决策支持系统[4]。

(5) 天地一体化网络，简称一体化网络，是由通信、侦察、导航、气象等多种功能的异构卫星/卫星网络、深空网络、空间飞行器以及地面有线和无线网络设施组成的，通过星间星地链路将地面、海上、空中和深空中的用户、飞行器以及各种通信平台密集联合[4]。

(6) 天地一体化信息网络是由空间信息网络与地基信息网络组成的一体化信息网络[5]。其中，空间信息网络包括深空信息网络、天基信息网络和空基信息网络。地基信息网络包括电信网、广播电视网和互联网。

综上可见，相关概念和定义有三个关键点：一是确定了网络节点范围，包括空间节点和地面节点；二是指出了空间信息网络的任务，即完成空间信息的获取、预处理、传输和再处理；三是揭示了空间信息网络的本质是网络化系统。同时，任勇等[1] 也指出，空间信息网络是一种天地一体化综合信息系统。

关于空间信息网络节点的范围，各种资料的说法具有较大出入，有的认为仅包含空间段节点，有的认为应该向下拓展到包括临近空间与传统航天的范畴，有的认为应该将地面节点一并纳入，还有的认为应该将深空节点也纳入进来。本书建议区分广义概念和狭义概念，其中，广义概念包括全部相关节点，狭义概念则结合具体业务场景进行明确定义。

在上述分析的基础上，本书分别定义了空间信息网络的广义概念和狭义概念。

定义 1-1 空间信息网络是以空间平台为载体，实时获取、传输和处理空间信息的网络系统。

这是一个广义概念。空间信息网络的战略定位是为多平台多类型用户提供信息保障的国家基础设施，网络节点包括全部相关实体在内，其本质是一个复杂的网络系统，其主要功能是提供信息支援和信息保障。

针对具体的网络拓扑分析场景，为了便于本书后续进行仿真验证和定量分析，将空间信息网络的规模控制在有效、适当的范围是必要的，因此，在广义概念的框架下，结合其功能和组成结构，给出了狭义概念。

定义 1-2 空间信息网络是以卫星系统（同步卫星、中/低轨道卫星，主要负责处理载荷）为主干网络，连接其他信息系统（临近空间的气球群或有/无人飞机群等）和终端（地面站，主要负责控制），提供一体化的侦察、导航、通信等服务，实现通信广播、侦察监视、情报探测、导航定位、导弹预警和气象、水文、地形等战场态势感知的综合信息网络系统。

这是一个狭义概念。通过分析其主干网络和其他配套设施的组成结构，进一步给出其具体组分。按照其发挥功能的组件和构型，空间信息网络主要由地球静止轨道（Geostationary Orbit，GEO）层、中/低地球轨道（Middle Earth

Orbit/Low Earth Orbit，MEO/LEO）层、临近空间（Near Space，NS）层和地面（Ground，GD）层四层结构组成，下面从功能和组成给出各自的内涵和组成结构框图。

（1）GEO层卫星系统。在空间信息网络组成结构中，依靠多颗GEO层卫星进行组网，从而构建GEO层卫星系统，该系统可以实现全天候、大纵深的覆盖，其组成结构如图1-1所示。

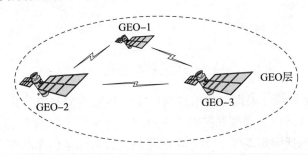

图1-1　GEO层卫星系统组成结构示意图

（2）MEO/LEO层卫星系统。在空间信息网络中，采用MEO/LEO双层星座组网方式。其中，MEO卫星星座主要作为路由交换星，为骨干网节点，可作为接入星，接入应用星和地面站；LEO卫星星座主要作为接入星，能够接入应用星和地面站等，也可以作为路由交换星，其组成结构如图1-2所示。

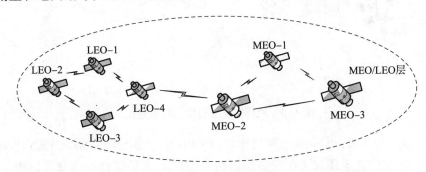

图1-2　MEO/LEO层卫星系统组成结构示意图

（3）NS层信息系统。空间信息网络的主干网是由卫星系统组成，然而，卫星系统也不能完全实现全覆盖，因此需要借助于临近空间层的有/无人飞机群和热气球群等实现临近空间信息系统的构建。临近空间由于其条件便利，在进行信息系统构建时，样式灵活，形式多样，图1-3以无人飞机群和热气球群为例展示其组成结构。

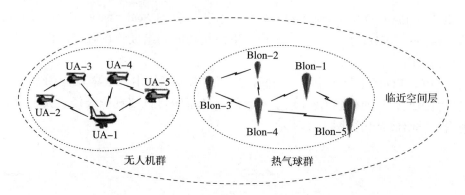

图 1-3 临近空间层信息系统组成结构示意图

（4）GD 层终端。根据空间信息网络建设和发展的初衷，地面终端主要的任务是进行设备维护、管理和控制，在空间信息网络中的地面层主要由以下几类终端组成，包括固定基站、手持移动基站、针对陆地的车载移动基站、针对海洋的舰载移动基站等，其组成结构如图 1-4 所示。

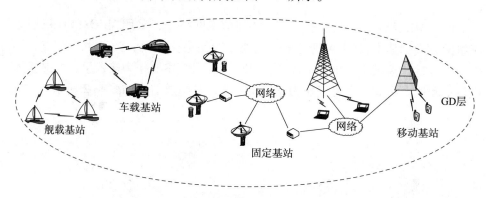

图 1-4 地面层终端组成结构示意图

根据定义 1-2，空间信息网络主要由 GEO 层卫星系统、MEO/LEO 层卫星系统、NS 层信息系统和 GD 层终端组成，层级内部是紧耦合连接，层级之间是松耦合连接。具有四层结构的空间信息网络能够实现全域、实时、全天候的信息支援和态势感知，在信息化高速发展的今天，建设空间信息网络这样的基础设施，一方面能够更好地服务于民生需求，另一方面能够为未来战争提供强有力的信息支援和信息保障。

1.1.2 空间信息网络特征

空间信息网络作为一个复杂巨型网络系统、一种新的发展形态，与其他网络系统相比较而言,既有共性,又有特性,这些特征是研究空间信息网络的主要关注点,也是关键环节。本书着重选择了复杂特征、异构特征、异质特征、受限特征、多层特征、动态特征6个主要特征进行分析。

(1)从规模结构上看,具有复杂特征。空间信息网络时空跨度大,纵跨同步轨道、中/低轨道、临近空间三个空中平台,同时还同地面进行交互,而且每个平台具有数量不等、功能各异的多颗卫星/飞机/热气球等空间实体,且不同实体之间还需进行互联互通。覆盖区域广泛,成员节点种类和数量众多,功能迥异,繁简不一,所以其规模庞大、结构复杂。

(2)从组网结构上看,具有异构特征。由于不同平台的空间实体种类和功能不同,空间信息网络实体之间的组网拓扑也不尽相同,如目前已存在的同步轨道卫星是星形拓扑,中/低轨道卫星是环形拓扑,而临近空间和地面基站则是线形拓扑居多,所以其组网结构具有异构特征。

(3)从业务范围上看,具有异质特征。空间信息网络不仅要从事遥感、导航、测绘等具体任务,还要实现网络内部之间的跨层次跨域通信、数据信息传输等功能,同时在服务过程中,对于不同通信链路之间的时延等的要求也不尽相同,所以其异质特征明显。

(4)从资源分布上看,具有受限特征。不同于普通地面网络,空间信息网络主体是空间平台,这为空间资源的分布带来了极大的挑战,要充分考虑多种因素才能进行合理的资源分布,因此,由于受空间分布的影响,资源受限现象明显。

(5)从空间分布上看,具有多层(跨域)特征。空间信息网络纵跨同步轨道、中/低轨道、临近空间、地面多个平台,且不同平台内部有着不同的运行机制,虽然不同平台之间都有通信和交互,但是以空间分布作为划分依据的话,其层次特征明显。不仅如此,如果从功能角度分析组成空间信息网络的子系统,因各个子系统相互较为独立,所以也具有较为明显的层次特征。

(6)从时空行为上看,具有动态特征。空间信息网络的动态特征又可以细化为时间域的时变特征(time-varying)和空间域的空变特征(space-varying)。时变特征是指随着时间的推移,组成空间信息网络的卫星、气球、飞机、测控站等实体的增加、失效、更新,不同装备实体间信息传输的连接、断开等现象,对应到拓扑域即节点的增加、减少,连边的连接、断开等。空变特征是指随着时间的推移,组成空间信息网络的卫星、气球、飞机等空间实体(特别是中/低轨道和临近空间层)随时发生位置变化的现象,即空间信息网络节点的高动态运动,表1-1为部分空间信息网络典型特征划分及归类。

表 1-1　典型空间信息网络特征归类

	划分依据	特征类别	突出问题
1	规模结构	复杂特征	体系设计难
2	组网结构	异构特征	信息获取难
3	业务范围	异质特征	星上处理难
4	资源分布	受限特征	星上路由难
5	空间分布	多层特征	网络管理难
6	时空行为	动态特征	⋮

　　上述特征是造就空间信息网络独特性的重要方面，同时为建设、发展和研究提出了更大的挑战。例如，规模结构和组网结构的复杂异构特征使空间信息网络体系结构设计难度增加；资源和空间分布的受限多层特征使信息获取难度增加，使星上处理、星上路由难度增加；时空行为的动态特征致使网络管理难度增加，等等。

1.2　空间信息网络拓扑建模

1.2.1　网络拓扑建模基本概念

　　网络拓扑结构反映出了现实网络各实体的结构关系，是设计网络的第一步。网络拓扑建模，是不便于对现实网络进行直接研究的情况下，通过在计算机上构建网络拓扑模型，用来研究现实网络的一种方法。这种方法是研究现实网络的一种重要手段，在实际应用中具有非常重要的意义。研究网络拓扑模型，一方面可以更好地了解和解释现实系统所呈现出来的各种网络特性，如动态特性、层次特性、网络拥塞、病毒传播和网络攻击等；另一方面，可以将拓扑模型的研究成果运用到具体的问题中，如设计出具有更优特性的空间信息网络，也可以使人们对现有网络的优势和弱点有更深入的认识，以便采取有效的措施防止风险事件的发生。

　　网络拓扑模型的研究同网络发展的阶段基本对应。按照时间脉络来看，从网络概念提出到现在经历了 200 多年，相对应的网络拓扑结构经历了规则网络阶段、随机网络阶段和复杂网络阶段三个主要的阶段。规则网络阶段的时间跨度集中在最初的 100 年里；到了 20 世纪 50 年代末，数学家们又提出了一种新的网络构造方法，叫作随机网络；直到 20 世纪 90 年代后期，复杂网络应运而生，复杂网络阶段随即到来。

在研究现实网络拓扑结构之前，通常会首先弄清网络的体系结构。体系结构源于建筑学中设计与构造的含义，后来引入到计算机技术、系统工程等领域，关于体系结构的定义和认识也在不断地深化和完善。截至目前，学术界一致认为体系结构是指网络系统的组成结构及其相互关系，以及指导网络系统设计与发展的原则和指南[6]。如美军在进行信息通信指挥攻击系统建设时，要求先设计出系统的体系结构，并根据系统体系结构确定相应的投资和开发计划，从而指导系统的研制和建设[7]。同样，在空间信息网络的整个生命周期中，体系结构是其建设和发展的蓝图，也是进行建设和发展不可或缺的环节。针对空间信息网络体系结构建模的问题，经过近些年学者们的共同努力已形成一些基本方法，典型的有：基于服务层和网络层的一体化两层体系结构建模方法、基于分层自治域的空间信息网络组网和建模方法、基于分布式星群的空间信息网络体系结构建模方法等[8-9]。这些方法的优点是充分考虑了空间信息网络组成结构的复杂性，因而通过分层、分块等方式进行其体系结构的设计，然而，它们也存在通用性、可移植性相对较差等明显的缺点。

1.2.2　空间信息网络体系结构建模方法

关于空间信息网络体系结构建模的研究，目前可查阅公开发表的文献还较少，因此，本节的阐述主要分两部分来完成：一是全面介绍现有将空间信息网络作为研究对象而开展的体系结构建模方法；二是探索性地分析相近领域（如空间信息系统）的体系结构建模方法，进而为空间信息网络体系结构建模方法研究提供启发。

在美国，面对复杂的空间通信环境，Kul Bhasin 等[10] 提出一种未来的国家航空航天局（National Aeronautics and Space Administration，NASA）宇航通信系统的架构并详细描述了其组成元素，体系结构组成如图 1-5 所示，将整个空间网络划分为四部分。不久，Bagri 等[11] 对 NASA 面向未来的空间网络进行了优化和改进，以期实现更好的功能和作用。

在欧洲，2008 年 9 月，欧盟采纳了关于"制定未来欧洲空间政策"的安理会决议，提出构建面向全球通信的综合空间基础设施（Integrated Space Infrastructure for global Communications，ISICOM）的设想，天基互联网计划的概念应运而生。这是一种面向有天基互联潜在需求用户群的一种空间网络[12]，该网络主要由 GEO 星座、非地球同步轨道（Non-Geosynchronous Orbit，NGO）星座、导航/定位卫星星座、高空平台（High Altitude Platforms，HAPS）和地面关口站（Gateway，GW）等组成，其中，GEO 星座是空间段的核心基础结构。该网络系统体系结构如图1-6所示。

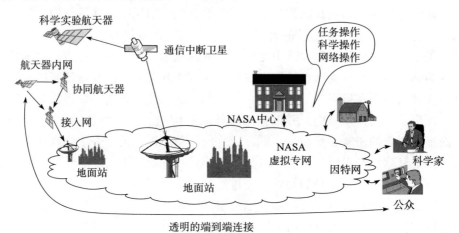

图1-5　NASA面向未来空间网络体系结构

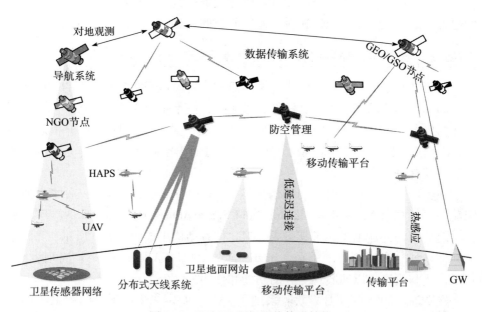

图1-6　ISICOM空间网络体系结构

近年来，随着OneWeb、SpaceX等一大批创新企业相继兴起，大量资本开始涌入航天领域，特别是随着移动互联网的快速发展，为了让地球上所有人都能接入互联网，许多互联网行业巨头分别提出了相应的空间网络发展计划。"太空经济"将像"互联网经济"一样成为全球经济发展新的增长点，空间信息网络也成为各国竞相发展的重点。

在我国空间信息网络体系结构的研究也引起了多层次、多领域、多平台科研人员的重视，围绕"空间信息网络模型与高效组网机理"吸引了一大批来自地方院校、军内院所的相关专家团队开展相关方面的研究，摘取部分列举如下：

(1) 张登银等[13] 在分析空间信息网络特点和功能需求的基础上，提出一种基于3D-Mesh网络的体系结构，剖析了Mesh结构的优势并给出了空间信息网络协议架构模型。林鹏等[8] 通过对传统信息网络分层体系结构理论的研究，提出了一种基于服务层和网络层的一体化两层体系结构模型，其侧重点主要是地面异构网络的融合。

(2) 董飞鸿等[9] 针对网络结构中骨干节点频率轨位缺乏、卫星平台承载能力弱等问题，提出了分布式星群网络的概念，即将分布在同一轨道位置上的多颗卫星通过星间高速链路互联，相互协同从而实现单颗卫星难以完成的功能。在此基础上，王敬超等[14] 提出了一种基于分布式星群网络的空间信息网络体系架构，分布式星群网络通过多星共轨组合以提升轨位效率，利用星群协同传输从而增强平台能力，实现快速响应。

(3) 张威[15] 针对空间信息网络的特点和网络中节点的不同特征，提出一种分层自治域的空间信息网络组网和建模方法，该方法将空间信息网络划分为一系列的自治域，通过这种划分将整体上最高动态变化的空间信息网络划分为一系列局部动态性变化的子网络，从而提高对空间信息网络的管控效率。

(4) 于全等[16] 围绕空间信息网络的需求与挑战提出了一种空间信息网络总体架构的初步设想，同时，他们认为追求简洁的架构应该是复杂系统设计的基本出发点。同时，在空间信息网络顶层架构设计时，构建天基骨干网（GEO+LEO），解决全球覆盖问题；构建平流层骨干网，解决区域加强问题；与地面骨干网互联融合，解决天空地一体化问题，所以从静止轨道、中/低轨道、临近空间和地面四个层次来考虑，这种思路与本书提出的观点相一致。

(5) 常呈武[17] 认为目前在空间信息网络体系架构建设中，主要存在以下五种观点，即"主干网+接入网"学说、"主干网+自治子网"学说、"天基信息港"学说、"玫瑰星座"学说和"填隙卫星"学说。梅强[18] 认为空间信息网络应是一个多维系统，从卫星网络划分的发展路线来看，他认为我国空间信息网络的发展要经历以下几个阶段，如表1-2所示。

表 1-2　空间信息网络发展阶段划分

序号	阶段	地位	特点
1	天星地站	发展基础	孤星孤点、以地为主
2	天星地网	发展起步	星间铰链、要求地面网络广泛布站
3	天网地网	发展方向	多星互联、天地配合
4	天地一体化信息网络	发展目标	自组网络

空间信息网络作为未来航天领域发展的新形态，是天地一体化信息网络的重要组成部分。虽然，针对空间信息网络体系结构的科学问题具有一定的研究成果，但关于该科学问题的研究成果尚不成熟，存在许多不足，还有许多工作需要开展。

1.2.3　空间信息网络拓扑演化建模方法

正如 Barabasi 的观点"无标度特性的意义之一在于认识到网络系统的结构和演化是不可分割的"[19]，所以在研究空间信息网络拓扑演化建模方法之前，需要对网络拓扑结构模型进行系统分析。下面首先对拓扑结构模型进行综述，然后对拓扑演化模型进行论述。

1. 拓扑结构模型

最典型的网络拓扑模型当属小世界拓扑模型（即 Watts-Strogatz 模型，简称 WS 模型）和无标度拓扑模型（即 Barabási-Albert 模型，简称 BA 模型），以及在上述模型的基础上做的进一步改进和优化。WS 模型如图 1-7 所示，它是介于规则网络和随机网络之间的一种网络。

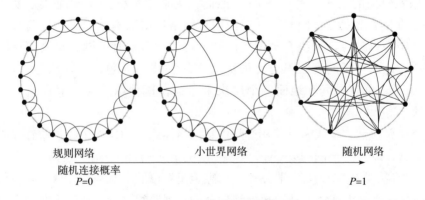

图 1-7　WS 小世界网络模型

为了进一步展示不同阶段网络模型代表，以时间发展顺序为主线，从规则网络、随机网络和复杂网络三个角度给出所对应的典型网络拓扑模型,如表 1-3 所示。在不同阶段因其研究对象的不同,也有一些具有代表性的网络模型,针对规则网络和随机网络的研究时间距离较为久远,且已不是当下研究的重点对象。复杂网络阶段其网络拓扑模型是以 WS 模型和 BA 模型为代表和基础而发展起来的,多层网络(Multi-Layer Networks,MLNs)模型[20-21]是一个较新的概念,不同于将真实系统抽象为单层网络的传统研究思路,多层网络模型充分考虑了真实系统中实体间的联系与相互作用方式的非单一性和多样性。

表 1-3 典型网络拓扑模型划分

规则网络	随机网络	复杂网络
线形网络	Gilbert 随机网络	WS 小世界网络
环形网络	Erdos-Renyi 随机网络	NW 小世界网络
星形网络	锚定随机网络	BA 无标度网络
耦合网络	指数随机模型	多层网络

2. 拓扑演化模型

随着对研究的不断深入,人们发现以静态图为基础建立的网络模型已经不能满足大多数需求,一方面是因为该模型不能准确地描述真实系统,另一方面是因为网络是随着时间不断发生改变的,即网络拓扑随着时间不断地在进行演化,而静态网络模型不能实现对动态拓扑变化的描述,所以急需在现有的基础上,去探索和挖掘考虑时间属性的新模型,而空间信息网络正是这类需求中较为明显的一个代表。

结构和功能是网络系统研究的核心问题,为了更深刻地理解复杂网络内部的工作方式和运行机理,通过网络拓扑演化模型研究其演化机制,进而揭示其拓扑变化规律具有重要的理论和现实意义。通过查阅相关文献可知,关于网络拓扑演化模型的研究,大多都是结合具体研究对象而展开。针对空间信息网络而言,由于其尚处于初级阶段,目前只有极少数公开发表的文献论述其拓扑演化的研究。因此,为了系统综述网络拓扑演化模型的发展现状和主要内容,本节选择在线社交网络(Online Social Networks,OSNs)和无线传感器网络(Wireless Sensor Networks,WSNs)作为典型代表进行网络拓扑演化模型的综述。

针对在线社交网络拓扑演化问题的研究,陶少华等[22]提出一种吸引因子演化模型。李稳国等[23]在分析在线社交网络拓扑结构、特征及演化规律的基础上,引入动态加权方式,提出了一种在线社会网络演化模型。王瑞丽等[24]

针对现有吸引力演化模型的聚类系数较低，提出了一种阻尼因子网络演化模型，该模型在 BA 模型的基础上，引入了三角形成机制，最终提高了模型的聚类系数。

随着互联网的发展及智能手机的普及，微博成为在线社交网络的典型代表，何静等[25]以微博舆论传播的现象为契机，在分析微博网络特性和用户行为习惯的基础上，考虑新用户在进入网络时的同配性，建立了微博关系网络演化模型，从用户整体的角度解释了该网络的演化过程。张鑫等[26]通过抓取微博数据，将用户划分为意见领袖和普通用户，并建立了一个定量的两层演化模型，在此基础上，分析了意见领袖和普通用户之间社交影响力的差异，同时，研究了网络内部病毒传播机制和外部媒体因素对在线社交网络演化过程的影响。马路等[27]将节点适应度的时变性和差异性抽象为时变差别适应度，在适应度模型的基础上，提出了一种改进的在线社交网络演化模型。

针对无线传感器网络拓扑演化问题，学者们结合 BA 模型和无线传感器网络的局域世界（Local-World，LW）现象，提出了一种 LW 模型[28]。此后，BA 模型和 LW 模型便成为了基础，众多学者在此基础上，提出了不同的网络演化模型，如能量感知演化模型（Energy-Aware Evolution Model，EAEM）与能量平衡演化模型（Energy-Balanced Evolution Model，EBEM）[29]。张德干等[30]在此基础上对网络的拓扑结构进行了细化，使节点度与边权均服从幂律分布。罗小娟等[31]提出了一种能量感知的优胜劣汰演化模型。姜楠等[32]则在优胜劣汰演化模型的基础上对无线传感器网络动态演化行为进行了扩展，不仅包含节点的增加，还包含链路的删除与补偿行为。

不同于上述方法，陈力军等[33]引入了随机行走（Random-Walker，RW）的概念。王亚奇等[34]则进一步基于随机行走提出了具有无标度特性的网络拓扑。王慧芳[35]则通过改进 EAEM 模型提出了度、能源和距离演化模型（Degree, Energy and Distance, DEAD），并重点研究了该演化模型的抗毁性。符修文等[36]基于 LW 理论，考虑无线传感器网络的分簇结构、能耗敏感和网络节点与链路退出的动态性行为等特征，提出了一种无线传感器网络分簇演化模型。金鑫[37]在前人研究的基础上提出了一种基于能量损耗的局域世界动态演化模型，该模型更有效地逼近网络真实状况，能够更好地服务于无线传感器网络的建设和发展。

除了上述的无线传感器网络和在线社交网络之外，知识网络、生物网络、学术合作网络、交通运输网络、商务市场网络、指挥控制网络、作战体系和装备系统等网络系统都逐渐成为网络拓扑演化的重点关注对象。

综上所述，上述方法在不同领域中有的可以相互借鉴和通用，有的方法其通用性还需验证,然而,这些方法组成了网络拓扑演化模型集合,供相关学者相互交流与学习。针对网络拓扑演化模型的研究,学者们一方面通过对网络系统简化和约束,建立各自的网络模型,从而分析网络结构特征和网络特性;另一方面则试图建立能够描述网络系统的演化模型,以揭示和找寻其内在的基本规律,从而更好地实现对网络系统的预测与控制。

1.3 空间信息网络可视化

1.3.1 网络可视化基本概念

网络(或者图)是相互连接的事物及其关系的一种结构化的表示。自18世纪数学家欧拉解决柯尼斯堡(Konigsberg)问题以来,很多复杂问题都可以转化为图论问题,从而得以研究解决,例如,通信网络的路由问题、社交网络的影响力问题、学术合作网络的聚类问题、城市交通网络的出行规划问题,等等。广受大众欢迎的刑侦破案剧中,主角在分析案情时画在白板上的人物关系网,或者人们在日常进行业务分析时,在笔记上写写画画的体验,都是用来辅助思考问题或者解释复杂的概念,而实际上,这就是一种网络可视化的形式,只不过网络的规模比较小而已。

可视化是分析问题最直观的方式。能够以可视化的方式"看到"关系,对于理解关系十分重要,这种理解可能是对原始数据的理解,也可能是只有网络可视化才能揭示出来的某些独特特征的理解。以直观的可视化方式让我们在更少的时间里及时准确地理解到更多信息,这通常被称为洞见或者洞察,是通过视觉系统才能实现的对事物见之于微的深度感知,从而获得高度独特且有价值的见解。

网络可视化的过程,通常包括数据收集与处理、数据统计和布局、视觉编码设计、交互探索和解释等;基于可视化结果的可视化分析,针对的范围则可以大致区分为关系、分层、社区、流、空间连接、动态等[38]。其中,针对网络布局的算法研究较多。历史上,图绘制(graph drawing)是一个传统的研究方向,研究内容则是针对网络节点、网络连接、网络元素属性这三个主要方面。针对网络节点的研究,主要是如何用最短的计算时间将网络节点放置到合适的位置;针对网络连接的研究,主要是如何解决大量连接带来的视觉杂乱问题;针对网络元素属性的研究,主要是如何解决属性信息准确传递与表达的问题。网络可视化过程中,始终要注意在业务解决方案和美学设计之间取得平衡。

1.3.2 网络可视化方法及发展

1. 动态网络可视化

网络可视化能够充分利用人类视觉感知系统,将网络数据以图形化方式展示出来,其实质是信息可视化的子类。当前,普遍认为数据可视化是科学计算可视化、信息可视化和可视分析的统称。数据可视化技术已经覆盖到人们生活、工作、学习和生活的方方面面,特别是互联网的广泛普及、移动终端的广泛使用,人们在享受科技发展红利的同时,也基于可视化技术真正地实现了"一图胜千言"。针对网络可视化的研究,早期人们主要开展的是静态网络的可视化,而大多数网络数据其本质上也都具有动态特性,由于时间维度的增加导致网络数据规模迅速的增加,网络结构和属性的不断变化,这都给网络可视化提出了更多的挑战。

上文在分析空间信息网络特征时曾提到,从时空行为角度分析,空间信息网络具有显著的动态特征。结合空间信息网络在未来战争中的地位和作用的重要性可知,稳定的拓扑结构是发挥其功能和作用的前提和基础,而空间信息网络的动态性会使其拓扑结构发生"牵一发而动全身"的现象。研究空间信息网络动态可视化,基于网络理论和可视化技术来开展,映射到具体的空间实体可以抽象为节点,而空间实体之间的交互(数据、信息传输)可以抽象为连边,因而,空间信息网络的动态特征就映射为节点的增加或删除、连边的连接或断开等。空间信息网络时空动态性使可视化的网络拓扑处于一个实时的更替中,特别是节点和边的布局等,如果不加以重视则会出现大范围的节点重合、连边交叉等视觉混乱的现象,特别是对于大部分用户来说需要反复调整其对可视化后网络的认识和感知,这都违背了进行网络可视化的初衷。

早期关于网络动态可视化的研究,主要研究由于时变现象所导致的网络拓扑的变化。时变复杂网络通常采用时间片序列来描述,根据时间的先后顺序,从时变复杂网络中提取一系列瞬时的网络快照,构成时间片序列。基于时间片序列的网络可视化技术在社会网络、计算机网络、软件工程、生物学、社会媒体分析等领域得到了广泛的应用。

J. Moody 和 D. Mcfarland 等[39]通过比较现存的如何以图形的方式更好地展示社交网络中连边变化现象的理论和技术问题展开研究,提出了网络电影的概念,并认为对于更为复杂的网络连接,电影通常是更有效的方法。这也是能够查阅较早的系统论述动态网络可视化的文献。

L. Shi 等[40]则在1.5维的空间里,研究了动态网络可视化中缺乏交互分析的问题,通过切换焦点节点与用户交互来实现整个网络的导航,该方法能够降低网络的复杂性,同时实现友好的交互分析。

冯坤晨等[41]为了实现在单层框架中的时空一致性和多焦点+上下文的可视化,提出了一种时变图绘制方法,该方法利用已有算法实现初步布局,然后基于焦点+文本(Focus+Context,F+C)构造和形成连续的时变图,从而达到可视化的目的,其绘制方法如图1-8所示。

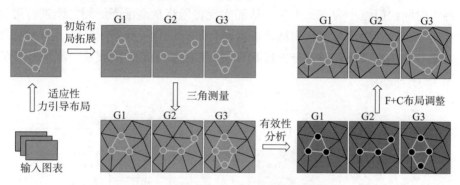

图1-8 焦点+文本时变可视化绘制方法

F. Beck等[42]认为动态网络可视化的主要挑战在于如何易读、易测量和设计有效算法去呈现不同实体的演化关系,他们通过系统地归类和标记已公开发表文献,阐述了分析动态网络可视化的发展现状,图1-9为技术总览视图。

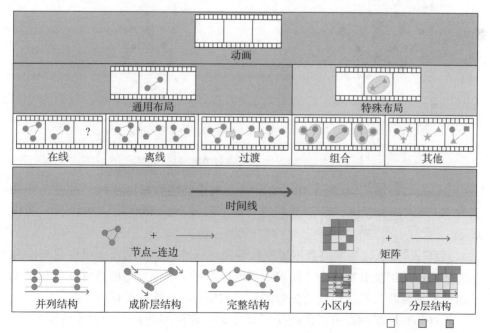

图1-9 动态网络可视化方法归类

James Abello 等[43] 针对在大规模动态网络中追踪时间的改变会使一些网络节点信息的丢失等问题,提出了一种基于模块化兴趣度描述的可视分析方法,该方法基于相邻结构信息、大量节点/连边属性和演化信息,从而实现动态网络的可视化。

Stef van den Elzen 等[44] 针对动态网络可视分析已有方法的不完善,提出一种将时间快照缩小为点的方法,从而实现将网络从高维降低到二维进行可视化和交互,该方法主要包括离散化、向量化和标准化、映射、降维、可视化和交互5部分,该方法针对部分人造和真实网络起到了有效的展示,其流程步骤如图1-10所示。

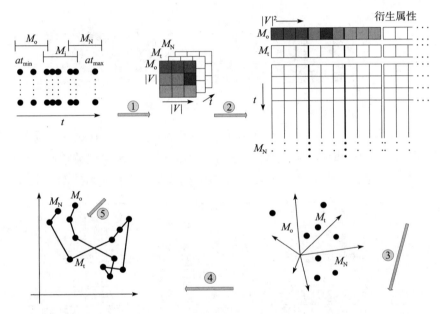

图 1-10 "快照—点" 动态网络可视化流程

Chenhui Li 等[45] 研究了基于模块的大规模网络数据可视化,通过设计和开发 ModuleGraph 系统,基于该系统开展了社交网络和空间网络的动态结构展示。

刘真等[46] 从动态网络数据模型和可视化标准、基本动态图可视化方法和面向多任务的可视分析几个方面较为系统地综述了当前动态网络可视化和可视分析的发展现状,是国内较为少数的动态网络可视化方面的研究文献。

近些年对网络动态可视化的研究重点集中在模型的研究和系统的研发上,

在理论和算法方面已经相对成熟,并没有太多的文献可供参考。

2. 多层网络可视化

复杂网络的研究中基本都是将真实系统抽象为单层网络,网络中的边通常是单一的、静态的连接,自环一类的特点也基本不加考虑。然而,真实系统中实体一般具有多种功能,实体间的联系与相互作用方式并不单一,而是多种混杂的。这种多功能与多类型的特征构成了网络中的节点和连边的异质性。多层网络通过引入"层"的概念,构建多个网络层次表示不同类型的连边关系,用以描述实体在系统不同状态、维度下的相互作用。如何在网络科学中更精确地描述节点和连边的异质性是推动多层网络理论形成的科学原动力。

多层网络研究尚处于起步阶段,关于多层网络理论研究的方法主要是将关于单层网的理论成果拓展到多层网。有关多层网络生成模型的研究主要是基于单元网络模型的集合构建多层复合网络模型,例如,ER 随机图模型、指数随机图模型和多网络模型的组合等。在多层网络分析方面,国内外学者通过构建加权网络、聚合网络等方式将单层网络的属性测度推广到多层网络,对多层网络的节点度、邻域、度中心性和社团划分等拓扑性质进行了研究。另外,国外学者还针对多层网络的动态过程进行研究,如渗透过程、级联失效、区域扩散等。在科研项目和工程方面,多层网络研究受到欧盟委员会"FET 前瞻性工程"的资助(该计划支持未来和新兴技术研究并致力于开创新领域),其中,PLEXMATH 项目(2013—2015)研究了多层网络的数学基础,MULTIPLEX 项目(2013—2016)也开展了多层网络与系统的基础研究。由于多层网络具有高度灵活性,在社会网、基因蛋白质交互网、大脑功能网、多类型交通网等诸多领域都有着广泛的应用。

然而,现阶段专门针对多层网络可视化方法研究的公开文献还比较少,究其原因:一是由于多层网络的基础研究尚处于起步阶段;二是多层网络可视化本身具有极大的挑战性。

2015 年,Rossi 等[47] 最早研究了多层网络可视化的节点布局策略问题,认为虽然多层网络分析得到不同领域国内外学者的关注,但是当时还没有针对多层网络可视化这一内容提出专业的可视化方法。此后陆续有工作将单层网络节点布局方法扩展到多层网络,研究了切片模型在 2.5D 视图上的节点自动布局应用。

为了降低节点-连接图的视觉杂乱,Bourqui 等[48] 通过对集束边分类,研究了面向多关系网的边集束方法,从连边绘制方面改善了多类型连接关系的可视化展示效果。De Domenico 等[49] 基于圆环图表,对多类型的节点属性测度进行对比展示。Redondo 等[50] 则采用圆环布局设计了全局视图、焦点层视图等两种视图，对双层网络的重叠边分布进行了可视化展示。

上述研究将单层网络可视化方法扩展到多层网络，在一定程度上达到了分析多层网络结构和识别关键节点的目的，但是存在以下问题：当前的解决方案侧重单个网络层拓扑结构的展示，难以有效支持层间结构特征的对比分析，专门针对多层网络的节点布局方法研究还很缺乏；单方面关注拓扑结构或节点属性展示，缺少具体、准确的高阶模式信息呈现，不支持层间结构的定量对比；侧重于属性信息的静态呈现，用户不能参与分析过程，更不能自由选择感兴趣的层（或子图、区域等）进行结构对比，限制了对多层结构的深入探索。

综上分析，当前有关多层网络可视化的研究缺乏对节点和连边异质性的考虑，难以满足多层网络拓扑结构展示和分析需求，需要有针对性地研究新模型和新方法以达到兼顾"单网络层结构展示"和"多网络层结构对比"的可视化效果。

3. 交互式可视分析

可视分析（visual analytics）概念最早于 2004 年由 Wong 和 Thomas 提出[51]，随后，可视分析被一个跨学科的专家团队定义为"以可视交互界面为基础的分析、推理和决策的科学"[52]。从 2006 年开始，电气电子工程师学会（the Institute of Electrical and Electronics Engineers，IEEE）增加了可视分析科学与技术会议，从此可视分析方法得到快速发展。可视分析是数据分析与信息可视化技术相结合的产物，目的是帮助人们从大量的、动态的、不确定的甚至是经常自相矛盾的数据中发现具有预见性的以及不可预知的现象与知识，并提供实时的、可理解的判断。可视分析技术由各应用领域的需求来驱动和发展，目前已得到广泛应用，并不断融合了来自图形学、视觉设计、人机交互、认知科学、决策科学和其他领域的技术。

分析推理是运用人类的思维能力，根据事实材料和假设来做出某种判断的过程，可视分析是在分析推理的过程中，通过运用可视化工具来放大人类对复杂动态的数据和环境的感知、理解和推理能力，从而促进分析推理的进行，因此，发展可视分析技术，必须要懂得分析推理过程，了解人类感知与认知的潜在规律，通过合适的可视化形式让用户在与信息的不断交互变换中获得新知或某种判断结论。然而，可视分析的基本理论与方法，目前仍是尚未成形的、需要探讨的前沿科学问题。在网络可视化研究领域，可视分析方法通常基于图模型、测度和图论算法开展。例如，测度包含基于网络拓扑连通性的各种节点向心性；算法包括社区发现算法或聚类算法等。

可视分析与交互技术密不可分，所有的可视化交互技术，只有与图形界面相结合才有意义。在交互技术的指导思想上，存在不同的看法。第一种是从整体到细节的思想,即"先概览,再缩放,最后根据需求显示细节(Overview, Zoom, Detail on Demand, O-Z-DD)"[53]。然而,当用户一开始就对细节数据非常感兴趣时(如寻找特定实体的某些属性及其之间的关系),这种从整体出发到细节的模式稍微显得烦琐。在此情况下产生了第二种交互思想,即从感兴趣的细节点而不是全局视图开始,然后逐步增加上下文信息,这种方式被称为:"先搜索,再显示上下文,最后按需求扩展(Search, Show Context, Expand on Demand, S-SC-ED)"[54]。前者从概览视图开始到细节,后者从探究局部细节开始扩展搜索并形成基于兴趣度的视图,在探究过程中,用户需要决定继续探究的范围。此外,Ward 等[55] 提出一个"操作符+操作空间"的交互框架,其中,操作符包括导航、选择和变形,操作空间包括屏幕空间、数据值空间、数据结构空间、属性空间、对象空间、可视化结构空间。大多数可视化系统中的交互技术都可以采用该框架进行表示,例如,高亮显示就是"选择+屏幕空间",对可视化数据按照数据值过滤即为"选择+数据值空间"。

为了使网络可视化视图在整体上看起来比较美观而且清晰,往往首先提供给用户一个概览视图。因此,在可视化编码过程中,一些细节信息往往通过累积的手段被隐藏在可视化元素中,仅仅给出一些统计上的提示,而不是描述所有细节信息的全貌。如果用户需要进一步获取细节信息,则需要进行可视查询(Visual Query)。可视查询是一个从可视化视图中获取有效信息的交互式迭代过程。一般而言,可视查询包括三个主要步骤:用户确定查询需求和准则;通过交互式操作在可视化视图中执行查询;系统将可视查询的结果反馈给用户。在描述查询结果方面,颜色、形状和大小是最重要的可视化元素。

在对细节信息进行交互式可视分析的具体技术上,也存在一些有代表性的研究,这类研究多数基于变形技术。例如,早期由 Furnas 等[56] 提出的鱼眼视图(fisheye view),作为在可视化界面中平衡局部细节和全局环境的一种重要方式,其理论基础是基于人如何构造和管理大量信息的方式。该视图支持观察子图细节,可以瞬间缩放到图的很小的局部,同时也保留整个环境的信息。最近,出现很多"F+C"方法[57],例如在同一个可视化描述中交错展示不同的细节层次,在局部关注区域和整体上下文环境之间进行平滑切换,这些技术均适用于网络拓扑的可视分析。陈为等[58] 更详尽地介绍了相关交互技术。

目前国内急需对可视分析的基础理论和方法进行研究,开发能够自主可控的可视分析软件,用于国家工程、国家安全、国民经济等领域。国内在可视分析研究方面取得了一些成果,可视分析对象涉及多维数字战场态势、文本、商业数据等,同时出现了一些可视分析平台。然而,上述研究均指向信息可视化领域,针对动态网络开展的交互式可视分析研究还不多。

1.3.3 空间信息网络可视化任务

网络可视化任务可以大致分为抽象的可视化任务和领域相关的可视化任务两种。抽象的可视化任务与特定领域无关，是对可视化任务的一种宏观认识。目前，抽象任务研究大致可以分为三类：低层次的可视化任务强调具体的实现手段，即如何实现可视化；高层次的可视化任务强调用户从事可视化活动的目的，即为什么要研究可视化；而多层次的可视化任务兼顾到可视化的目的和手段。Amar 等[59]对低层次任务进行了探索，总结出十类基本任务：值的检索、滤波、计算派生值、寻找极值、排序、确定范围、描述分布、发现异常、聚类、关联等。Lee 等[60]指出，低层次任务通常会与交互技术交叉，例如，滤波、选择和导航是在同类文献中出现频率最多的低层次任务，它们同时也属于交互技术范畴。此外，低层次任务不能表达出用户所处的环境或者用户的动机，也不能将先验或者背景知识考虑进来。高层次任务在描述用户意图和动机方面具有优势。例如，Pirolli 等[61]提出意会（sensemaking）的概念，用于对探索性数据分析活动的高层次任务进行描述。高层次任务往往可以从可视化理论模型中获得，但是目前还没有与低层次模型之间建立显式的关联，也不能恰当地描述用户的任务。Brehmer 等[62]对一个抽象的可视化任务进行多层次的类型分析，如图 1-11 所示。通过在多个层次之间建立联系，将之前相互之间不具有连接关系的针对不同层次的任务分类体系联合在一起。这种分析方法有利于将复杂任务描述为一个相互依赖的多层次的简单任务序列。与之前的工作相比，它的一个最大优点是，建立了可视化目的和手段之间的连接。

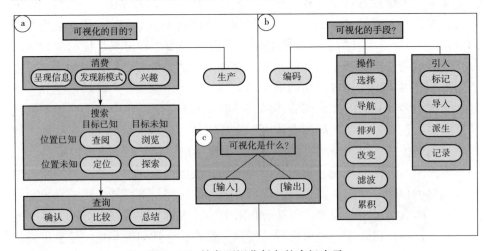

图 1-11 抽象可视化任务的多级表示

考虑到特定领域的研究背景时，可视化任务显得更加具体。就网络可视化而言，传统的网络可视化研究是以静态网络为研究对象，在整个可视化过程中，不考虑网络元素随时间的变化。因此，Lee 等[63] 将静态网络的可视化任务归纳为四大类：基于拓扑的任务，包括邻接、可达、连通等；基于属性的任务，包括节点属性和连接属性；浏览任务，包括跟踪一条给定的路径、回溯访问之前的节点等；概览任务，包括快速获得关于网络的一些概要信息。另外，Ellis 等[64] 针对静态网络的可视化元素，也提出四大类具有挑战性的任务：①基本网络。定义的基本任务包括计算节点和连接的数量，计算节点的度和向心性，计算网络直径，识别强连接或紧聚类等。②节点或连接标签。节点标签，如文章标题、图书作者以及动物名称等；连接标签，如连接强度、连接类型（活跃或不活跃，汽车或火车或飞机）等。③有向网络。从源点到目标点的连接，如引用网络中从引用到被引用等。④节点或连接属性。节点属性可以指导分组和空间布局、着色等；连接属性可以指导着色及强度编码。

为了准确分析空间信息网络可视化的任务，从而使后续的研究工作能够在合理可控的范围内开展和推进，系统地解决当前空间信息网络可视化研究中面临的诸多问题，下面首先面向概念层次，从空间信息网络可视化需求、抽象的可视化任务、视觉编码任务、可视化算法设计等方面进行可视化任务分析。多层次嵌套模型[65] 是一种具有普适性的通用分析模型，在应用到空间信息网络这一特定领域时，其通用性使得模型的概括性太强，不够精细。因此，本节结合空间信息网络背景，基于多层次嵌套模型，深入分析空间信息网络的可视化任务。

空间信息网络可视化任务分析包括以下内容（图1-12）：

（1）空间信息网络领域相关的可视化需求描述（记为 H_1）；

（2）数据转换与抽象的可视化设计（记为 H_2）；

（3）视觉编码与交互技术设计（记为 H_3）；

（4）可视化算法设计（记为 H_4）。

之所以称为多层次嵌套模型，是因为上一层次的输出将作为下一层次的输入（如图1-12中箭头方向所示），因此，存在的风险是，上一层次中产生的错误也会不可避免地影响到下一层次。例如，如果在 H_2 中采用了比较差的抽象设计，那么即使在 H_3 和 H_4 中设计出完美的视觉编码和算法，所创造的可视化系统也将不能解决 H_1 中所提出的问题。但是，在合理设计的情况下，多层次嵌套模型指导下的可视化任务分析具有以下优势：从需求描述到算法设计具有明显的层次性，囊括了整个可视化任务分析过程；明确指出每个层次中存在的潜在风险，并提出避免这些潜在风险的办法；层次之间也具备一定的独立性，可以首先对各层次开展基本的分析，然后再考虑层次之间的关系。

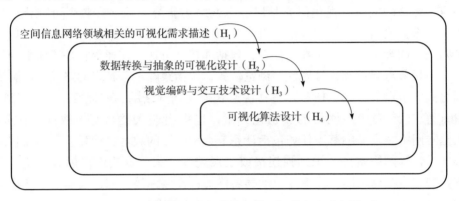

图 1-12　多层嵌套的空间信息网络可视化任务分析模型

1. 可视化需求描述

H_1 是多层次嵌套模型中最基础的层次，既要与空间信息网络领域这一特定的外部环境对接，又要为模型的后续层次（H_2、H_3 和 H_4）提供指导。因此，一方面，H_1 与空间信息网络的领域背景密切相关，以用户为中心是 H_1 的前提，正确地总结和提炼出 H_1，有助于准确把握用户的可视化需求；另一方面，由于多层次嵌套模型中存在风险累积效应，若不能从领域背景中准确地总结和提炼出 H_1，这种风险将累积到 H_2，并进一步通过 H_2 影响到 H_3 和 H_4，从而造成整个可视化任务分析的失败。

H_1 的输出是一个可视化问题集合，包括用户希望从可视化系统中获取到什么信息的问题描述。根据本书的研究内容，H_1 输出的问题集合应该具有一个共同的特点：在拓扑视图中能够容易地解决这些问题，而在物理仿真视图中难以实现，从而体现出逻辑拓扑可视化研究在展示网络抽象信息上的优越性。

为此，根据空间信息网络动态特征及其影响因素的分析，首先从宏观上将本书的可视化任务描述为：基于空间信息网络的动态特征，采用多种信息可视化手段，展示空间信息网络拓扑结构的演化过程，支持基于可视界面的交互式分析。然后，提出一个细化的问题集合，作为 H_1 的输出：

(1) 如何对空间信息网络不同时刻的拓扑状态进行对比分析？

从动态特征点集 Γ 中，任取两个不同的时刻点 t_i 和 t_j，它们所对应的网络时间片分别是 $G(t_i)$ 和 $G(t_j)$，可视化布局结果分别是 $L(t_i)$ 和 $L(t_j)$。从 $L(t_i)$ 和 $L(t_j)$ 的对比分析中，可以发现 t_i 和 t_j 这两个时刻点处网络拓扑的差异，从而获得对空间信息网络演化过程的理解。因此，空间信息网络的状态对比是一个重要的可视化需求。

(2) 如何展示空间信息网络逻辑拓扑的动态演化过程？

在空间环境中，空间信息网络的真实状态是连续动态变化的。如果能够采用连续动态的方式，展示空间信息网络逻辑拓扑的演化过程，将更直观、自然地辅助用户对空间信息网络的理解。因此，如何展示动态演化过程也是一个重要的可视化需求。

(3) 如何在保持视图清晰的情况下，获取到感兴趣的信息？

空间信息网络中的抽象信息种类较多，节点之间的关联比较复杂。用户主要对"隐含模式探索"和"细节信息查询"感兴趣，而这两者都要求可视化系统提供清晰的可视化视图。对隐含模式探索的需求，要求可视界面支持用户的交互式操作，让用户从交互探索的结果中获取到一些不易发现的信息模式；对细节信息查询的需求，往往表现为从概览视图中获取局部细节。因此，能够容易地从可视化视图中获取到感兴趣的信息，是用户对可视化系统可用性的实际需求。

上述问题是空间信息网络可视化方法研究中的根本需求。但是，对物理仿真视图而言：空间信息网络连续运动，不便于对离散状态进行对比分析；节点的轨道运动是可视化的重点，没有聚焦到网络的逻辑拓扑上；由于视图本身具有遮挡和重叠等视觉杂乱现象，对感兴趣信息的获取存在一定困难。相反，在拓扑视图中，易于解决上述问题。拓扑视图聚焦于空间信息网络的逻辑拓扑，而不是节点的空间运动；通过离散时刻点处的时间片反映空间信息网络的拓扑结构，便于对比分析；采用布局算法对网络进行布局和优化，提供清晰美观的视图，便于获取感兴趣的信息。

2. 可视化抽象

通常采用与实际背景相关的术语来描述可视化需求，因此，H_1 往往以用户为中心，倾向于贴近实际；而 H_3 和 H_4 的分析过程更加抽象化，采用信息可视化技术研究领域中的专业术语进行阐述，使得技术研究过程中的沟通更加简洁和高效。因此，H_2 的作用就是将可视化需求从空间信息网络领域映射到更抽象和通用的可视化领域。这种描述方式上的转换有利于确保后续层次的推进，因为将 H_3 和 H_4 从具体需求中脱离出来，可以保证技术上的相对独立性。H_2 的输出是经过转换后的数据结构描述，该描述将作为 H_3 的输入。

本节将空间信息网络数据转换为可视化技术能够处理的网络数据类型，即节点连接图。然后，H_2 对 H_1 的输出问题集合进行抽象，采用信息可视化技术的术语描述 H_1 中的输出问题：

(1) 采用比较可视化的思想，对不同时刻的网络布局进行对比分析。

(2) 采用事件驱动的思想，展示空间信息网络的连续动态演化过程。

（3）设计交互操作，基于可视界面实现可视探索和可视查询。

通过数据转换与抽象的可视化设计过程，将领域相关的可视化任务映射为可视化技术层面的任务，从而可以充分利用信息可视化、网络可视化、图绘制、交互技术等领域的相关知识，为整个可视化需求服务。

3. 视觉编码

信息可视化的研究对象主要是抽象信息，而抽象信息在现实世界中并不存在与之对应的真实物理形式。因此，在 H_2 中经过转换后的输出数据不能自动地映射为可视化视图中的图形图像，必须基于易于理解的可视化隐喻进行视觉编码来描述抽象信息，从而进一步支持可视分析任务。

H_3 中的视觉编码需要满足几个标准：

（1）必须保持视觉编码的忠实性，数据与视觉元素构成一一映射关系。如果视觉编码能够将不同的网络数据映射成不同的绘制结果，就称该算法具有"忠实性"。换言之，一个具有忠实性的视觉编码永远不会将截然不同的网络数据映射成相同的绘制结果。

（2）可视化模型易于理解。需要采用更容易让用户理解的视觉编码模型，因此，视觉编码过程往往需要以某些可视化隐喻为基础，反复迭代完成。本书在视觉编码部分，设计了两种可视化模型，即格网模型和动画模型，这些模型都存在易于理解的可视化隐喻。

（3）合理使用视觉元素。基于视觉感知和认知、颜色刺激、色彩空间、心理学等理论，综合利用形状、颜色、尺寸、透明度等视觉元素实现视觉编码。

H_3 中交互技术设计的重要性不言而喻，只有视觉编码而没有交互设计的可视化视图，事实上已经退化为一幅纯粹的图画或者一个简单的动画。通过交互，用户能够从可视化视图中选择自己感兴趣的子集，从而获取隐含的信息启示。交互技术可以提升用户获取信息的速度和有效性，避免迷失在信息浏览过程之中。在交互技术设计方面，本书基于放大镜隐喻设计了一个细节查询工具，用于对网络布局中的细节信息进行可视查询。同时支持交互式的专题视图查询，用户选择感兴趣的信息类型，可视化视图中反馈显示相关类型信息的专题视图。可以利用的交互操作包括选择、导航、排列、改变、滤波和累积等。

4. 可视化算法

在多层次嵌套模型中，最底层的层次是 H_4，即可视化算法设计，创建算法的目的是自动实现视觉编码，并支持用户交互。网络布局算法设计需要考虑惯例、约束和美学三个方面的因素。具体而言：

（1）惯例是在网络布局的实际应用和实践中形成的共识。例如，力引导模型更容易理解、网络边用直线或虚线表示、节点用圆环或方块表示等。

（2）约束是一系列的绘图规则。约束的对象通常是网络元素的子集，而不是整个网络，例如，将某个节点放置在画布中心，或者使某几个节点相互靠近等。

（3）美学是一系列的视觉属性。尽可能多地实现这些属性，将提升网络布局的质量，增强可视化结果的可读性。

此外，算法设计不仅仅是可视化领域的问题，而是整个计算机科学领域都会探讨的问题。本书在深入分析空间信息网络动态特征的基础上，选择并设计与网络特征相适用的可视化算法。力引导算法在网络可视化领域应用非常广泛，但是，它的缺陷是基于单一的力函数进行力的计算。本书试图设计基于力函数集的融合的力引导算法来解决空间信息网络的布局问题，并在解决实际问题时，考虑网络特征对算法设计的约束和影响。

1.4 本书内容

本书主要围绕空间信息网络的动态特征和多层特征展开，包括以下四部分内容：

第一部分介绍空间信息网络基本概念与特征，包括第1章。首先，理清空间信息网络相关概念之间的关系，界定本书的研究范围。其次，简要分析空间信息网络的动态、多层、复杂、异构、异质、受限等特征。最后，基于多层嵌套模型，从可视化需求、抽象的可视化任务、视觉编码任务、可视化算法设计等方面分析了可视化任务。

第二部分介绍动态特征建模与可视化，包括第2章至第4章。针对空间信息网络体系结构设计方法不完善，现有方法通用性、可移植性较差，需要加强大时空跨度下体系结构可重组设计的问题，介绍一种"数据即中心"的空间信息网络体系结构可重组模型。针对空间信息网络动态特征明显，拓扑演化规律和演化机制不易系统掌握的问题，在综合考虑空间信息网络局域世界和边权演化现象的基础上，介绍一种基于局域世界的空间信息网络加权动态演化模型。针对空间信息网络规模结构复杂，不易以形象化方式展示空间信息网络拓扑结构和拓扑演化规律的问题，在空间信息网络加权局域拓扑演化研究的基础上，介绍一种融合动画和时间线的空间信息网络动态特征可视化方法。

第三部分介绍多层特征建模与可视化，包括第5章至第9章。针对当前空间信息网络拓扑结构模型难以完整、准确地描述实体和连接异质性的问题，将多层网络理论应用于空间信息网络描述，介绍一种基于多层网络的空间信息网络拓扑结构建模方法。针对空间信息多层网络概览视图展示需求，以空间信息多层网络社团结构和骨架结构展示为目标，介绍一种基于节点重要性的空间信息多层网络压缩布局方法。为解决传统的节点布局方法面向单层网络设计，不支持层间结构对比分析，难以适用于空间信息多层网络可视化的问题，介绍一种基于两级多力引导模型的空间信息多层网络优化布局方法。针对当前多层网络可视化方法侧重于静态的拓扑结构视图展示，不支持用户自由探索和数值化分析空间信息多层网络拓扑结构的问题，介绍一种基于多视图关联的空间信息多层网络层-边模式可视化方法。

第四部分介绍空间信息网络典型可视化系统构建，包括第10章。面向多种用户类型，以空间信息网络特征为核心，设计具有典型代表性的交互式可视化系统，辅助多类不同用户实现对空间信息网络了解、建设、发展、管理和维护。探索一些具有通用特征的基于图形界面的可视化交互分析方法。

参考文献

[1] 任勇，等. 空间信息网络体系架构及其应用［M］. 北京：人民邮电出版社，2019.

[2] 匡麟玲，等. 空间信息网络协同传输与资源管理［M］. 北京：人民邮电出版社，2019.

[3] 王俊峰，等. 空间信息网络传输协议［M］. 北京：人民邮电出版社，2020.

[4] 刘立祥. 天地一体化网络［M］. 北京：科学出版社，2015.

[5] 闵士权等. 天地一体化信息网络［M］. 北京：电子工业出版社，2020.

[6] LaSorda M，et al. Model-based architecture and programmatic optimization for satellite system-of-systems architectures［J］. Systems Engineering，2018，21（4）：372–387.

[7] Levis A H，et al. C^4ISR architectures：I. Developing a process for C^4ISR architecture design［J］. Systems Engineering，2000，3（4）：225–247.

[8] Lin P，et al. Adaptive subsequence adjustment with evolutionary asymmetric path-relinking for TDRSS scheduling［J］. Journal of Systems Engineering and Electronics，2014，25（5）：800–810.

[9] Dong F H，et al. Distributed satellite cluster network：a survey［J］. Journal of Donghua University（English Edition），2015，32（2）：332–336.

[10] Bhasin K，Hayden J L. Space internet architectures and technologies for NASA enterprises［J］. International Journal of Satellite Communications，2002，20（5）：311–332.

[11] Bagri D S，et al. Proposed array-based deep space network for NASA［J］. Proceedings of the IEEE，2007，95（10）：1916–1922.

[12] Vanelli-Coralli A，et al. The ISICOM architecture［C］//Proceedings of 2009 International Workshop on Satellite and Space Communications. Italy：IEEE，2010：104–108.

[13] 张登银，等. 基于Mesh的空间信息网络体系结构研究［J］. 计算机技术与发展，2009，19（8）：69–73.

[14] 王敬超，等. 基于分布式星群的空间信息网络体系架构与关键技术［J］. 中兴通讯技术，2016，22（4）：9-13.

[15] 张威. 空间信息网络拓扑控制理论与方法［D］. 南京：解放军理工大学，2016.

[16] 于全，等. 空间信息网络体系结构与关键技术［J］. 中国计算机学会通信，2016，12（3）：21-25.

[17] 常呈武. 从通信网络到智能网络——智能时代天基信息网络的发展［C］//空天地海一体化信息网络大会特邀报告摘要集. 北京：中国光学工程学会，2017：8-9.

[18] 梅强. 天基信息系统地面一体化组网与应用技术研究［C］//空天地海一体化信息网络大会特邀报告摘要集. 北京：中国光学工程学会，2017：29-30.

[19] Barabási A L. Scale-free networks：a decade and beyond［J］. Science，2009，325（5939）：412-413.

[20] Kivelä M，et al. Multilayer networks［J］. Journal of Complex Networks，2014，2（3）：203-271.

[21] 张欣. 多层网络理论研究进展：概念、理论和数据［J］. 复杂系统与复杂性科学，2015，12（2）：103-107.

[22] 陶少华，等. 基于节点吸引力的复杂网络演化模型研究［J］. 计算机工程，2009，35（1）：111-113.

[23] 李稳国，等. 在线社会网络演化模型［J］. 计算机工程与应用，2011，47（1）：53-55.

[24] 王瑞丽，等. 一种新的在线社会网络演化模型［J］. 计算机工程，2012，38（23）：72-74.

[25] 何静，等. 微博关系网络模型研究［J］. 计算机工程，2013，39（11）：105-108.

[26] Zhang X，et al. An evolution model of online social networks based on "Sina micro-blog"［J］. Journal of Shanghai Normal University（Natural Sciences），2016，45（3）：320-328.

[27] 马路，等. 基于时变差别适应度的网络演化模型［J］. 计算机工程，2017，43（4）：94-99.

[28] Li X，et al. A local-world evolving network model［J］. Physica A：Statistical Mechanics and Its Applications，2003，328（1）：274-286.

[29] Zhu H L，et al. Complex networks-based energy-efficient evolution model for wireless sensor networks［J］. Chaos，Solitons & Fractals，2009，41（4）：1828-1835.

[30] 张德干，等. 基于局域世界的 WSN 拓扑加权演化模型［J］. 电子学报，2012，40（5）：1000-1004.

[31] 罗小娟，等. 基于能量感知的无线传感器网络拓扑演化［J］. 传感技术学报，2010，23（12）：1798-1802.

[32] 姜楠，等. 无线传感器网络中的局域世界演化模型［J］. 南京航空航天大学学报，2008，40（2）：230-233.

[33] 陈力军，等. 基于随机行走的无线传感器网络簇间拓扑演化［J］. 计算机学报，2009，32（1）：69-76.

[34] 王亚奇, 等. 一种无线传感器网络簇间拓扑演化模型及其免疫研究 [J]. 物理学报, 2012, 61 (9): 6-14.

[35] 王慧芳. 无线传感器网络演化模型与抗毁性研究 [D]. 西安: 西安电子科技大学, 2014.

[36] 符修文, 等. 基于局域世界的无线传感器网络分簇演化模型 [J]. 通信学报, 2015, 36 (9): 204-214.

[37] 金鑫. 基于复杂网络理论的 WSN 若干关键问题研究 [D]. 淮南: 安徽理工大学, 2016.

[38] Brath R, et al. 图分析与可视化 [M]. 赵利通, 译. 北京: 机械工业出版社, 2016.

[39] Moody J, et al. Dynamic network visualization [J]. American Journal of Sociology, 2005, 110 (4): 1206-1241.

[40] Shi L, et al. Dynamic network visualization in 1.5D [C]// Proceedings of the Pacific Visualization Symposium. Hong Kong: IEEE, 2011: 179-186.

[41] Feng K C, et al. Coherent time-varying graph drawing with multi-focus+context interaction [J]. IEEE Transactions on Visualization and Computer Graphics, 2012, 18 (8): 1330-1341.

[42] Beck F, et al. A taxonomy and survey of dynamic graph visualization [J]. Computer Graphics Forum, 2016, 36 (1): 133-159.

[43] Abello J, et al. A modular degree-of-interest specification for the visual analysis of large dynamic networks [J]. IEEE Transactions on Visualization and Computer Graphics, 2014, 20 (3): 337-350.

[44] Van den Elzen S, et al. Reducing snapshots to points: a visual analytics approach to dynamic network exploration [J]. IEEE Transactions on Visualization and Computer Graphics, 2016, 22 (1): 1-10.

[45] Li C H, et al. Module-based visualization of large-scale graph network data [J]. Journal of Visualization, 2017, 20 (2): 205-215.

[46] 刘真, 等. 动态网络可视化与可视分析综述 [J]. 计算机辅助设计与图形学学报, 2016, 26 (8): 693-711.

[47] Rossi L, et al. Towards effective visual analytics on multiplex and multi-layer [J]. Chaos, Solitons & Fractals, 2015, 72 (1): 68-76.

[48] Bourqui R, et al. Multilayer graph edge bundling [C]//Pacific Visualization Symposium. Taipei: IEEE, 2016: 184-188.

[49] De Domenico M, et al. Layer aggregation and reducibility of multilayer interconnected networks [J]. Nature Communications, 2014, 6 (1): 6864.

[50] Redondo D, et al. Layer-centered approach for multigraphs visualization [C]// International Conference on Information Visualization. Barcelona: IEEE, 2015: 50-55.

[51] Wong P C, et al. Visual analytics [J]. IEEE Computer Graphics and Applications, 2004, 24 (5): 20-21.

[52] Thomas J J, et al. Illuminating the path: the research and development agenda for visual analytics [M]. Washington: National Visualization and Analytics Center & IEEE Computer Society, 2005.

[53] Shneiderman B. The eyes have it: a task by data type taxonomy for information visualizations [C]//Proceedings of the IEEE Symposium on Visual Languages. Boulder, CO: IEEE, 1996: 336-343.

[54] van Ham F, et al. Search, show context, expand on demand: supporting large graph exploration with degree-of-interest [J]. IEEE Transaction on Visualization and Computer Graphics, 2009, 15 (6): 953-960.

[55] Ward M, et al. Interaction spaces in data and information visualization [C]//Joint of Eurographics/IEEE TCVG Symposium on Visualization. Germany: Eurographics Association, 2004: 137-146.

[56] Furnas G W. Generalized fisheye views [J]. SIGCHI Bull, 1986, 17 (4): 16-23.

[57] van Ham F, et al. Interactive visualization of small world graphs [C]//Proceedings of the IEEE Symposium on Information Visualization (InfoVis' 04). Austin, TX: IEEE, 2004: 199-206.

[58] 陈为, 等. 数据可视化 [M]. 北京: 电子工业出版社, 2013.

[59] Amar R, et al. Low-level components of analytic activity in information visualization [C]//Proceedings of IEEE Symposium on Information Visualization. Minneapolis: IEEE, 2005: 111-117.

[60] Lee B, et al. Beyond mouse and keyboard: expanding design considerations for information visualization interactions [J]. IEEE Transactions on Visualization and Computer Graphics, 2012, 18 (12): 2689-2698.

[61] Pirolli P, et al. The sensemaking process and leverage points for analyst technology as identified through cognitive task analysis [C]//Proceedings of International Conference on Intelligence Analysis. Virginian: Office of the Assistant Director of Central Intelligence for Analysis and Production, 2005: 1-6.

[62] Brehmer M, et al. A multi-level typology of abstract visualization tasks [J]. IEEE Translation on Visualization and Computer Graphics, 2013, 19 (12): 2376-2385.

[63] Lee B, et al. Task taxonomy for graph visualization [C]//Proceedings of the 2006 AVI Workshop on Beyond Time and Errors: Novel Evaluation Methods for Information Visualization. Venice: ACM Press, 2006: 82-86.

[64] Ellis G, et al. A taxonomy of clutter reduction for information visualization [J]. IEEE Transactions on Visualization and Computer Graphics, 2007, 13 (6): 1216-1223.

[65] Munzner T. A nested model for visualization design and validation [J]. IEEE Transactions on Visualization and Computer Graphics, 2009, 15 (6): 921-928.

第2章 以数据为中心的空间信息网络体系结构可重组建模方法

2.1 引言

空间信息网络作为网络理论与空间信息学科交叉发展的前沿，其大时空跨度下体系结构设计成为一个具有重要意义的科学问题[1]。为了完善空间信息网络体系结构模型，通过展示空间信息网络的具体组成结构从而为用户提供对空间信息网络的直观认识，同时，为了可视化系统中实体域视图的设计，本章主要研究空间信息网络体系结构建模方法。

空间信息网络作为一个为军事和民生提供信息支援和信息保障的基础平台，根据任务规模大小的不同和任务需求侧重的不同，需要空间信息网络提供服务的差异也较大。设想，如果针对某次任务将整个空间信息网络都纳入进来，一方面会因为结构庞大而增加延时，进而导致信息支援的效率降低；另一方面也会因为启用一些非必需的组分而造成资源的极大浪费。因此，这就需要在进行空间信息网络体系结构建模时，综合考虑体系结构的可重组性。在具体实践时，以任务为牵引，针对具体任务将空间信息网络的体系结构进行快速重组，待任务结束后可以实现对重组资源的实时释放，从而以最少的资源和更小的成本提供所需的功能。

综上所述，在进行空间信息网络体系结构设计时，一方面要考虑其体系结构的可通用性和可移植性；另一方面还需要考虑其体系结构的可重组性。结合空间信息网络的概念可知，空间信息网络是从空间信息系统、航天装备体系等概念的基础上，结合发展需求而逐渐演变出的一个新概念。因此，这就启发我们是否可以借鉴和参考以其前身为对象而形成的体系结构建模方法来实现空间信息网络体系结构的建模？针对空间信息系统等已形成相对典型的体系结构建模方法,可以归纳为三类,即基于统一建模语言(Unified Modeling Language,UML)的体系结构建模方法、基于活动的体系结构建模方法和面向服务的体系结构建模方法[2-4]。通过分析可知,基于 UML 的方法是一种面向对象的分析方法,该方法可重用性高,易于升级和维护;基于活动的方法以活动为出发点,以体系结构核心实体对象为基础,其具有灵活、跨产品关联等优点;面向服务的方法其本身是一种分布式的软件体系架构,该方法能够从整体上描述系统体系结构,从而提高了体系结构设计的灵活性和适应性,然而上述所有方法普遍存在互操作性差、依赖经验等不足。

因此,为了克服已有空间信息网络体系结构建模方法通用性和可移植性较差、满足针对具体任务可实现体系结构动态可重组的需求,本书结合空间信息网络复杂性、层次性、异质异构性和动态性等典型特征,借鉴基于活动的灵活性、面向服务的整体性和面向对象的重用性等优点,以空间信息网络体系结构数据为源,改进了一种以数据为中心(Data as a Center,DaaC)的空间信息网络体系结构建模思想。同时,结合面向具体任务可重组的设计需求,提出一种以数据为中心的空间信息网络体系结构的可重组建模方法,从而更好地满足空间信息网络体系结构的顶层设计。

2.2 以数据为中心的空间信息网络体系结构模型

2.2.1 DaaC 体系结构建模思想

在空间信息网络的全生命周期中,贯穿始终的便是空间数据资源,既包括实体域的实体数据,也包括映射到拓扑域的网络数据。无论空间信息网络的组成结构如何改变,由于其组分的不变性,其空间数据资源不但不会减少,而且,随着空间信息网络的实时运行以及对空间数据的收集、存储和管理,其数据资源量呈现出不断增长的趋势。当前,随着大数据的相关理论和技术的蓬勃发展,数据资源逐渐成为各行各业各领域的宝贵财富,对于空间信息网络也不例外。因此,这就启发我们是否可以通过充分利用这些空间数据资源进而实现对空间信息网络体系结构建模的探索。

在体系结构框架设计之初,学者们提出一个"产品"(product)的概念,用来满足系统体系结构设计和建模的基本需求,其本质和核心是将具有重用性和互操作性的数据组成"产品",最常见的产品如图形、文档等[5]。产品概念的提出,在系统体系结构描述和建模发展的一段时间内,都被认为是进行系统体系结构建模的最佳选择,如较为权威的美国国防部体系结构框架(Department of Defense Architectural Framework，DoDAF）的早期版本——1.0版和1.5版，都是依靠"产品"来贯穿体系结构描述和建模的整个过程。随着对"产品"的不断使用，其缺点也日益凸显，主要表现在产品是对体系结构数据的一种描述，因此在生成产品的过程中就会增加一些对体系结构数据的约束，这种约束的实施需要结合具体的情况进行，因此该方法具有人为的主观性，迫使其可移植性和通用性相对较差。

结合空间信息网络的概念和特征可知，其节点和链路动态性强、功能多样化，相应地，在其全生命周期中，空间信息网络体系结构更新和规划的复杂性会随着网络规模的增大、网络运行动态性的增强而增加，因而不能照搬图形、文档等"产品"来实现有效的体系结构描述和建模。所以，结合网络系统体系结构的发展需求和发展趋势，这种以"产品"为中心的思想已经不能满足要求，针对更加复杂结构的网络系统而言，迫切需要探索一种新的思想，从而实现其体系结构的描述与建模。"产品"由数据生成，生成产品是对数据的一种处理和操作，因此，是否可以采用还原法的思路，回归到数据本身以更好地发挥数据的作用？基于上述思考，借鉴前人在相关领域的成果[6-7]，探索性地将体系结构建模思想从"产品"为中心转向了"数据"为中心，从而也就产生了DaaC思想。

DaaC思想中的"数据"是指为实现体系结构描述和建模所需而获取的"体系结构数据"，它既包括空间数据资源，也包括按需对空间数据进行预处理而产生的新数据。下面给出DaaC体系结构建模的概念。

定义2-1 DaaC体系结构建模是指针对复杂网络系统，在其体系结构设计的全生命周期中，以组成网络系统的体系结构数据为基础，实现对网络系统体系结构的一种数据化描述，是一种指导网络系统体系结构顶层设计的方法。DaaC体系结构建模方法具有数据可重用性高、开发效率高的特点，能够保证网络系统体系结构之间的一致性，并可以通过生成网络系统体系结构的数据报告，辅助实现分析网络系统的目的。

在空间信息网络的DaaC体系结构描述与建模中，空间信息网络体系结构所包含的对象可以分为空间实体、联系和属性3类。空间实体是用于进行空间信息网络体系结构数据存储与处理的载体；联系是用来描述空间实体之间关系的依托；属性是用来辨别空间实体和联系对象特征的方式。图2-1为空间信息网络体系结构对象之间的属性关系。对于空间信息网络而言，体系结构数据贯穿于整个体系结构的设计过程中，空间信息网络节点决定其网络功能，而空间信息网络功能亦是其节点作用的体现。

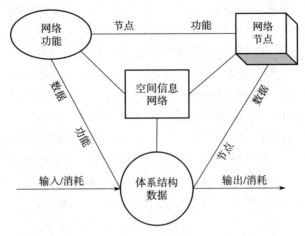

图 2-1 空间信息网络体系结构对象关系图

2.2.2 DaaC 体系结构建模机制

1. DaaC 空间信息网络体系结构模型描述机制

为了将提出的 DaaC 体系结构建模落到实处，需要一个具体的指导框架。目前，在军事领域，针对天基信息系统和空间信息系统等对象的体系结构描述与建模中，DoDAF 是一种行之有效的手段[8-9]，基于活动和面向服务的体系结构建模方法，在具体实现上也都可以依托 DoDAF 进行实现。DoDAF 体系结构模型是一种规范化描述体系结构的方法，其定义的体系结构视角构成了体系结构设计的基本规则，是设计和开发体系结构的指南。基于 DaaC 的体系结构模型需要在进行体系结构建模实现之前已经掌握了可用于体系结构建模的数据资源，这些数据通过前期的采集、组织后，被有效地存储和管理起来，以便后期使用。所以，本章依托 DoDAF2.0 开展 DaaC 思想的具体实践。

DoDAF2.0 是在 DoDAF1.0 和 DoDAF1.5 的基础上实现的升级和完善，相比较而言，DoDAF2.0 更加重视数据在网络系统全生命周期中的重要性，同时，DoDAF2.0 中也已经将"产品"的思想弱化，逐渐凸显出了"数据"的重要性，这与本书的 DaaC 思想不谋而合。最为重要的是，已有相关学者将 DoDAF2.0 成功应用于空间信息网络的前身，即在天基信息系统和空间信息系统体系结构的描述与建模中已经成功地使用[2-3]，这都为本书提供了很好的借鉴参考。再者，目前美军已经开发了 5 版 DoDAF 体系结构框架，形成了一套较为科学、规范的体系结构设计方法，特别是在 2009 年，DoDAF2.0 版正式发行，也成为当前时期使用范围最广的体系结构设计指南。综上所述，DoDAF2.0

是实现本书基于 DaaC 思想进行空间信息网络体系结构建模的有效选择。

诚然，DoDAF2.0 虽然与 DaaC 建模思想相吻合，但是直接将其应用于基于 DaaC 的空间信息网络体系结构建模中，其可行性有待考究，因此，需要结合空间信息网络的典型特征，对 DoDAF2.0 的细节信息进行改进，从而基于 DoDAF2.0 指导 DaaC 体系结构模型的具体实现。DoDAF2.0 主要基于视角的方式进行体系结构的表示，是围绕数据、模型和视图来组织的，将这些体系结构数据通过可理解的方法组织起来，从而实现体系结构建模的目的。为此，在 DoDAF2.0 中定义了 8 类视角模型，如图 2-2 所示。8 类视角模型在进行具体体系结构设计时，需要结合具体任务需求进行选择，而并非需要全部都涉及或全部涵盖，不同视角还可以具体划分为多类子视角，从而实现全面描述体系结构的目的。

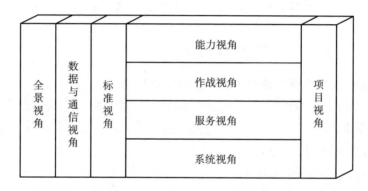

图 2-2　DoDAF2.0 中的体系结构视角

综上所述，基于 DaaC 的空间信息网络体系结构建模方法，能够确保体系结构描述中各视图间的协调一致。同时，体系结构设计开发过程中创建的上述各种视图提供了对底层体系结构数据的形象表达，用户可以根据自己的需求，从不同视角来进行体系结构模型的建立。这种基于 DaaC 的建模思想能够充分利用体系结构数据资源，也满足当前大数据环境下，数据量庞大、数据价值密度低等需求，在满足实现体系结构建模的同时，还符合当前及今后的发展趋势，值得推广和提倡。

2. DaaC 空间信息网络体系结构模型仿真机制

结合空间信息网络的概念和体系结构，针对多类用户，为了以形象化方式给出一个对空间信息网络的直观认识，基于卫星工具包（Satellite Tool Kit，STK）仿真平台，我们绘制了一个典型的空间信息网络概念演示模型。用户可以根据这个概念演示模型对空间信息网络形成直观的认识。

第 2 章　以数据为中心的空间信息网络体系结构可重组建模方法 ❖

结合空间信息网络的概念及其体系结构，假设该空间信息网络由 3 颗 GEO 卫星（编号为 GEO_1～GEO_3）组成 GEO 层卫星系统，通过 11 颗 LEO 卫星（编号为 LEO_1～LEO_11）和 11 颗 MEO 卫星（编号为 MEO_1～MEO_11）组成 MEO/LEO 双层卫星系统，同时有 2 个地面站（编号为 FS_1～FS_2）负责进行地面控制，如此便组成了空间信息网络的主干网络。图 2-3 和图 2-4 分别为基于 STK 的空间信息网络 3D 和 2D 示意图，是对空间信息网络从 3D 和 2D

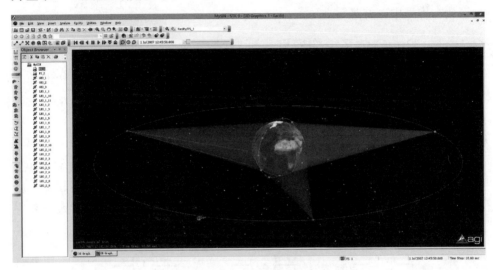

图 2-3　基于 STK 的空间信息网络 3D 演示模型

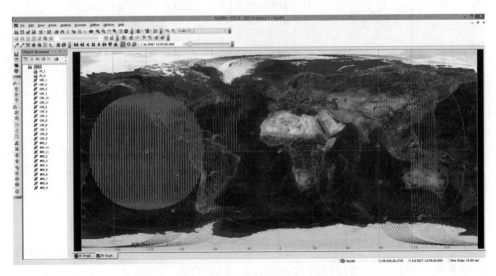

图 2-4　基于 STK 的空间信息网络 2D 演示模型

视角的一个直观呈现，这种基于 STK 的方式有助于为用户提供对空间信息网络形象化的直观认识。该方法与基于 DODAF2.0 视角描述模型相互补充，共同支撑对空间信息网络体系结构的顶层设计。由于临近空间层是为了解决卫星系统无法覆盖的复杂地形而做的补充，同时，考虑到在包含主干网络的仿真网络中视图界面范围的限制性，在图 2-3 和图 2-4 的演示模型中，展示主干网络的同时无法清晰展示临近空间层信息系统的细节信息，故未将临近空间层信息系统放在模型中一并显示。

2.2.3 DaaC 体系结构模型实现方法

结合 DaaC 空间信息网络体系结构建模思想的内容，按照体系结构设计的适用性、简易性、关联性、组织性和重用性等指导原则，给出了体系结构设计的开发流程。在体系结构开发过程中，主要分为 6 个步骤，如图 2-5 所示。在前 4 个步骤中，对于空间信息网络的多类用户（包括建设、维护和使用等）起着决定性作用，只有结合用户需求而构建的空间信息网络体系结构才有真实存在的价值和意义，当然，也要求将体系结构开发人员的思想添加在其中。后两步用于开发符合需求的体系结构视图，该部分主要由体系结构开发人员来完成，下面将给出其具体的流程。

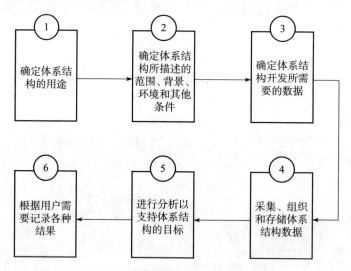

图 2-5 体系结构开发流程及步骤

Step_1：确定体系结构的用途。确定使用目的和使用意图，确定所需要的数据种类，进而确定通过何种方式进行具体的实现。

Step_2：确定体系结构的范围等。范围决定了空间信息网络模型的深度和

第 2 章 以数据为中心的空间信息网络体系结构可重组建模方法

广度。因此，需要首先将空间信息网络体系结构建模的问题收集起来，进而细化空间信息网络体系结构所需的详细程度，不同范围所对应要实现的体系结构开发的效果不同，所以达到的目的也有差异。

Step_3：确定所需要的数据以支持体系结构的开发。DaaC 的核心思想是体系结构数据贯穿于体系结构开发的整个流程，因此，在确定体系结构用途和范围等内容的基础上，对其所需的数据进行分析，从而确定所需的数据实体和属性的细节信息，为数据的收集提供指导。同时，还需要在满足体系结构用途和范围的基础上，确定开发体系结构所需要的视角、数据模型的评审等。

Step_4：采集、组织和存储体系结构数据。根据前 3 步确定的体系结构用途、范围和所需要的数据等，便可对所需要的数据进行采集，通过有效的组织和存储，从而为体系结构的开发提供数据支撑。

Step_5：进行分析以支持体系结构的目标。在前 4 步的工作完成后，对体系结构数据的分析是确保现阶段的准备工作是否偏离了最初目的的重要环节，在该步骤中还可以确定所需的其他过程步骤，或者可以细化其他工作等。

Step_6：根据用户需要记录各种结果。在体系结构设计的最后环节中，需要在已有体系结构数据的基础上创建相应的体系结构视图，进而呈现给不同的用户，这将与 2.2.2 节中提到的 DoDAF2.0 的视图和模型相对应，由于对空间信息网络不同用户所需要视图的差异性，需要将多种结果进行记录，进而进行对比分析。

需要指出的是，由于空间信息网络的体系结构是需要根据任务牵引实时更新和变化的，也是时刻动态变化的，每次体系结构都服务于不同的需求，每个体系结构描述代表的是不同的瞬间状态，所以空间信息网络体系结构的开发是一个反复迭代的过程，即重复上述开发流程和步骤。同时，考虑到 DaaC 体系结构模型的通用性和可移植性，该体系结构模型同样适用于多任务多目标需求的建模，即针对不同时效性、不同任务类型的体系结构同样适用。针对具有显著动态特征的网络系统而言，可以将不同时刻的体系结构模型通过构造"瞬间快照"来描述，而一个有序的时间序列可以完整地体现其动态变化的过程，同时，也可以实现对体系结构描述的完善和不断更新。

2.3 以数据为中心的空间信息网络体系结构可重组模型

DaaC 体系结构建模方法可以实现空间信息网络体系结构的整体设计，克服了传统方法在可移植性和通用性方面的不足。在 DaaC 体系结构模型的基础上，为了实现面向具体任务空间信息网络体系结构的可重组[10]，本节进行

DaaC 体系结构可重组模型的研究。

以军事应用为例,未来战争模式逐渐演化为信息化条件下的局部战争,如果空间信息网络整体都参与到某次作战任务的信息支援和态势感知中来,则势必会增加观察-判断-决策-行动(Observe-Orient-Decide-Act,OODA)的时间,相应地也会增加一些非必需的成本和代价,并且也会产生资源的极大浪费,同时,也不符合现实情形。设想,在某次具体的作战活动中,如果确定了某次作战的局域范围,则将满足该任务需求的空间信息网络的实体装备进行快速重组,从而提供所需的信息支援服务,当作战活动结束后便可进行解构,释放这些资源,使其恢复到自然运行状态。基于这种方法,一方面可以缩短 OODA 环的时延,提高作战的效率,确保有效地进行信息支援,另一方面可以降低使用成本,提高空间信息网络的使用效率。探究其实质会发现,通常定义的空间信息网络是一个整体,而通过重组后的空间信息网络是它的一个子网,是为了实现特定功能,提供特定服务,而在局域范围内实现的结构重组和功能重现的一种状态。

因此,本节在 DaaC 体系结构模型的基础上,以组成空间信息网络的空间实体为最小物理资源,以数据为中心,探索性地提出了一种以任务为牵引的可重组空间信息网络体系结构模型,以期为实现多重任务的空间信息网络体系结构的设计提供一些新的思路和方法,具体内容如下:

2.3.1 基本概念及原则

首先,结合空间信息网络的概念和体系结构的内容,对可重组体系结构建模相关的概念进行论述。

定义 2-2 空间信息网络重组是指根据具体的任务需求、满足的功能需求和提供的服务需求,对组成空间信息网络的实体进行重新组合的过程。重组后的网络称为可重组空间信息网络(Reorganization SINs,R-SINs)。

通常意义上论述的空间信息网络是一个集成并实现信息支援的基础设施,而面向任务的 R-SINs,其本质是以特定任务需求为牵引而构建的子空间信息网络。

定义 2-3 可重组目标(Reorganization Goal,RG)是指用于指导空间信息网络根据服务需要,通过重组而实现和进入的新状态的蓝本,其中主要是用于描述可重组网络应具备何种功能,已重组好的网络各个功能实体如何提供相应的服务,功能实体应当服务到何种程度等。

定义 2-4 可重组方案(Reorganization Scheme,RS)是指根据可重组目标,结合所包含的空间实体的具体情形,为实现特定任务、提供特定服务,针对实体间如何连接，如何相互配合工作而做的具体计划，是用于指导可重组网络的具体组网的指南。

定义 2-5 可重组网络体系结构模型（R-SINs Architecture Model，RAM）定义为

$$M_{RA} = <RG, RD, RE, RS, RN> \tag{2-1}$$

式中：RG 表示在任务需求的牵引下，对可重组网络构建为何种样式、提供何种服务的一种形式化描述。可重组功能资源集合包含可重组数据资源（Reorganization Data，RD）和可重组实体资源（Reorganization Entity，RE）两部分，表示为实现可重组目标，分析符合条件的数据资源，并确定满足需求的实体资源的过程。RS 描述了如何进行构造和重组的整个过程，除此之外，方案中还包括了对可重组网络的调整、优化和完善等过程。可重组网络（Reorganization Networks，RN）表示根据既定目标和方案所输出的可重组空间信息网络的雏形，是 R-SINs 的前身。

空间信息网络的可重组性是指空间信息网络为完成某一任务而实现的体系结构从一种形式转换为另一种形式的情形，转换前后的两种体系结构不仅在组成成分上不同，实现的功能也不同，同时，转换前后不是简单的排列组合，而是注重其整体能力的体现。结合可重组的特征和空间信息网络在未来战场环境中的发展趋势，在建立空间信息网络可重组体系结构模型时，一方面要保证灵活、可扩展和适用性的优点，另一方面还要遵循以下原则[10]，才能更好地实现其体系结构模型的建立。

原则 2-1 松耦合原则。可重组空间信息网络中重组的网络是依据特定功能服务而进行的重组，是依据特定用户业务需求而提供相应的网络服务，所以，其服务和需求是一一对应的，因此这种网络是一种松耦合的模式。

原则 2-2 兼容性原则。可重组空间信息网络其组成部分包含多种异质异构实体，横跨不同层级，因此，要进行实时的信息支援，必须能实现实时的数据信息共享，因此，实现良好的兼容和融合是保证其实现整体功能的前提和基础。

原则 2-3 隔离性原则。可重组空间信息网络由于其服务对象的不同需要构建不同的网络，为保证已构建网络能够高效地提供服务，需要将已构建网络与其他各个网络进行隔离，避免受到其他网络的干扰和影响，即从实现上做到解耦。

原则 2-4 可解构原则。可重组空间信息网络提供某一特定服务是在特定的时间段和特定的局域范围内实现的，待某一服务需求结束后，已构建的网络也就没有了存在的价值，因此，为了避免资源的浪费，需要对其进行解构，即对可重组网络所包含的实体资源进行释放，解构后，这些实体资源又恢复到自

然状态，时刻准备为下一次具体任务的可重组做准备。

2.3.2　可重组体系结构建模机制

在空间信息网络的概念及特征和可重组模型设计原则的基础上，结合 DaaC 思路，我们提出一种可重组网络体系结构模型，可重组模型主要包括两个核心部分，即管理层和资源层。管理层是可重组网络的管理中心，资源层是可重组网络资源中心，二者相辅相成，共同完成和实现空间信息网络可重组的任务。

定义 2-6　管理层是可重组网络管理中心（R-SINs Management Center，RMC），主要负责管理整个可重组网络的构建和构建方式的确立。

根据任务需求和上级命令，确定满足任务的可重组网络的规模和组成结构，同时，在整个构建过程中负责所有相关指令的发送与传递，包括向数据中心和实体资源池发出构建网络的激励，等待对方响应等。

定义 2-7　资源层是可重组网络资源中心（R-SINs Resource Center，RRC），包含实体资源池（Entity Resource Pool，ERP）和数据中心（Data Center，DC）两部分，主要用来提供可重组网络所需要的实体资源和数据资源。

实体资源池包含空间信息网络所有组成部分的全部内容，在构建可重组网络时，只需要从这个资源池中选择所需的实体资源进行连接使其发挥所需的功能即可。数据中心既包含体系结构设计所需要的实体数据，也包含体系结构构建过程中所产生的新数据。图 2-6 为面向任务的可重组网络示意图，图中包含管理中心、实体资源池和数据中心三部分内容。

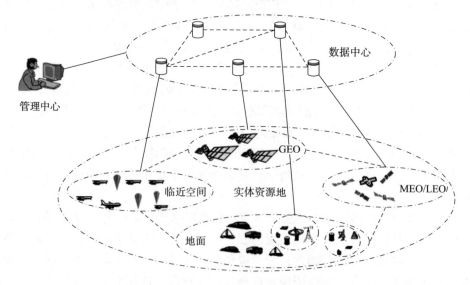

图 2-6　面向服务的可重组网络框架

在整个可重组网络的构建过程中，起决定性作用的就是 RMC 和 RRC，因此，下面以图示的方式展示其运行机制，如图 2-7 所示。

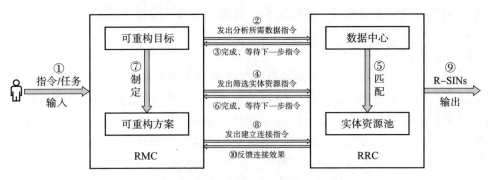

图 2-7　可重组网络各模块运行机制

图 2-7 给出了可重组网络的运行机制，其中主要是在 RMC 和 RRC 之间进行实现，下面针对 RMC 运行机制和 RRC 运行机制分别进行详细论述。

（1）RMC 运行机制：RMC 作为管理和控制的核心，充当大脑的作用，也是接受任务/指令的接口。在接收到命令/指令后，根据需求和所要提供的服务制定可重组目标，同时向 RRC 发送指令，分析可以满足目标需求的数据信息，待 RRC 完成分析数据后，便可接收 RRC 的反馈信息，同时向 RRC 发送第二条指令。依据可重组目标，结合已确定的实体资源，制定可重组方案，同时，发送建立连接的指令，在收到可重组网络建立完成的反馈指令的同时，需要对网络提供的功能和指令/任务进行对比分析，从而进一步优化和调整可重组方案，如有需要改进的地方，则重复第⑧~⑩即可。

（2）RRC 运行机制：RRC 主要提供数据资源和空间实体资源，发挥资源库的作用，一方面具有接受 RMC 指令的接口，另一方面具有输出可重组网络的接口。将所有描述实体资源的数据汇集在一起，进行有序组织后便形成了数据中心，数据中心对所有实体资源进行了编号和详细的数据描述，包含所有实体资源的属性信息和数据列表。数据中心的本质是一个结构化数据库，包含了所有装备实体资源的数据信息和相应配套的其他属性数据信息。数据中心是管理中心和实体资源池之间建立连接的中心环节，发挥着桥梁和纽带的作用。

可重组网络主要是在管理层和资源层的协作下，实现面向服务的结构重组，根据可重组目的，结合可重组方案，通过分析数据中心的数据资源，从实体资源池调度一些相关资源实体最终生成一个能实现特定功能、提供所需服务的空间信息网络。结合可重组设计原则和实现机制，我们对空间信息网络的可重组设计主要从复杂性和性能两个角度进行评价，通过这样的评价不仅可以排查设计中的不合理之处，同时也可以对可重组设计进行优化，这部分内容是在建立可重组网络之后开展的后续工作，因此，本书不做过多探讨。

2.3.3　可重组体系结构模型实现方法

可重组模型是在 DaaC 空间信息网络体系结构模型的基础上针对具体任务而进行的结构重组和功能重现。所以结合 2.2.3 节中给出的 DaaC 空间信息网络体系结构模型的实现方法，针对可重组的需求，我们进行了进一步的整合和归类，主要包括：可重组空间信息网络体系结构用途和范围、可重组空间信息网络体系结构数据及其采集、可重组空间信息网络体系结构数据展示和可重组空间信息网络体系结构模型实现算法，具体内容如下所示。

1）可重组空间信息网络体系结构用途和范围

空间信息网络体系结构是指空间信息网络的组成单元的结构、关系以及制约其设计的原则和指南，空间信息网络体系结构是用于指导空间信息网络建设的蓝图，在其整个生命周期中都发挥着重要的作用，是空间信息网络建设中不可缺少的环节。

确定可重组空间信息网络体系结构范围可以确保其用途和使用的目标与任务的一致性。对于面向具体任务的空间信息网络而言，其体系结构主要是用于指导空间信息网络完成具体任务、提供具体服务等。因此，对于可重组空间信息网络体系结构模型的用户而言，既包括可重组空间信息网络建设论证部门的人员，也包括可重组空间信息网络发展维护部门的人员。一个合理的可重组体系结构模型对于空间信息网络来说具有重要的意义，图 2-8 为可重组空间信息网络体系结构用途及范围示意图。

结合空间信息网络的概念和图 2-8 所示内容，可重组空间信息网络体系结构的用途和范围可根据所针对不同类型的用户进行划分，因此，可重组空间信息网络体系结构的用途和范围主要包括空间信息网络体系结构的用途和范围，外加针对具体任务的体系结构用途和范围，具体可以归纳为以下几条：

（1）用于辅助论证部门进行论证，确定空间信息网络的建设规模、主要组分、验证评价指标等；

（2）用于指导建设和发展部门确定空间信息网络的建设周期、建设方案、建设阶段，同时，根据新需求和存在的不足进行空间信息网络的升级、改进和完善等；

（3）用于指导针对具体任务，根据任务需求而实现的对空间信息网络体系结构的快速重组和功能重现，从而满足特定的任务需求。

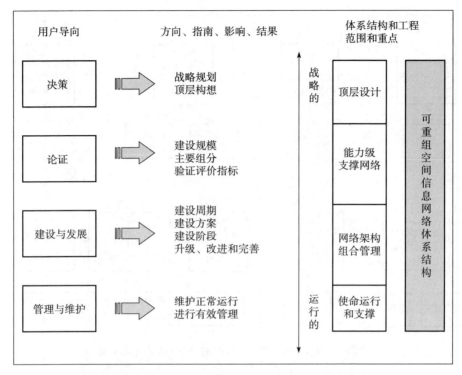

图 2-8 可重组空间信息网络体系结构用途及范围

2) 可重组空间信息网络体系结构数据及其采集

在确定了可重组空间信息网络体系结构用途和范围的基础上，需要对所需的体系结构数据进行分析，进而实现对相关数据的采集等，这个过程也是一个系统性的进程。下面从数据视角给出了可重组空间信息网络体系结构数据及其采集的具体实现方式，如图 2-9 所示。

如图 2-9 所示，在空间信息网络体系结构设计的 6 个步骤中，第 3、4 步是针对体系结构数据进行的具体工作，为此我们将其细化为图示中 A 部分内容，体系结构数据是进行基于 DaaC 体系结构建模的基础，因此起着承上启下的关键作用。结合空间信息网络的概念和组成结构可知，四层结构的空间信息网络由于其每一层组分的不同，导致其不同层级间异质异构特性明显，为了统一管理体系结构数据，我们设计了其数据存储格式，该表的具体结构如图 2-6 所示的数据格式。而对可重组空间信息网络体系结构数据的采集是一个二次筛选的过程，即在已有的数据库中对所需的数据进行抽取和整合。

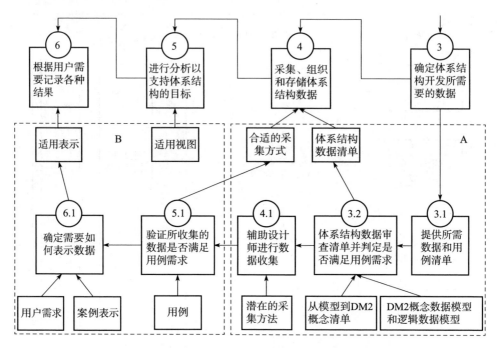

图 2-9 基于数据视角的空间信息网络体系结构实现

3)可重组空间信息网络体系结构数据展示

在对空间信息网络体系结构数据的采集、组织和存储之后,便要将这些数据以可理解的方式、恰当的形式展示出来,如图 2-9 中 B 部分所示。直观地描述空间信息网络体系结构数据可以采用多种形式,包括文本、组合式、融合式等,形式化只是其中的一种方式。空间信息网络体系结构数据的展示不仅要符合空间信息网络体系结构的特点,同时要结合用户的需求才能达到良好的效果。

因此,需要结合 2.2.2 节中提到的 DoDAF2.0 中的体系结构视角进行具体的实现。在此基础上,为了实现对可重组空间信息网络体系结构的形象化展示,基于 STK 平台进行仿真实现,从而更好地实现基于 DaaC 的空间信息网络体系结构可重组建模。

4)可重组空间信息网络体系结构模型实现算法

可重组体系结构模型是在 DaaC 模型的基础上针对具体任务而对空间信息网络体系结构的一种再操作,为了将理论转化为具体实现,在前文论述的基础上,本节设计了可重组空间信息网络体系结构建模实现的具体算法,见算法 2-1。

算法 2-1 可重组设计算法

算法：	可重组设计算法
输入：	RD、RE、指令
输出：	R-SIN
1	for 输入一个新指令
2	分析指令并确定 RG;
3	分析 RG 并映射 RD;
4	分析 RD 并匹配 RE;
5	分析 RG 和 RE 并制定 RS;
6	根据 RS 连接 RE;
7	输出 RN;
8	End for
9	while RN 不能满足 R-SINs
10	重复步骤 5 和步骤 6;
11	Endwhile

根据算法 2-1 进一步分析其算法实现流程如下：

(1) 针对所接收到的上级指令，分析其具体内容，从而确定所需提供信息支援服务的位置、方位、周期等指标，进而整理和梳理重组需求，进一步制定和拟制重组目标 RG；

(2) 结合所制定的重组目标 RG 的特征，根据其包含的指标，映射能满足需求的可重组数据资源 RD，然后，通过选择的数据 RD 匹配资源池中的可重组实体资源 RE；

(3) 结合重组目标 RG 和所确定实体资源的特征，制定能满足该项任务的重组连接方案 RS，在方案 RS 的指导下，对所筛选的实体资源 RE 建立连接，确保能够进行正常的数据信息传输；

(4) 当前三部分工作都完成后，便可以输出第一版的重组网络 RN，通过测试重组网络 RN 的功能和性能，进而判断存在的不足，反馈重组效果，为优化提供依据；

(5) 根据反馈效果进行重组网络的优化，判断输出网络是否满足要求，如果不满足，则调整重组方案 RS，重复上述步骤，实现重组网络的进一步优化，满足要求后，则算法结束。

需要指出的是，由于本书是面向任务的体系结构描述和分析，所以在实际操作中每一次的建立都表示的是一个瞬间状态，不可能一次性就达到所要实现的可重组目标,即根据每一次的重组反馈需要多次重复上述各个环节,最终才能实现满足要求的可重组空间信息网络 R-SIN。

2.4 案例分析

2.4.1 可重组体系结构建模案例分析

结合可重组空间信息网络体系结构实现方法,本节主要从作战想定和数据展示两部分进行具体实现。现代化战争逐渐凸显出对信息情报的依赖,空间信息网络作为进行信息支援的主体,在军事对抗中如何高效发挥其信息支援的作用正是需要在本节中进行具体实现的,案例以某反导任务为背景展开。

1. 可重组空间信息网络体系结构作战想定

假设敌人欲通过某型弹道导弹对我方某军事重地(坐标为:**N,**E)进行袭击,我方实施陆基反导作战活动,上级机关将该指令下发到 RMC。在整个过程中,空间信息网络全周期提供信息支援(RG),可根据敌方导弹可能出现的方向、位置等基本参数,实时提供信息支援和保障。为此,结合任务需求,进而通过分析和筛选满足要求的 RD,确定了以下 RE 将参与本次任务,具体包括:侦察卫星 A、测绘卫星 B、预警卫星 C、中继卫星 J、雷达跟踪飞机 D、雷达预警机 F、空基情报处理中心 Nc、地面指控中心 Lc,其基本体系结构数据如表 2-1 所示。

表 2-1 可重构网络体系结构数据列表

名称	所属层级信息	连接边数
侦察卫星 A	MEO	1
测绘卫星 B	LEO	1
预警卫星 C	GEO	1
中继卫星 J	GEO	4
雷达跟踪飞机 D	临近空间	1
雷达预警机 F	临近空间	1
空基情报处理中心 Nc	临近空间	3
地面指控中心 Lc	地面(*N,*E)	1

在上述体系结构数据列表的基础上,结合可重组连接方案 RS,进一步给出连接方案的概念演示如图 2-10 所示。

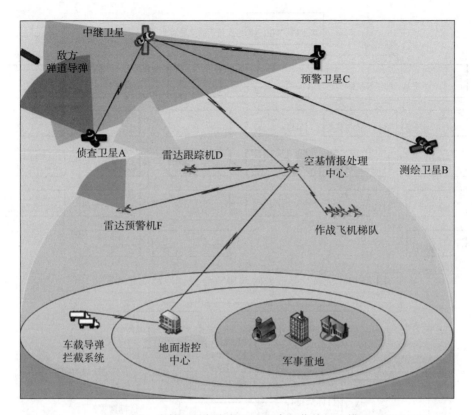

图 2-10　支持反导任务的 R-SIN 高级作战概念模型

2. 可重组空间信息网络体系结构模型描述

结合本次反导活动的需求、任务和使命，需要建立包括基于 GEO 层卫星系统的早期预警、基于 MEO/LEO 层卫星系统的侦察测绘、基于临近空间层信息系统的跟踪预警和信息处理分发、地基指挥控制和反导拦截作战的分解层次图，从而展示作战活动模型。在一级分解模型的基础上进行分解，得到二级作战活动分解模型，依此类推，可以进行更加详细的分解模型，从而展示其具体细节。图 2-11 为支持反导任务的 R-SIN 一级作战活动分解模型。

在图 2-11 中，从基于卫星系统的预警侦察、基于临近空间层信息系统的跟踪预警和信息处理分发、地基指挥控制和反导拦截作战三个方面构建了支持反导任务的 R-SIN 一级作战活动分解模型。为描述节点组成、节点部署以及节点间关系，进一步构建了支持反导任务的 R-SIN 作战节点连接描述模型，如图 2-12 所示。

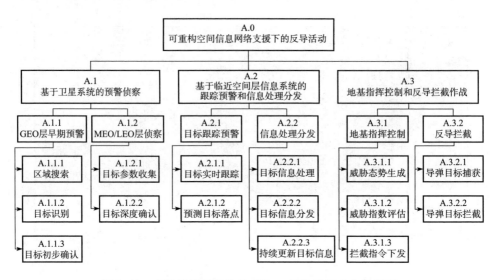

图 2-11 支持反导任务的 R-SINs 一级作战活动分解模型

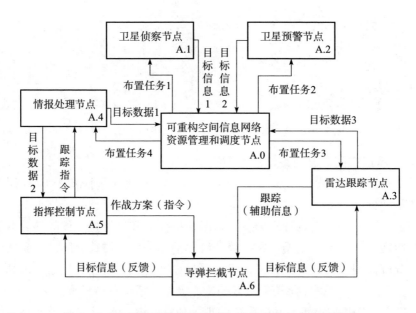

图 2-12 支持反导任务的 R-SINs 作战节点连接描述模型

在图 2-12 中，可重组空间信息网络支援下反导活动的作战节点包括卫星预警、卫星侦察、情报处理、可重构空间信息网络资源管理和调度等节点。在此基础上，按照本次反导任务活动的发展流程，进一步绘制了支持反导任务的 R-SIN 作战事件跟踪模型，如图 2-13 所示。

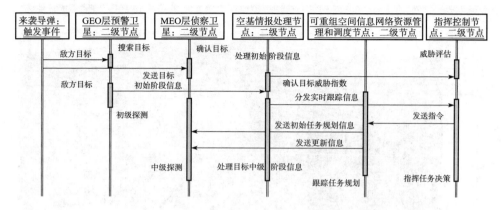

图 2-13　支持反导任务的 R-SIN 作战事件跟踪模型

综上所述，结合 DoDAF2.0 所包含的多视角描述模型和本次作战活动的具体需求，面向反导任务全过程中的信息支援，本节构建了可重组空间信息网络的多种模型，进而实现可重构空间信息网络体系结构的模型描述。

3. 可重组空间信息网络体系结构模型仿真

为了以形象化方式展示面向反导任务的空间信息网络可重构体系结构模型，在 2.2.2 节中空间信息网络演示模型和本节多种描述模型的基础上，结合本次任务的特点，基于 STK 平台分别实现了 3D 和 2D 的可重组网络演示模型，如图 2-14 和图 2-15 所示。

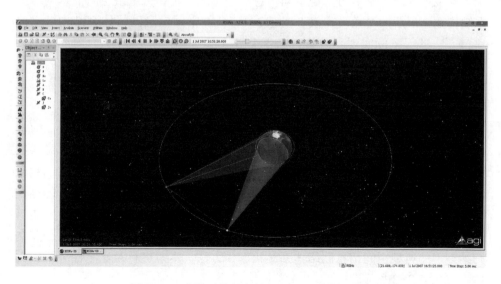

图 2-14　支持反导任务的 R-SINs 3D 演示模型

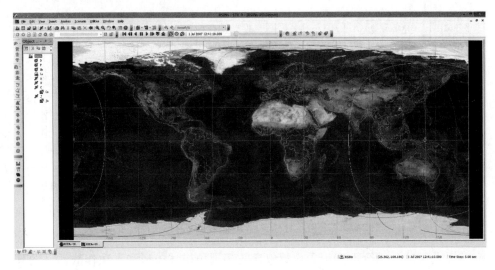

图 2-15　支持反导任务的 R-SINs 2D 演示模型

在图 2-14 和图 2-15 中，星 A、星 B、星 C、星 J 分别用亮点显示，图示中较小亮点代表地面指控中心 Lc，机 D、机 F 和空基情报处理中心 Nc 因受图示截图界面范围的限制，在图示中未能清晰展示。同时，结合表 2-1 和图 2-10 中的数据信息传输关系，建立了空间实体间的连接关系，图示中由实心直线表示。

综上所述，本节从可重组空间信息网络作战想定、可重组空间信息网络体系结构数据展示两个角度出发，对基于 DaaC 的空间信息网络体系结构可重组建模方法进行案例实现和分析，基于 DODAF2.0 和 STK 实现了面向反导任务的空间信息网络体系结构可重组模型的描述和仿真实现，达到了预期目的。

2.4.2　体系结构建模方法定性对比分析

针对空间信息网络体系结构建模的问题，本书提出了一种基于 DaaC 的空间信息网络体系结构可重组建模方法，旨在实现移植性好、通用性好、灵活性强、可重组的空间信息网络体系结构设计，案例分析结果与预期相一致，验证了本书提出的建模方法的可行性和有效性。然而，本书提出的建模方法还存在不同程度的问题和不足，只有将该方法与其他同类方法进行对比分析，才能更好地发掘该方法存在的不足，从而为下一步的研究提供指导。因此，结合前文归纳整理的典型空间信息网络体系结构建模方法，本节进行对比定性分析，具体内容如表 2-2 所示。

第2章 以数据为中心的空间信息网络体系结构可重组建模方法

表2-2 体系结构建模方法定性对比分析

序号	名称	典型方法	方法优点	方法缺点
1	方法2-1	基于服务层和网络层的一体化两层体系结构建模方法	针对空间信息网络的复杂性、通过分层、分块能够达到一定程度的建模效果	不能对体系结构进行整体建模,其通用性、方法的可移植性较差
2	方法2-2	基于分层自治域的组网建模方法		
3	方法2-3	基于分布式星群的体系结构建模方法		
4	方法2-4	基于UML的体系结构描述与建模方法	可重用性高,易于升级和维护	互操作性差,设计过程中存在依赖经验
5	方法2-5	基于活动的体系结构描述与建模方法	能够灵活地满足多种设计需求,灵活、跨产品、关联	
6	方法2-6	面向服务的体系结构描述与建模方法	整体性强、设计灵活、适应性强	
7	方法2-7	本书方法	整体性、可移植性、可重组性、形象化	依赖相关人员经验

如表2-2所示,将典型体系结构建模方法与本书方法进行对比分析,表中所列的方法2-1~方法2-3是针对空间信息网络提出的三种方法,具有共性,因此没有分别展开来论述。方法2-4~方法2-6归纳了以空间信息网络前身为对象而开展的体系结构建模方法,这些方法是否能够完全移植到空间信息网络体系结构建模的研究,其可行性还有待验证,然而却为本书方法的产生提供了启发。考虑到方法2-7(即本书提出的基于DaaC的空间信息网络体系结构可重构建模方法)是在方法2-4~方法2-6基础上的融合和改进,虽然方法2-7解决了现有体系结构建模方法整体性、可移植性差的问题,实现了针对大时空尺度下体系结构可重组的需求,达到了本书设计之初的目的。然而,方法2-7与方法2-4~方法2-6相类似,就具体操作而言,该方法也具有设计中依赖决策者、体系结构设计师等相关人员的经验等不足。

本节只是从定性的角度实现对空间信息网络体系结构建模方法的归纳整理,结合本书体系结构模型提出的初衷,达到了预期目的。同时,本节案例分析的具体实现过程也可以为基于DaaC的空间信息网络体系结构可重组建模方法在其他具体任务中的应用提供参考和借鉴。尽管其他具体任务需求不同，需要依赖的可重组网络的规模和结构不同，但方法实现的流程是一脉相承的。考虑到现阶段针对空间信息网络面向具体任务的体系结构模型还较少，能够查阅到公开发表的资料有限，所以，本节没有开展方法之间的定量对比分析。随着空间信息网络基础理论和关键技术成果的增多，进行模型定量对比分析将是下一步需要完善的内容。

2.5 小结

本章面向空间信息网络体系结构建模的需求，针对现有体系结构建模方法和模型的不足，提出了一种基于 DaaC 的空间信息网络体系结构可重组建模方法，并以具体任务为背景进行了案例实现，同时，对现阶段典型体系结构建模方法进行了定性对比分析，主要研究工作包括：

（1）从体系结构建模思想、体系结构建模机制、模型实现方法等角度出发阐述了一种 DaaC 空间信息网络体系结构模型，该模型以空间信息网络全寿命周期中的体系结构数据为牵引，以 DoDAF2.0 和 STK 为支撑进行空间信息网络体系结构的顶层设计与形象化展示，具有整体性、易于移植的特点。

（2）在 DaaC 体系结构模型的基础上，针对面向具体任务体系结构的重组性问题，从基本概念和原则、可重组体系结构建模机制、可重组模型实现算法和流程等角度出发提出了一种基于 DaaC 的可重组空间信息网络体系结构模型，该模型以具体任务为牵引，以降低资源消耗和提高空间信息网络运行效率为目标，对于空间信息网络的建设和发展具有重要参考意义。

（3）以反导任务为背景，以建模实现算法和流程为牵引，进行了基于 DaaC 的空间信息网络体系结构可重组建模方法的案例实现，案例结果与预期估计相一致，达到了预期目的，从而能够更好地指导面向任务的空间信息网络体系结构的顶层设计。

（4）最后，将本书提出的方法与其他典型体系结构建模方法进行定性对比分析，通过分析本书方法的优缺点，进而为下一步研究工作指明方向。特别是针对该方法存在的缺点和不足，一方面可以提醒用户在具体使用中规避，另一方面需要将其进行后续的优化和改进。

参考文献

[1] 国家自然科学基金委员会. 空间信息网络基础理论与关键技术研究计划 2014 年度项目

指南［EB/OL］. ［2014-02-28］. http://www.nsfc.gov.cn/publish/portal0/zdyjjh/2014/info71704.htm.

［2］简平, 等. 基于活动的 C^4ISR 体系结构建模方法研究［J］. 装备指挥技术学院学报, 2009, 20 (5): 50-55.

［3］简平, 等. 面向服务的体系结构建模方法研究［J］. 装备指挥技术学院学报, 2011, 22 (6): 91-96.

［4］Lallchandani J P, et al. A dynamicslicing technique for UML architectural models［J］. IEEE Transactions on Software Engineering, 2011, 37 (6): 737-771.

［5］Amissah M, et al. A process for DoDAF based systems architecting［C］//Proceedings of 2016 Annual IEEE Systems Conference (SysCon). Orlando: IEEE press, 2016, 1-7.

［6］姜志平, 等. 以数据为中心的 C4ISR 系统体系结构开发方法［J］. 火力与指挥控制, 2009, 34 (1): 70-74.

［7］熊伟, 等. 以数据为中心的天基预警系统视图模型研究［J］. 指挥控制与仿真, 2013, 35 (5): 11-16.

［8］简平, 等. 基于 DoDAF 的天基预警系统体系结构模型研究［J］. 现代防御技术, 2014, 42 (4): 46-54.

［9］梁桂林, 等. 基于 DoDAF 的遥感卫星地面系统体系结构建模与仿真［J］. 指挥控制与仿真, 2017, 39 (2): 105-112.

［10］刘强, 等. 基于构建的层次化可重构网络构建与重构方法［J］. 计算机学报, 2010, 33 (9): 1557-1568.

第3章
基于局域世界的空间信息网络
拓扑加权演化建模方法

3.1 引言

为了系统把握空间信息网络拓扑演化规律，通过建立空间信息网络拓扑演化模型，了解和掌握网络拓扑特性和演化机制，从而为空间信息网络有效建设和高效管理提供依据，同时，为了服务第4章空间信息网络动态可视化的研究，本章主要针对空间信息网络拓扑演化模型展开研究。

早期关于网络拓扑结构模型的研究主要针对静态网络的静态拓扑，网络拓扑结构模型作为现实网络系统抽象出的一种模型，它使人们在研究现实网络系统的过程中能够更好地理解拓扑结构之间的相互关系，逐渐成为人们研究网络系统的一种有效手段。随着研究的不断深入，人们发现网络拓扑结构不仅不是一成不变的，而且是随着时间不断地进行演化。静态网络拓扑已经不再适用于分析具有动态特征的网络。因此，研究网络拓扑动态演化逐渐成为分析具有动态特征网络特性的趋势，典型的动态网络有在线社交网络、无线传感器网络等。

不同于上述网络所具有的动态表象，存在着这样一类网络，它们的网络拓扑也发生实时的演化，而导致其拓扑结构发生改变的不仅仅是由于时间域上的动态特征，也包括其在空间域上，组分位置的移动所导致拓扑域拓扑结构的实时改变，如空间信息网络、天地一体化信息网络等。因此，以空间信息网络为例，分析和研究该类网络拓扑演化规律要比仅由动态特征而导致网络拓扑结构发生演化的情况更为复杂，因为在进行该类网络拓扑演化研究时，不仅需要考虑其动态特征的影响，还需要考虑其空变特征的影响，并且这两个特征是同时存在且同时发生的。空间信息网络拓扑演化是指对空间信息网络拓扑结构的节点和连边随时间的新生、消亡和演变的描述,也是指空间信息网络拓扑结构的形成、更新和变化的过程和机制。研究空间信息网络演化的主要目的就是通过建立其动态模型,通过识别并捕捉对空间信息网络拓扑结构有影响的关键因素,了解空间信息网络的动态变化过程,从而更加深刻地认识空间信息网络的拓扑结构、了解其拓扑性能。因而,只有充分考虑到上述各种情形,研究的空间信息网络拓扑演化模型才能更加准确地反映真实网络的拓扑性能,而获得的拓扑演化规律和演化机制才能更有效地支撑空间信息网络的建设、发展、维护和管理。

空间信息网络属于交叉学科的研究前沿之一,由于其基础理论和关键技术所涉及的范围较广、内容较多,相关研究人员开展研究的侧重点也不同,因而,现阶段针对空间信息网络拓扑结构和拓扑演化研究的相关文献和报道还较少。空间信息网络的本质是复杂巨系统,而复杂网络思想被应用于研究和分析复杂巨系统已取得不少成果,因而,基于复杂网络思想进行空间信息网络的性能、功能、效能等分析是一种可以借鉴的思路。现阶段,以小世界和无标度特性为基础的复杂网络理论被成功应用于在线社交网络、无线传感器网络、金融贸易网络等领域中,同时,也积累了一些典型的模型和方法,值得借鉴。

无标度特性的意义之一在于认识到网络系统的结构和演化是不可分割的[1]。结合传统研究复杂网络拓扑结构的思路,针对空间信息网络的研究通常包括三个步骤:首先,研究空间信息网络拓扑结构,形成对空间信息网络的初步认识;其次,分析空间信息网络结构和功能的关系,从而掌握其实现功能的机制;最后,利用前两步获得的知识从而实现对空间信息网络的控制和改造,最终使其能够向人们所期望的方向发展,如图3-1所示。

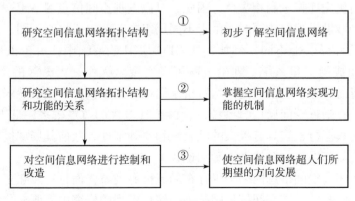

图3-1 空间信息网络拓扑演化分析

对空间信息网络而言,建立一种能够反映真实网络的拓扑结构模型是进行准确分析其网络特性的前提和基础。在本书中，我们认为其动态拓扑模型是拓扑结构的有序序列，即每一时刻体现的是其拓扑结构模型，而整个过程体现的是其拓扑演化模型。所以，针对空间信息网络拓扑结构模型我们不做单独的探讨，全部内容由其动态演化模型体现。

3.2 局域世界演化基础

3.2.1 空间信息网络的局域世界现象

随着对复杂网络领域关注度的增加和研究的不断深入，学者们在包括无线传感器网络、在线社交网络、经济贸易网和手机通信网等在内的研究中，一方面证实了小世界和无标度等基本特性，同时也发现了另一个新的现象。即，在网络系统中，组成网络系统的某些节点与一些其他节点之间连接相对紧密，而与另一些节点之间连接相对松散，因此连接相互紧密的节点之间就会形成一个小的局域范围。如果增加某个节点，并与其他节点建立连接，则会在这个小的局域范围内部呈现出更高级的优先权，即会出现优先连接的情况，人们把这种现象称为局域世界现象[2]，也称为 LW 现象。

结合空间信息网络概念和组成结构可知，组网结构和业务范围的异构异质性、空间分布上的多层跨域性，都使空间信息网络不同层级间表现出较大的差异。即，在空间信息网络的四层结构中，每一层的内部具有紧耦合连接，而且组成该层级的空间实体具有相同或相近的功能和性能。映射到拓扑域，当新加入节点时，该节点将会与其性能和功能相近的节点优先建立连接，这刚好与局域世界内的优先连接机制相吻合，因此，可以发现空间信息网络也表现出了较为明显的局域世界现象。同时，由于不同层级内部的组成机制不同，其局域世界现象的显著程度也不同。例如，在 GEO 层卫星系统中，由于该层是 3 颗 GEO 卫星组成的卫星系统，理论上就可以实现全天候、大纵深的信息支援，并实现相应的任务，所以其内部运行机制简单，局域世界现象也就弱一些。相比较而言，在临近空间层信息系统中，由于其包含的节点较多，且飞机编队、热气球组网和运行轨迹具有极大的复杂性和不确定性，致使其局域世界现象最为明显，且对其网络的整体性能影响也较大。

综上所述，空间信息网络不仅存在局域世界现象，而且还存在多局域世界现象，这启示我们，在空间信息网络拓扑演化模型的研究中需要充分考虑上述现象，才能建立更适合的模型，从而较为准确地反映空间信息网络真实的拓扑特性。

3.2.2 经典局域世界演化模型

关于局域世界现象的研究，最早可以追溯到 2003 年，Li 等[3] 选择连接节点时一改在 BA 网络建模过程中从整个网络出发的情形，通过在整个网络中选取部分节点构造一个局域世界，然后进行节点连接。这种改进的好处是每个节点都只占用局部网络连接信息，从而简化了网络的复杂性，降低了研究网络特征的难度。在局域世界现象的基础上，结合网络拓扑演化分析的需求，一种局域世界演化模型应运而生，同时也得到了一些学者的关注。部分学者研究了局域世界演化模型的病毒传播、鲁棒性、相继故障和改进模型。无权局域世界网络模型最早是由 Li 等[3] 提出，该模型重点反映了优先连接机制存在于局域时间范围内，而整个网络是体现不出优先连接的，模型构造算法如算法 3-1 所列。

算法 3-1　无权局域网络模型构造算法

算法 3-1	基于无权局域世界的网络模型构造算法
Step_1：初始设定	网络初始时，具有 m_0 节点和 e_0 条边
Step_2：增长设定	每次增加一个节点，同时该节点具有 m 条边
Step_3：局域世界优先连接	随机地从网络已有的节点中选取 $M(M \geq m)$ 个节点，作为新加入节点的局域世界，则新加入的节点根据优先连接概率 $P_{\text{pri\_con}} = \prod_{\text{local}} k(i) = (M/m_0 + t) \times k_i / \sum_{j(\text{local})} k_j$ 来与局域世界中的 m 个节点相连

如算法 3-1 所示，上述模型在构造局域世界时，是从网络中随机选择 M 个节点。后续的，又出现了多局域世界模型[4] 和其他改进的局域世界模型，如局部集聚模型（LC 模型）是针对 LW 模型的随机选择缺点而做出改进的一种模型，其演化算法大致相同，该模型具有接近真实网络的平均聚类系数[5-6]。

3.3　空间信息网络动态拓扑模型

网络通常是用图来表示的，在本节中，主要是从数学的角度给出空间信息网络动态模型的定义和形式化表示。空间信息网络动态模型是在其静态模型的基础上，通过引入时间要素而得到的一种结果。为此，首先根据空间信息网络的特点，给出多属性节点和有向加权边的定义和内涵，然后给出其动态拓扑模型，具体内容如下：

3.3.1 多属性节点

空间信息网络的主要功能是提供一体化的侦察、导航、通信等服务，且要实时获取、传输和处理空间信息，还要实现通信广播、侦察监视、情报探测、导航定位、导弹预警和气象、水文、地形等战场态势感知。从功能角度出发，可以根据其空间实体属性对空间信息网络的节点进行分类，如最高层级可以划分为侦察节点、通信节点、导航节点等；按照不同分工可以划分为空间信息获取节点、空间信息处理节点、控制节点等；从实现功能可以划分为通信广播节点、侦察监视节点、情报探测节点、导航定位节点、导弹预警节点和气象、水文、地形等战场态势感知节点。为了清晰展示其节点属性，根据其实现功能的不同，对其进行划分，如表3-1所示。

表3-1 节点属性（根据功能划分）

第一类	第二类	第三类
侦察节点	空间信息获取节点	通信广播节点
		侦察监视节点
导航节点	空间信息处理节点	情报探测节点
		导航定位节点
通信节点	控制节点	导弹预警节点
		战场态势感知节点

在空间信息网络的具体运行中，可以根据实际需求对上述表中的节点种类和数量进行扩充和完善。将表3-1用一个矩阵来表示的话，则用 x 和 y 分别来表示行和列，则有 $v_{xy} \in \boldsymbol{V}_{XY}$，且

$$\boldsymbol{V}_{XY} = \begin{bmatrix} V_{11} & \cdots & V_{1n} \\ \vdots & \cdots & \vdots \\ V_{m1} & \cdots & V_{mn} \end{bmatrix} \tag{3-1}$$

式中：$x=1, 2, \cdots, m$；$y=1, 2, \cdots, n$；v 为节点；v_{xy} 为具有某一属性的空间信息网络节点。因为组成空间信息网络的某一个节点（对应的空间实体或信息系统）可能具有多种功能，即具有多重属性，所以给出其多属性节点定义，其数学表征为

$$V = <\text{ID}_v, \text{Attr}_{ij}> \tag{3-2}$$

式中：ID_v 为节点的序号；Attr_{ij} 为节点的属性，其中，$\text{Attr}_{ij}=v_{xy} \in \boldsymbol{V}_{XY}$。

3.3.2 有向加权边

边集合 $E=\{e_1, e_2, \cdots, e_m\}$ 表示各类节点之间连接的链路,通过分析可知,在进行数据、信息和指令等的传输过程中,节点之间的连接在方向、权重等方面也是有所区别的,结合实际需求,主要包括以下几种情形:

(1) 某些节点主要负责情报信息的收集,则该类节点与其他节点的连接主要有两种情况:①将该节点收集的情报信息等数据分发出去;②该节点接收来自指控节点的指令信息,两者用途不同,所以在数据和信息传递的过程中,要考虑传递的方向性。由于传递方向的不同表示节点功能的不同、传递的内容不同,因此就需要借助有向、无向来定义这种情形下的连边。

(2) 某些节点主要负责空间信息处理,则该类节点与其他节点的连接主要有两种情况:①接受大量不同节点传来的数据信息,②将数据信息处理结果反馈到相关节点,相比较而言,因接收到的数据是各个节点收集的未经处理加工的原始数据信息,因此该部分数据信息的数据量较为庞大,而反馈出去的是经过处理的数据信息,所以是相对轻量级的数据信息。上述两种情况涉及的连边所占的权重大小是不同的,因此,需要通过区分权重值的不同来分别定义这种情形下的连边。

为此,综合考虑节点 u 和 v 之间的关系、方向、权重三个因素,给出有向加权边的三元数学表征形式

$$E=<R(u,v),D(u,v),W(u,v)> \tag{3-3}$$

式中: R 为节点 u 和 v 之间的关系,包括原始数据信息传输、处理后信息传输、指令传输等多种连接关系;D 为节点 u 和 v 之间的方向性,同时,取值范围为 $\{0,1\}$;W 为节点 u 和 v 之间连接的权重,同时,将 $W(u,v)$ 的取值限定在 $[0,1]$ 范围之内,来表示权重值的异同。

针对上述提到的方向性问题,做出以下规定,当 $D(u,v)=1$ 时,表示从节点 u 到节点 v 是有方向的,即 $e_1=(u,v)$ 和 $e_2=(v,u)$ 是不相等的。当 $D(u,v)=0$ 时,表示从节点 u 到节点 v 是无方向的,即 $e_1=(u,v)$ 和 $e_2=(v,u)$ 是相等的。

针对上述提到的权重问题,结合节点之间的关系,定义节点 u 和 v 之间的权重用 W_{uv} 表示,则一个规模为 $N\times N$ 的网络可以用连接权重 $(W_{uv})_{N*N}$ 表示,其中,$u=1,2,\cdots,N$,$v=1,2,\cdots,N$,根据节点间边权重定义,权重的表达式为

$$s_i = \sum_{v\in\tau(u)} w_{uv} \tag{3-4}$$

式中：s_i 为节点强度；$\tau(u)$ 为节点 u 的邻居节点组成的集合。

3.3.3 动态拓扑模型

空间信息网络不同于简单网络，其组成结构的复杂性、实现功能的多样性，都使其形成了较为复杂的网络拓扑结构，包含着多类节点和多种信息交换关系，同时也形成了多个子网络系统交织在一起的情形。网络通常是由图来表示的，因此，可以根据节点和边的集合给出空间信息网络静态网络模型 G 的拓扑模型，其数学表征为

$$G = <V, E> \tag{3-5}$$

式中：V 为有限的网络节点集；$E \subseteq V \times V$ 为有限的边集。在式（3-5）的基础上，引入时间因素则可以定义空间信息网络动态拓扑模型，本书用 5 元组进行模型描述，其数学表征为

$$G_i = <V_i, AV_i, E_i, AE_i, t_i> \tag{3-6}$$

式中：t_i 表示有序时间点，$t_i \in \Gamma$，$\Gamma = \{t_0, t_1, \cdots, t_n\}$ 表示时间点的集合；V_i 和 E_i 分别表示在 t_i 时刻有限的节点集和边集；AV_i 和 AE_i 分别表示在 t_i 时刻节点的属性集和边的属性集，同时规定这些时间点不需要等间距，即在任意两个时间点（$t_{i+1}-t_i$）之间的连续时间上可能是变化的。

3.4 空间信息网络加权局域动态演化模型

3.4.1 空间信息网络拓扑演化规则

1. 拓扑演化特性

在空间信息网络特征分析中曾提到，从时空行为来看，动态特征是空间信息网络较为显著的特征，动态特征又可以细化为时间域的时变特征和空间域的空变特征。时变特征和空变特征是同时存在且同时发生的，因而这就导致空间信息网络拓扑处于实时的动态变化中，大大增加了其网络拓扑的不规则性，同时，在变化中也影响组成网络节点和边的属性，这为研究空间信息网络的动态演化规律带来了一定的挑战。因此，建立空间信息网络动态拓扑的加权局域演化模型，需要着重考虑以下演化特性，才能更准确和更有效地研究空间信息网络动态演化规律，本节从拓扑结构的时变、空变、边权演化和局域优先 4 方面进行网络拓扑演化特性分析。

（1）拓扑结构的时变特性。

不同于经典的 BA 模型，空间信息网络的节点和连边的演化根据其运行规

律和发展趋势,既有增加也有消失。例如随着时间变化,组成空间信息网络的空间实体会出现新增、失能和升级,空间实体间信息传输也会出现新建连接、重新连接、完全断开等现象,对应到网络拓扑,即表现为节点的增加和减少、连边的连接和断开,这些都会使其拓扑结构出现时变现象。

(2) 拓扑结构的空变特性。

不同于只有时变特性的网络,空间信息网络不仅具有时变特征,而且会随着其自身的运行,组成空间信息网络的卫星、气球、飞机等空间实体实时发生位置变化的现象,即空间实体的高动态运动。映射到拓扑域,会出现节点增加、删除,连边增加、断开的现象,而出现这些现象的原因不是由于其时变特征而引起的,是由于其节点高动态的运动产生的。例如,有些节点本来在 t_1 时刻对于某个局域世界来说是无效节点,但是在 t_2 时刻运行到有效范围内,变成了有效节点,同时与其他节点也建立连接关系,反之亦然。某两个节点在 t_3 时刻相互之间建立连接,但是在 t_4 时刻,两个节点的距离超出了有效传输范围,则连接失效。这些现象的出现都是由于其空变特性引起的,进行空间信息网络拓扑演化分析必须将其考虑在内。

(3) 边权属性的演化特性。

在 3.3.2 节中分析了空间信息网络连边权重的问题,为了更加准确地分析空间信息网络拓扑动态演化规律,不能忽略连边权重在网络演化中的重要性。在空间信息网络拓扑局域动态演化中,节点和边的增加、消失都会导致局域世界内的空间信息网络的节点属性和边属性发生变化,从而导致边的权值也随之发生变化。

(4) 局域优先的选择特性。

根据网络规模的不同及网络结构复杂程度的不同,对一般网络而言,新节点加入后会综合考虑对整个网络的影响,从而与其他节点建立连接,这种连接便是典型的全局连接[7]。而空间信息网络结构复杂,节点繁多,且分层分域现象明显,新加入的节点与其所对应的层级和所属范畴的节点有着性能和功能上的天然联系,相互之间有着优选连接的倾向。因此,在分析空间信息网络拓扑演化特性时,针对局域世界内部和局域世界外部,连接选择的优先级是不同的,在局域世界内有着更加明显的优先连接机制。在充分考虑上述现象后,所进行的拓扑演化研究和分析也更具有针对性。

综上所述,本节着重从拓扑结构的时变、空变,边权演化和局域优先 4 个特性出发,分析了空间信息网络拓扑的演化特性,接下来,进行空间信息网络演化规则的建立。

2. 拓扑演化规则

现有网络演化模型，着重从节点的增长和边的增长情形入手开展演化规律的研究[1]，相比较而言，空间信息网络的动态特征较为复杂，既有时间域的时变，也有空间域的空变，都会促使其节点和连边发生增加和删除的现象。在3.2.2节无权局域演化算法中（表3-1），在算法实现上只是考虑了节点增加的一种情况，这是不能满足研究空间信息网络拓扑动态演化需求的。因此，本节将系统给出空间信息网络演化的不同情形，通过建立拓扑演化规则，逐一梳理空间信息网络拓扑演化可能存在的情形，从而指导构建空间信息网络加权局域动态演化模型，最终，能够更好地研究空间信息网络拓扑演化的相关问题。为此，根据空间信息网络动态特征导致其拓扑发生改变的不同情形，归纳为以下7类情况，并分别建立其演化规则，如表3-2所示。

表3-2 空间信息网络拓扑演化规则列表

序号	编号	名称
1	规则3-1	节点增加规则
2	规则3-2	连边增加规则
3	规则3-3	局域世界构造规则
4	规则3-4	双向择优选择规则
5	规则3-5	边权演化规则
6	规则3-6	节点删除规则
7	规则3-7	连边删除规则

如表3-2所示，我们总结和归纳了7条空间信息网络拓扑演化规则，接下来，将逐条进行详细论述，包括规则的使用范围等内容。

规则3-1 节点增加规则

节点增加规则主要包含两种情形：一是组成空间信息网络的空间实体增加时，所映射到拓扑域的节点增加现象，包括发射卫星、增加飞机/气球、增加地面控制站等行为；二是不在有效局域范围内运行的卫星/飞机/气球等空间实体在某一时刻运行到有效范围之内时，映射到拓扑域的节点增加现象。

规则3-2 连边增加规则

组成空间信息网络的空间实体之间增加信息/数据交换时适用该规则进行拓扑演化分析，包括启用不同空间实体之间的连接（如根据需求，启用某两个空间实体之间的数据/信息交换等）、启用某地面控制站与某空间实体之间的连接等行为,也包括在某一时间段两个不在有效范围内的空间实体运行到有效范围而进行的数据/信息交换等。

规则 3-3 局域世界构造规则

当新加入节点后,该节点将会与局部网络节点进行连接,则涉及局域世界的构造问题。结合空间信息网络的组成结构可知,新加入的节点 v_i 首先是选择与之相互对应的层域中的节点相连接,然后才会跨域连接,并且选择相邻节点 v_j 进行连接,用 Ω 表示构造的局域,用 V_1 代表与新节点 v_i 相连接的节点的集合,用 V_2 代表与新节点 v_i 同一层域相连接的节点的集合,则有

$$\Omega = V_1 \cap V_2 \tag{3-7}$$

规则 3-4 双向择优选择规则

当新加入节点 v_i 后,如果节点 v_i 与节点 v_j 要建立连接,由节点 v_i 向节点 v_j 发出连接需求,待节点 v_j 同意建立连接后,则节点 v_i 与节点 v_j 之间便会建立有效连接。在 3.2.2 节中曾给出了单项择优选择的概率公式,下面在该公式的基础上,给出双向择优选择的概率公式。另外,不仅要考虑在局域世界内部的连接,还需要考虑局域世界外部的连接,下式中,s_i 的概念与式(3-4)相同。

在局域世界内部,随机选择节点 v_i 作为一端,另一个端点按照概率 $P_{\text{local-in}}$ 进行双向择优选择,概率的表达式为

$$P_{\text{local-in}} = \prod_{i,j \in \text{local}} (i \to j) = \frac{s_j}{\sum_{k \in \text{local}} s_k - s_i} \tag{3-8}$$

在局域世界外部,首先按照 $P_{\text{local-out1}}$ 的概率在局域世界中选取一个节点作为新边的一端,然后,按照 $P_{\text{local-out2}}$ 的概率在局域世界外选择新边的另一端,概率的表达式分别为

$$P_{\text{local-out1}} = \prod_{i \in \text{local}} = \frac{s_i}{\sum_{k \in \text{local}} s_k} \tag{3-9}$$

$$P_{\text{local-out2}} = \prod_{j \in \text{local}} = \frac{s_j}{\sum_{k \in \text{local}} s_k} \tag{3-10}$$

为了便于后期的计算,本书只考虑局域世界内部边的删除情况下双向择优选择的情形,因此,在局域世界中随机选择一个节点 v_i 作为要删除边的一端,则另一端按照 P_{del} 的概率在局域世界中选择,概率的表达式为

$$P_{\text{del}} = 1 - \prod_{j \in \text{local}} = \frac{s_j}{\sum_{k \in \text{local}} s_k} \tag{3-11}$$

规则 3-5 边权演化规则

当新边加入后,给每条新加的边 e_i 赋予一个权重 ω_0,假设只会引起连接节点 v_i 与它的相邻节点 v_j 边权重发生改变,则有边权演化规则为

$$\omega_{ij} \rightarrow \omega_{ij} + \Delta\omega_{ij} \tag{3-12}$$

式中:$\Delta\omega_{ij} = \alpha_i \cdot \omega_{ij}/s_i$,即每次新引入一条边 e_i 会给节点 v_i 带来额外的流量 α_i,因此节点 v_i 的强度变为

$$s_i \rightarrow s_i + \alpha_i + \omega_0 \tag{3-13}$$

式中:字符含义同前文相同。

规则 3-6 节点删除规则

组成空间信息网络的空间实体删除时适用该规则进行拓扑演化分析,包括卫星失效或出现故障不能正常工作、飞机/气球回收或出现故障、地面控制站撤销或不能正常工作等行为;卫星/飞机/气球等空间实体运行范围超过了有效的数据信息传输范围(如两极地区),导致不能正常进行数据/信息交换,且周边没有再启用新连接等行为。

规则 3-7 连边删除规则

组成空间信息网络的空间实体之间删除信息/数据交换时适用该规则进行拓扑演化分析,包括停用不同空间实体之间的连接(如某一空间实体运行到同其连接的另一个空间实体数据/信息交换的有效范围之外时)、停用某地面控制站与某空间实体之间的连接行为等,或某些节点删除后对应的连边断开的行为等。

3.4.2 空间信息网络拓扑演化机制

在综合考虑空间信息网络局域世界现象和边权演化特征的基础上,本节开展空间信息网络加权局域动态演化建模方法的研究,分别从局域世界动态演化和边权动态演化的角度分析空间信息网络拓扑演化机制。

1. 局域世界动态演化机制

在 3.2.1 节中针对空间信息网络局域世界现象进行了系统论述,与大多数网络相同,在空间信息网络局域世界内具有较为明显的优先连接机制,对于网络中的每个节点来说都有属于自己的局域世界。为了以形象化的方式展示其局域世界演化机制,从节点增加、节点删除、连边增加和连边删除四个角度出发,绘制了演化示意图,如图 3-2 所示。

如图 3-2 所示,我们从节点增加、删除,连边增加、删除四个视角出发展示了局域世界演化机制,图(a)展示的是节点增加的情形(增加节点 0),图(b)展示的是节点删除的情形(删除节点 3),图(c)展示的是连边增加

第 3 章 基于局域世界的空间信息网络拓扑加权演化建模方法

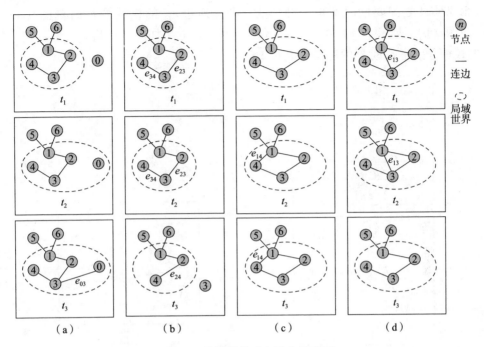

图 3-2 局域世界动态演化示意图

的情形（增加连边 e_{14}），图（d）展示的是连边删除的情形（删除连边 e_{13}）。在整个动态演化过程中，选择了 t_1、t_2 和 t_3 三个时刻，通过对比在不同时刻下拓扑结构的异同进而反映其演化过程。在上述过程中，我们展示了优先连接机制和选择性删除机制在具体实践中的应用，这与实际网络相对应，具有较强的可操作性。

2. 边权动态演化机制

针对空间信息网络动态拓扑模型的研究中（见 3.3 节），根据空间信息网络所要实现的功能定义了多属性节点，显然，功能越多的节点其发挥作用的频率越高，相应地，节点之间进行数据信息传输的流量则会越大。如果两个节点之间建立更多的连接关系，则它们之间边的权值就会越大，这是毫无疑问的。因此，为了以形象化的方式展示节点之间边权重的差异，我们绘制其边权动态演化示意图，如图 3-3 所示。

如图 3-3 所示，对于网络中的五个节点 1、2、3、4、5 而言，在 t_1 时刻，有且只有一种功能发挥作用，所以网络真实的拓扑关系是图（a）、（b）和（c）中的某一种。然而，根据任务需求，要求在同一时刻实现三种不同的功能，因此，网络中 5 个节点的拓扑关系如 t_2 时刻所示。如图（d）所示，节点

065

1 和节点 4 之间要同时实现三种功能,则其连边 e_{14} 的权重是 t_1 时刻图(a)(或图(b)或图(c))中 e_{14} 的 3 倍,连边 e_{34} 也是如此。连边 e_{12}、e_{25} 和 e_{35} 的权重分别是 t_1 时刻中对应连边的 2 倍。

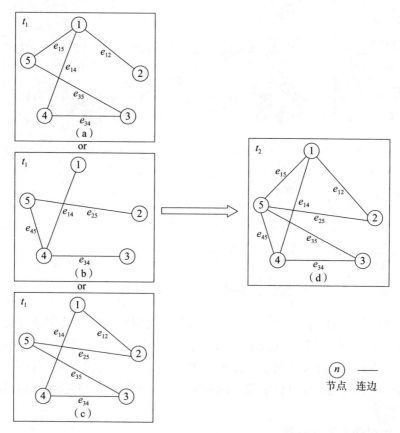

图 3-3 边权动态演化示意图

3.4.3 空间信息网络加权局域动态演化算法

BBV 模型[8-9]作为加权网络建模的代表,是研究加权网络的基础。大量实证研究证明,多数网络是具有边权值的网络,考虑边权值的网络模型更能真实地反应网络的结构特征[10]。因此,本书综合考虑空间信息网络的边权属性和局域世界现象,构建空间信息网络加权局域动态演化模型。结合前文的研究内容,本节给出空间信息网络加权局域动态演化模型的具体构造算法和实现流程。

1. 加权局域动态演化构造算法

在无权局域世界网络模型构造算法的基础上,结合空间信息网络的局域世界现象和边权演化特征,构造了加权局域动态演化模型的构造算法,如算法3-2所示。

算法3-2 加权局域动态演化构造算法

算法 3-2	加权局域动态演化构造算法
Step_1	初始设定
Step_2	增长设定
Step_3	局域世界优先连接
Step_4	边权值的动态演化

如算法3-2所示,Step_1~Step_3来源于BBV模型演化的3个基本步骤[11-12],下面着重介绍Step_4的具体实现。

Step_4 边权值的动态演化:每次新加入的边 e_i 赋予一个权重 ω_0,我们认为新加入的边只会局部引发连接节点 v_i 与它的邻居节点 $v_j(j \in \tau(i))$ 边的权值重新调整,调整方式按照规则3-4的内容实现即可。

2. 加权局域动态演化模型实现流程

结合拓扑结构和演化的不可分割性,空间信息网络的拓扑模型就是其动态演化模型的初始时刻,即 $t=t_0=0$ 时刻的模型,因此,在前文研究内容的基础上,制定了空间信息网络加权局域动态演化模型的实现流程,具体内容如下:

Step_1:在初始 $t_0=0$ 时刻,生成空间信息网络初始拓扑模型,其初始时刻是具有 n 个节点和 e_0 条边的全耦合网络,并给每条边赋予初始权值 ω_0,网络层级为 $H(H \in [1, 4])$。

Step_2:在时间 $t=t_0+\Delta t$ 时刻,从已经生成的空间信息网络中,随机地选择 $M(M<n)$ 个节点构建一个局域世界,同时,按照3.4.1节中的空间信息网络拓扑演化规则进行如下操作,当演化时刻 $t=t_n$ 时,结束演化行为,即演化完成。

①(局域世界内节点增加)向局域世界 M 中加入一个新的节点 v_i,加入的概率为 P_1,当 v_i 加入后,便与 M 中已有的 m 个节点建立连接,因此对应地便会增加 m 条新边。v_i 与连接的其他节点按照概率 $P_{local-in}$ 择优选取,v_i 边权值按规则3-4动态演化。

②(局域世界外连边增加)向局域世界内增加 m_1 条新边,连边加入的概率为 P_2,在局域世界 M 中随机选取一个节点作为连边的一端,另一端则以规则3-4的内容在局域世界 M 内进行双向择取。

③（跨局域世界连边增加）向局域世界内部和局域世界外部增加 m_2 条新边，连边加入的概率为 P_3，实现跨局域世界内外连接边的增加。在局域世界内以规则 3-4 中的概率 $P_{\text{local-out1}}$ 选取网络的节点作为边的一端，在局域世界外部另一端以规则 3-4 中的概率 $P_{\text{local-out2}}$ 选取。

④（局域世界内连边删除）以概率 P_4 删除 m_3 条连接，在局域世界 M 内随机选择一点作为边的一端，另一端以规则 3-4 中的概率 P_{del} 在局域世界内部选取。

其中，$P_1+P_2+P_3+P_4=1$，且 P_1，P_2，P_3，$P_4>0$。

Step_3：重复 Step_2，当 $t=t_n$ 时，结束演化。

需要注意的是，考虑到节点删除的情形较为简单，故在具体操作中未将节点删除的情形在演化具体过程中进行单独体现，通过对上述概率事件进行不同的赋值便可实现对不同演化情形的描述，具体见 3.5.2 节中的分析部分。

3.5 案例分析

3.5.1 演化模型评价指标

为了刻画空间信息网络结构特征和结构属性，本节通过节点度、节点强度、节点强度与度的相关性、边权分布等 4 个指标进行定量分析[13]。

（1）节点度是加权网络中用来刻画节点重要程度的重要指标，在空间信息网络中，某一核心节点的度越大，则其在整个网络中的地位越重要。

（2）节点强度是用来表示加权网络中节点所占权重的大小，是从无权网络中引入的一个概念，用来表示空间信息网络中，某一节点在该网络中的重要性。

（3）节点强度与度的相关性主要是用来反映空间信息网络中择优选择情况，如某一节点被选择的概率大，则其节点强度和节点度成正相关，否则相反。

（4）边权用来描述网络中某两个节点的紧密程度，紧密程度越高则其权值越大，否则相反。在空间信息网络中，因需要研究其边权值对网络演化模型的影响，故需要通过对其权重进行分析。

3.5.2 演化模型验证分析

1. 演化模型理论分析

在 3.3.2 节中关于网络中边的权值问题，定义了节点 u 和 v 之间的权重用 W_{uv} 表示，通过节点强度 s_i 进行定量分析。本节借鉴连续介质理论、平均场理论及代数理论等的相关知识[11],分析不同演化规则映射下空间信息网络中节点强度 s_i 的分布规律,从而从理论层面进行模型有效性的分析。同时,为了便于说明问题,令时间 t 是按照参数为 β 的指数分布的规律进行变化的,后续仿真验证中时间 t 也满足此条件。

假设条件:节点强度 s_i 是连续变化的,且演化时间 t 也是连续变化的,按照 3.4.3 节中实现流程中的步骤,分别考虑加权局域动态演化模型实现流程 Step_2 中 4 种(①~④)不同情形下 s_i 的变化率,从而进行理论分析。理论推导部分的具体推导过程可参考文献[12],此处不再赘述。

(1)按照①中的步骤进行演化,则 s_i 的变化率为

$$\left(\frac{\mathrm{d}s_i}{\mathrm{d}t}\right)_1 = mp_1(1+2\alpha)\frac{M}{N(t)}\times\frac{s_i(t)}{\sum_{k\in\text{local}}s_k(t)} \tag{3-14}$$

(2)按照②中的步骤进行演化,则 s_i 的变化率为

$$\left(\frac{\mathrm{d}s_i}{\mathrm{d}t}\right)_2 \approx m_1 p_2 \frac{M}{N(t)}\left[\frac{1}{M}+\left(1-\frac{1}{M}\right)\frac{s_i(t)}{\sum_{k\in\text{local}}s_k(t)}\right] \tag{3-15}$$

(3)按照③中的步骤进行演化,则 s_i 的变化率为

$$\left(\frac{\mathrm{d}s_i}{\mathrm{d}t}\right)_3 = m_2 p_3 \frac{M}{N(t)}\frac{s_i(t)}{\sum_{k\in\text{local}}s_k(t)}+m_2 p_3\left(1-\frac{M}{N(t)}\right)\frac{s_i(t)}{\sum_{k\in\text{local}}s_k(t)} \tag{3-16}$$

(4)按照④中的步骤进行演化,则 s_i 的变化率为

$$\left(\frac{\mathrm{d}s_i}{\mathrm{d}t}\right)_4 = -m_3 p_4 \frac{M}{N(t)}\left[\frac{1}{M}+\left(1-\frac{1}{M}\right)\frac{s_i(t)}{\sum_{k\in\text{local}}s_k(t)}\right] \tag{3-17}$$

通过进一步运算,节点的强度分布为

$$p(s)\approx\frac{\beta t}{a}\cdot\frac{\left(m+\frac{b}{a}\right)^{\frac{1}{a}}}{\left(s+\frac{b}{a}\right)^{\frac{1}{a}+1}} \tag{3-18}$$

其中,幂律分布的指数为

$$\gamma_s = \frac{1}{a}+1 = \frac{2[mp_1(1+\alpha)+m_1 p_2+m_2 p_3-m_3 p_4]\beta}{mp_1(1+2\alpha)+m_1 p_2\left(1-\frac{1}{M}\right)+2m_2 p_3+m_3 p_4\left(1-\frac{1}{M}\right)}+1 \tag{3-19}$$

理论分析:通过对节点强度 s_i 按照不同的演化规律进行概率赋值,可得出其近似分布,表 3-3 为演化模型划分列表。

表 3-3　演化模型划分

模型类型	参数取值								备注
	p_1	p_2	p_3	p_4	β	α	M	M	
BBV 模型	1	0	0	0	R	R	—	—	—
BA 模型	1	0	0	0	1	0	—	—	非加权网络
加权局域动态演化模型	R	R	R	R	R	R	R	R	t 足够大

如表 3-3 所示，通过对参数值赋予不同的值则对应的网络模型不同，表 3-3 中用 R 表示参数选择的随机性，即可以对相应的参数赋不同的值，不影响对模型类型的确定。

（1）令 $p_1=1$，$p_2=0$，$p_3=0$，$p_4=0$，$\beta=1$ 时，此时 $\gamma_s=1/a+1=(4\alpha+3)/(2\alpha+1)$，此时 $s_i(t)$ 为 BBV 模型的节点强度变化率；

（2）令 $p_1=1$，$p_2=0$，$p_3=0$，$p_4=0$，$\beta=1$，$\alpha=0$ 时，此时为非加权网络，$s_i(t)$ 为 BA 模型的节点度变化率；

（3）当时间 t 取一定值时，该模型分布指数为 $1/a+1$，当 $1/2 \leq a \leq 1$ 时，该模型的节点强度分布服从幂律分布，且与 p_1、p_2、p_3、p_4、β、α、M、m 等参数的取值有关，通过调节不同参数的取值，便可实现本书提出的空间信息网络加权局域动态演化模型。

2. 演化模型仿真验证

结合对模型的理论分析和模型评价指标，本节基于 MATLAB 对该模型进行仿真验证实现[12]。加权局域动态演化模型着重从空间信息网络的局域世界现象和边权演化特征出发，进行空间信息网络拓扑演化规律的探索，因此，在仿真验证部分，采用控制变量的方法，主要从局域世界和边权演化两个角度出发进行模型的验证分析。通过调整模型中参数 p_1、p_2、p_3、p_4、β、α、M、m 的取值，进而实现分析局域世界和边权演化对模型影响的目的。

在演化初始时刻，即 $t=t_0=0$ 时，空间信息网络的节点数为 n；在演化结束时刻，即当 $t=t_n$ 时，空间信息网络的节点数为 N。同时，令时间 t 按照参数为 β 的指数分布而变化，且令 $\beta=1$，各概率取值分别为 $p_1=0.6$，$p_2=0.2$，$p_3=0.15$，$p_4=0.05$。接下来，采用控制变量的方法，分别分析 M 和 α 对模型的影响。

下面来看三种不同的情形：

（1）给定常规状态下的空间信息网络加权局域动态模型，在此基础上分析其网络特性。相对应的参数取值分别为 $n=50$，$w_0=1$，$m=3$，$m_1=m_2=m_3=1$，

$\alpha=1$,$N=1000$。上述条件约束下的空间信息网络节点强度分布、节点度分布、边权分布和节点强度与度的相关性分布如图 3-4 和图 3-5 所示。

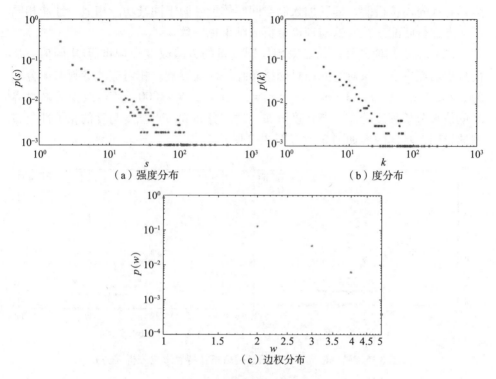

图 3-4 空间信息网络网络拓扑特性分析（一）

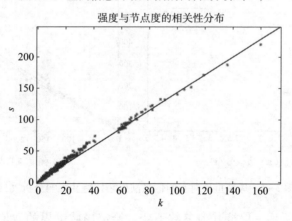

图 3-5 空间信息网络网络拓扑特性分析（二）

图 3-4(a)~(c) 分别表示空间信息网络节点强度分布、节点度分布和边权分布，从图中可以看出由于演化时间 t 按照参数为 β 的指数分布而变化，因

此，上述结果也都服从指数分布，这与理论分析结果一致。如图3-5所示，网络节点强度s与节点度k具有较强的相关性，在空间信息网络中，新加入的节点具有优先连接机制，即新加入的空间实体更倾向于同其功能相似、性能相同的节点进行匹配连接，这与理论分析的结果也一致。

（2）给定其他条件，通过采用控制变量的方法改变局域世界M的值，从而分析局域世界现象对空间信息网络拓扑特性的影响。相对应的参数取值分别为$n=30$，$w_0=1$，$m=3$，$m_1=m_2=m_3=3$，$\alpha=1$，$N=1000$。通过改变局域世界M的值来分析强度分布、节点度分布、边权分布和节点强度与度的相关性分布图的异同，具体内容如图3-6和图3-7所示。

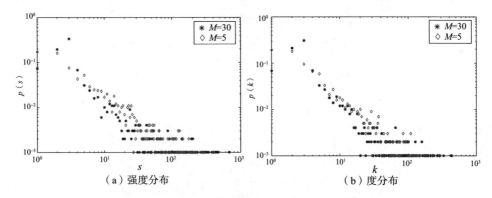

图3-6 局域世界对空间信息网络拓扑特性影响分析（一）

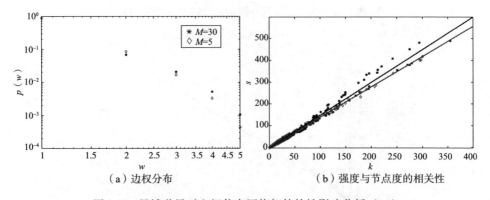

图3-7 局域世界对空间信息网络拓扑特性影响分析（二）

如图3-6所示，保持其他参数不变，给定局域世界的取值分别为$M=30$，$M=5$去观察强度和度的分布规律。从图3-6(a)~(b)可以看出当其他参数值确定的情况下，局域世界M的取值越大，相对应强度大的节点越多，否则相反。

如图 3-7 所示，保持其他参数不变，给局域世界的取值分别为 $M=30$，$M=5$ 去观察边权和强度与节点度相关性的分布规律。从图 3-7(a)~(b) 可以看出当其他参数值确定的情况下，局域世界 M 取值并不影响择优选择的有效性，也不影响边权分布的走势和规律。

（3）当增加或者删除节点或连边之后，相应地会导致额外流量 α 发生改变，如规则 3-5 所示。因此，针对演化模型中的加权问题，我们给定其他条件，通过采用控制变量的方法改变额外流量 α 的值，从而分析边权特征对空间信息网络拓扑特性的影响。相对应的参数取值分别为 $n=30$，$w_0=1$，$M=10$，$m=4$，$m_1=m_2=m_3=3$，$N=1000$。通过改变额外流量 α 的值来分析强度分布、节点度分布、边权分布和节点强度与度的相关性分布图的异同，具体内容如图 3-8 和图 3-9 所示。

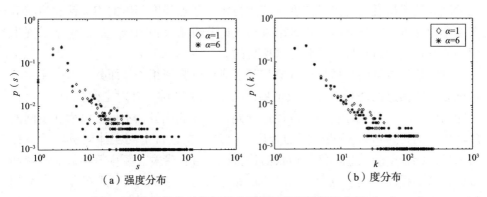

（a）强度分布　　　　　　　　（b）度分布

图 3-8　边权演化对空间信息网络拓扑特性影响分析（一）

如图 3-8 所示，保持其他参数不变，分别给额外流量赋值 $\alpha=1$ 和 $\alpha=6$ 来观察其幂律分布指数的变化情况。从图 3-8(a)~(b) 中可以看出，在其他参数赋值确定的情况下，α 取值的大小对节点和节点强度的影响并不大。

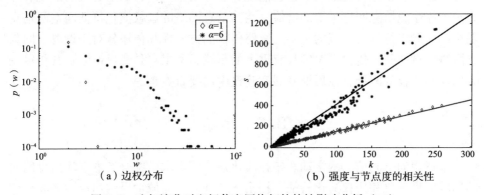

（a）边权分布　　　　　　　（b）强度与节点度的相关性

图 3-9　边权演化对空间信息网络拓扑特性影响分析（二）

如图 3-9 所示，保持其他参数不变，分别给额外流量赋值 $\alpha=1$ 和 $\alpha=6$ 来观察其幂律分布指数的变化情况。从图 3-9（a）中可以看出，在其他参数赋值确定的情况下，虽然还存在择优选择连接的关系，但 α 取值越大，即新加入节点带来的额外流量负担越大，则其相关性的值在相关线左右波动幅度越大，增加了网络的优先选择的不稳定性。从图 3-9（b）中可以看出，α 取值越大，节点之间的联系紧密程度也越高。

综上所述，为了探究局域世界现象和边权演化特征对空间信息网络性能的影响，本节基于复杂网络理论开展了空间信息网络加权局域演化模型的验证分析。在理论分析的基础上，为了进行验证和说明，假设时间 t 是按照参数为 $\beta(\beta=1)$ 的指数分布而变化的，令各概率取值分别为 $p_1=0.6$，$p_2=0.2$，$p_3=0.15$，$p_4=0.05$。以上分别从初始状态、考虑局域世界现象、考虑边权演化等三种不同情形出发，通过节点度、节点强度、节点强度与度的相关性和边权分布 4 个指标进行定量分析，仿真结果与理论分析结果相吻合，验证了本书提出模型的有效性和可行性，达到了预期目的。

空间信息网络的局域世界现象与其组成组分紧密相关，而其典型的 4 层结构则为空间信息网络具有多局域世界现象奠定了基础。针对空间作业难度大、风险高的现象，可充分利用和发挥这种偏好连接的优势，不仅可以增加组网的成功率，而且还可以降低组网的难度。另外，在进行空间实体间链路的设计时，可以结合空间信息网络的边权演化特征，进行带宽、频率等参数的设置和分配，从而提高空间信息网络信息传输和分发的效率。需要说明的是，因为额外流量是由于边权演化而产生的，其与改变边权达到的效果相同，所以通过额外流量来分析边权演化的规律。

空间信息网络的局域世界现象启发我们在进行空间信息网络的建设和发展时，要着重考虑其局域世界内部的优先连接机制，在局域世界内部也会更多地出现连锁反应，这种连锁反应也会涌现和发挥出空间信息网络更大的潜能和作为一个体系级信息网络系统的价值。空间信息网络的边权演化特征同空间信息网络的功能定位具有直接的关系，链路传输的方向性和传输量对于设置空间信息网络节点之间的传输带宽等具有重大的影响，本书只是浅显地涉及其传输的方向性和边权的问题，在后期发展和建设中需要重点考虑。

3.6　小结

本章面向空间信息网络动态拓扑演化建模的需求，综合考虑空间信息网络的局域世界现象和边权演化特征，提出了一种基于局域世界的加权动态演化建模方法，从理论和仿真两个角度验证了方法的有效性和可行性，主要研究工作包括：

（1）分析了空间信息网络的局域世界现象，并给出了经典局域世界演化模型的基本内容。结合空间信息网络的概念和特征，根据节点功能的异同定义了多属性节点和传输的方向性与连边权值异同定义了有向加权边，从而构建了空间信息网络动态拓扑模型。

（2）结合空间信息网络的局域世界现象和边权演化特征，分析了空间信息网络拓扑演化特性，并制定了包括节点、连边增加和删除等在内的7条演化规则，分别从局域世界和边权角度阐述了空间信息网络动态拓扑演化规则，在此基础上，给出了空间信息网络加权局域动态演化模型的算法和实现流程。

（3）结合复杂网络理论，确定了加权局域演化模型的4条评价指标，借鉴平均场理论及代数理论等的相关知识，分析了不同演化规则映射下空间信息网络中节点强度 s_i 的分布规律，基于MATLAB平台进行了仿真验证，理论分析结果与仿真实验结果相一致，验证了本书提出的加权局域演化建模方法的有效性。

参考文献

[1] 张方风，等. 复杂网络拓扑结构与演化模型研究综述（二）[J]. 系统科学学报，2015，23（1）：52-55.

[2] Wen G, et al. A weighted local-world evolving network model with aging nodes [J]. Physica A：Statistical Mechanics and its Applications，2011，390（21-22）：4012-4026.

[3] Li X, et al. A local-world evolving network model [J]. Physica A：Statistical Mechanics and its Applications，2003，328（1）：274-286.

[4] Liu H, et al. A weighted multi-local-world network evolving model and its application in software network modeling [J]. Dynamics of Continuous, Discrete and Impulsive Systems. Series B：Applications & Algorithms，2007，14（S7）：13-17.

[5] 赵海，等. 一种局部集聚的网络演化模型 [J]. 东北大学学报（自然科学版），2007，28（11）：1548-1551.

[6] 袁韶谦，等. 一种具有指数截断和局部集聚特性的网络模型 [J]. 物理学报，2008，57（8）：4805-4811.

[7] 王运明，等. 基于局域世界的加权指控网络演化模型 [J]. 系统工程与电子技术，2017，39（7）：1596-1603.

[8] Barrat A, et al. Weighted evolving networks：coupling topology and weighted dynamics [J]. Physical Review Letters，2004，92（22）：228701（1-4）.

[9] 周健, 等. 基于节点吸引力的点权有限 BBV 模型研究 [J]. 系统仿真学报, 2012, 24 (6): 1293-1297.

[10] Zhao L J, et al. A model for the spread of rumors in barrat-barthelemy-vespignani (BBV) networks [J]. Physica A: Statistical Mechanics and its Applications, 2013, 392 (21): 5542-5551.

[11] 周健, 等. 基于局域世界演化的 BBV 模型研究 [J]. 计算机工程与应用, 2011, 47 (14): 95-98.

[12] 穆秀清, 等. 基于加权局域世界的金融网络演化模型研究 [J]. 系统科学与数学, 2017, 37 (5): 1272-1286.

[13] 孙玺菁, 等. 复杂网络算法与应用 [M]. 北京: 国防工业出版社, 2015.

第4章 融合动画和时间线的空间信息网络动态可视化方法

4.1 引言

为了以形象化的方式展示空间信息网络拓扑结构、演示其拓扑演化规律，实现空间信息网络拓扑性能可视分析的同时挖掘空间数据背后的信息，同时为可视化系统的设计与实现提供理论指导和方法支撑，本章主要针对空间信息网络动态可视化方法的内容展开研究。

对于网络可视化的具体技术而言，主要包括：网络布局、网络属性可视化和网络交互三部分内容，这也是实现网络可视化的三个步骤，而动态网络可视化的核心是将时间因素融入可视化的整个过程中。发展至今，关于网络动态可视化已经形成了一些较为典型的方法，按照上述三个步骤将这些方法进行分类归纳整理，具体内容如表4-1所示。

表4-1 典型网络动态可视化方法归类

序号	布局方法	属性可视化方法	交互方法
1	力引导方法	在线动画方法	鱼眼视图方法
2	改进1	离线动画方法	焦点+上下文方法
3	改进2	时间线方法	多视图关联协调方法
…	…	…	…

如表4-1所示，网络布局方法主要包括力引导算法（Force-Directed Algorithm，FDA）及其改进，网络属性可视化方法主要包括动画方法和时间线方法两种，而网络交互方法主要包括鱼眼视图方法、焦点+上下文方法和多视图关联协调方法等[1]。关于网络动态可视化的研究和发展还在不断完善中，然而面

向任务进行可视化和可视分析的研究应该是今后发展的主流方向，特别是结合特点鲜明的研究对象开展相关方面的研究更应该值得提倡和鼓励。

需要注意的是，上述方法的实现是交叉融合的，没有视图的布局没有任何意义，没有视图的交互也根本无法实现，所以，布局、可视化和交互是相辅相成和相互补充的，共同实现网络动态可视化方法的研究。由于空间信息网络概念提出得较晚，现阶段，研究内容比较分散、涉及的面也比较广，空间信息网络动态可视化相关的文献还较少。通过分析实现网络动态可视化步骤之间的关系可知，布局是基础，交互是后续，而属性可视化是展示网络拓扑动态演化过程的载体。因此，结合空间信息网络拓扑演化的特点和上述网络动态可视化方法的主要内容，我们试图在本章中，通过融合使用动画和时间线的方法达到研究空间信息网络动态可视化方法的目的。

网络动态可视化对网络性能的分析起着关键的作用，由于动态数据的复杂性，其演变过程的可视化表示形式一直难以确定。整体而言，实现网络动态可视化一般分为动画和时间线两种，这也成为了当前的主流形式。动画方法是将时间信息映射到时间域上，是时间到时间的映射，用户通过观察分析动画，来分析动态网络的波动模式。这种方法就要求用户尽可能地记住每个时间步的网络结构及时间步之间的差异，进而分析动态网络的波动模式，因此，如何在网络突变的同时保持用户的思维地图成为该方法的关键所在[2]。动画方法主要包括在线和离线两种实现方式，相比较而言，在线方法更加灵活一些，因为它适用的场景不需要考虑动画开始的时间，相反，离线方法具有更优化的布局结构和能够更好地维护用户思维地图的状态。不论是在线方法还是离线方法，动画的实现都需要得到过渡技术的支撑，只有将这些方法技术较好地融合在一起，才能实现理想的可视化效果。

不同于动画方法，学者们根据发展需要提出了一种时间线方法，该方法的核心是将网络实现时间到空间的映射，然后绘制成时间线，用户需要同时观察若干个快照，通过比较相互之间的不同来获取差异，由于屏幕空间有限，当时间步较多时，很难同时展示出所有时刻的网络，且用户难以分析获取动态网络的变化模式，这也成为该方法的主要难点，时间线主要包括节点链接、邻接矩阵和列表三种实现方式[3]。

结合空间信息网络的概念和内涵，以及拓扑演化规则和演化机制，为了实现以形象化方式展示空间信息拓扑结构和演示其拓扑演化规律的目的，同时为了实现融合动画和时间线（Fusion of Animation and Timeline，FAT）的空间信息网络动态可视化方法，首先，在前人工作的基础上，通过改进传统FDA布局的方法，提出一种动态力引导算法（Dynamic Force-Directed Algorithm，DFDA）

布局方法；然后，结合空间信息网络局域世界现象和边权演化特征，提出了一种基于质心约束的局域属性可视化方法和一种基于双重编码的加权属性可视化方法；最后，借鉴平移和缩放（Panning&Zooming，P&Z）交互技术实现用户与视图的实时交互。为了展示各研究内容相互之间的关系，绘制了其结构关系示意图，如图 4-1 所示。

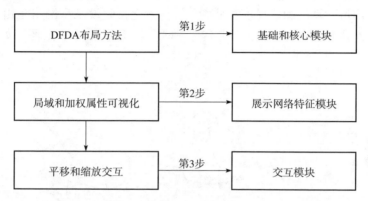

图 4-1　空间信息网络动态可视化主体结构关系示意图

如图 4-1 所示，DFDA 布局作为实现空间信息网络动态可视化的第一步是进行可视化研究的基础和前提模块；考虑局域世界现象和边权演化特征的属性可视化是空间信息网络拓扑特征的展示模块，也是网络布局和网络交互实现的平台和介质；平移和缩放交互则是连接用户实现交互的模块。需要注意的是，上述方法的实现是交叉融合的，共同实现空间信息网络动态可视化方法的研究。

4.2　基于动态力引导算法的空间信息网络动态布局方法

4.2.1　动态力引导算法布局理论分析

从字面上理解，布局的意思是指对事物的全面规划和安排，也指分布的态势、相对的位置等。在可视化中，布局是开展后续工作的前提和基础，也是实现可视化方法最为重要的内容，探究布局的实质，发现其发挥了数据转化的作用，而布局的意义就在于为绘图做数据计算上的准备。针对动态网络的布局中，最为典型和基本的布局技术便是力引导布局。

通过查阅相关文献可知，多数动态网络布局方法都是在力引导布局的基础上进行的延伸和改进。布局作为可视化的第一步，用于确定网络的基本结构，是较为核心的要素，也是进行后续工作的前提和基础。通常情况下，将可视化布局划分为9种典型方法，包括层布局、圆形布局、聚类布局和力布局等[4]。

发展到现阶段，FDA布局主要包括基础算法及其改进，如KK（Kamada-Kawai）算法、DH（Davidson-Harel）算法、FR（Fruchterman-Reingold）算法、YH（Yifan Hu）算法和多尺度算法等[5-9]。为此，假设某型网络是由50个节点、85条连边组成的，下面给出其三种典型FDA布局示意图，如图4-2所示。

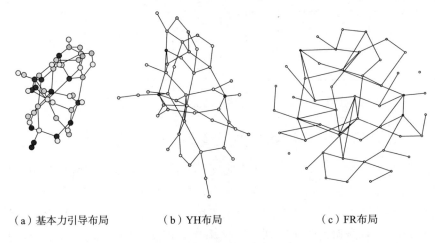

（a）基本力引导布局　　　（b）YH布局　　　（c）FR布局

图4-2　三种典型FDA布局示意图

针对动态网络可视化布局算法的问题，文献［10］对FR算法进行改进，在具体操作上，考虑了边的连接与断开的现象。在空间信息网络中，不同实体发挥作用的重要程度不同，映射到拓扑域，则表现为不同节点的重要性不同，而节点的重要性会影响节点之间的边的连接关系，只有突出节点的不同重要性的布局算法才能准确反映空间信息网络的真实性能。笔者在前期研究中，针对空间信息网络拓扑演化的问题，建立了拓扑演化规则，其中不仅包括边的连接和断开现象，还包括节点的增加和删除[11]。

因此，本节将在前人工作的基础上，在拓扑演化规则的指导下，通过引入聚类系数来计算节点的重要性，同时考虑节点增加、删除，连边增加、删除四个演化规则，提出一种适合空间信息网络动态可视化的布局方法，简称为DF-DA布局方法，从而为空间信息网络动态可视化实现有效的布局。FR算法的基本原理是通过分析网络顶点和连边之间的吸引和排斥来模拟原子和天体的运动，认为在顶点与边之间存在吸引力，顶点之间相互排斥[8]。在具体实现时，

第 4 章 融合动画和时间线的空间信息网络动态可视化方法

首先通过模拟受力情况来计算节点之间的空间坐标变化,然后导入温度变量和冷却函数,利用模拟退火算法通过多次的迭代计算所有顶点的位置,每次迭代都要完成三个基本步骤,如下所示。

Step_1:计算顶点之间的排斥力 f_r,并根据排斥力确定位移向量 r_1;

Step_2:计算吸引力 f_a,并根据引力和位移向量 r_1 计算最终的位移向量 r_2;

Step_3:利用冷却函数 $cool(x)$,限制顶点的运动范围。

FR 算法利用空间网格划分的方式对迭代计算过程进行了优化,该算法的物理模型为

$$\begin{cases} f_a(d) = d^2/k \\ f_r(d) = -k^2/d \end{cases} \quad (4\text{-}1)$$

式中:f_a 和 f_r 分别表示引力和斥力;d 为两个相邻节点之间的距离;k 为两个相邻节点之间的最佳距离,即节点的运动范围的半径,其计算值为

$$k = C\sqrt{(A/N)} \quad (4\text{-}2)$$

式中:C 为一个实验常数;A 为画布的面积;N 为节点的数量。

上述内容论述了 FR 算法的基本内容,在该算法的基础上,针对网络动态可视化的问题,通过综合考虑其边的增加、删除,节点增加、删除的现象,提出 DFDA 布局方法,进而实现动态布局。

针对动态问题中边的增加和删除的现象,通过设计淡入函数 $f_{in}(d)$ 和淡出函数 $f_{out}(d)$,使网络连接的边有序的增加或消失,从而促使布局能够平滑的动态变化。同 FR 算法的原理相同,假设连边仅影响引力,不影响斥力,设 M 为迭代次数,l 表示迭代索引,则淡入与淡出函数的表达式分别为

$$f_{in}(d) = \frac{d^2(l-1)}{k(M-1)}, \quad 1 \leqslant l \leqslant M \quad (4\text{-}3)$$

$$f_{out}(d) = \frac{d^2(M-l)}{k(M-1)}, \quad 1 \leqslant l \leqslant M \quad (4\text{-}4)$$

式中:对于淡入函数 $f_{in}(d)$ 而言,当没有连接时引力为 0,当最后一次迭代时引力为 $f_a(d)$,对淡出函数 $f_{out}(d)$ 而言,初始时刻引力为 $f_a(d)$,最后一次迭代时引力为 0。

针对动态问题中节点的增加和删除的现象,由于吸引和排斥存在于每对节点中,所以在改进的算法中考虑了节点的重要性,节点之间的吸引和排斥不仅取决于它们的距离,而且还受节点重要性的影响。当新加入节点 v_i 后便会与其相邻节点 v_j 建立连接,新加的节点重要性不同,则会影响节点之间的引力和

斥力，因此，引入复杂网络的聚类系数来计算节点的重要性，聚类系数为

$$C_i = \frac{2E_i}{k_i(k_i-1)} \quad (4-5)$$

式中：k_i 为与节点 v_i 相连的边数量；E_i 为实际上与节点 v_i 相连的 k_i 个节点之间边的数量，同时，令 $k_i = 0$ 或 $k_i = 1$ 时，$C_i = 0$。为了避免这种情况出现，C_i 通过加 1 来加以改进，其表达式为

$$NC_i = \frac{2E_i}{k_i(k_i-1)} + 1 \quad (4-6)$$

我们通过字母 IM_{ij} 表示节点 v_i 和 v_j 之间的重要性，其计算式为

$$IM_{ij} = \sqrt{NC_i + NC_j} \quad (4-7)$$

引入 IM_{ij} 后，节点之间的引力和斥力会随着聚类系数的变化而变化，这很好地符合了真实网络的情形，如果节点 v_i 和 v_j 之间的 IM_{ij} 越大，则它们之间的吸引力越大，排斥力越小，否则相反。因此，节点之间的引力应该与 IM_{ij} 成正比，斥力应该与 IM_{ij} 成反比。所以，对式（4-1）进行改进，则有

$$\begin{cases} f_{\text{aim}}(d) = IM_{ij} \cdot \dfrac{d^2}{k} \\ f_{\text{rim}}(d) = -\dfrac{1}{IM_{ij}} \cdot \dfrac{k^2}{d} \end{cases} \quad (4-8)$$

式中：$f_{\text{aim}}(d)$ 和 $f_{\text{rim}}(d)$ 分别表示考虑节点重要性的引力和斥力。

当节点 v_i 删除时，与其相连的节点之间的引力和斥力都会消失，这种情况相对较为简单，不做过多探讨。

4.2.2 动态力引导算法布局实现算法

在设计 DFDA 布局算法时，根据动态演化规则，把节点和连边的情况分开来论述。下面给出实现 DFDA 布局算法的伪代码，分别如算法 4-1 和算法 4-2 所示。

算法 4-1　DFDA 节点演化算法

算法 4-1：基于改进 FR 算法的节点演化 DFDA
输入：　网络 $G_t := <V_t, E_t>$（t 时刻网络）
输出：　网络动态布局结果（节点演化）
1　　初始化参数：$A = W \cdot L$，其中，W 和 L 分别表示画布的宽度和长度，$k = C\sqrt{A/N}$
2　　定义聚类系数函数：$NC_i = 2E_i/k_i \cdot (k_i - 1) + 1$；
3　　定义节点重要性计算函数：$IM_{ij} = \sqrt{NC_i + NC_j}$；

4	定义引力函数：$f_{aim}(d) = IM_{ij} \cdot d^2/k$
5	定义斥力函数：$f_{rim}(d) = -1/IM_{ij} \cdot k^2/d$
6	for 节点 v_i out N
7	for 节点 v_j in N
8	add 节点 v_i，计算 IM_{ij}
9	end for
10	while 迭代未结束
11	for 节点 v_i in N
12	for 节点 v_j in N
13	如果 $v_i \neq v_j$，令 $D = v_i.\boldsymbol{p} - v_j.\boldsymbol{p}$；//保存节点位置向量 $\boldsymbol{p}$，保持位移向量 $\boldsymbol{r}$
14	$v_i \cdot \boldsymbol{r} := v_i \cdot \boldsymbol{r} + (D/|D|) \cdot f_{rim}(d)$；
15	end for
16	for 边 e in E
17	令 $D = e.source.\boldsymbol{p} - e.target.\boldsymbol{p}$；
18	$e.source.\boldsymbol{r} := e.source.\boldsymbol{r} + (D/|D|) \cdot f_{aim}(d)$；
19	$e.targer.\boldsymbol{r} := e.targer.\boldsymbol{r} + (D/|D|) \cdot f_{aim}(d)$；
20	end for
21	for 节点 v in N
22	$v.\boldsymbol{p} := v.\boldsymbol{p} + (v \cdot \boldsymbol{r}/|v \cdot \boldsymbol{r}|) \cdot \min(v.\boldsymbol{r}, moverange)$；
23	$v.\boldsymbol{p}.x := \min(W/2, \max(-W/2, v.\boldsymbol{p}.x))$；
24	$v.\boldsymbol{p}.y := \min(L/2, \max(-L/2, v.\boldsymbol{p}.y))$；
25	end for
26	cool( )；
27	end while
28	end for

算法 4-2　DFDA 边演化算法

算法 4-2：基于改进 FR 算法的边演化 DFDA

输入：　网络 $G_t := <V_t, E_t>$（t 时刻网络）

输出：　网络动态布局结果（节点演化）

1	初始化参数：$A = W \cdot L$，其中，W 和 L 分别表示画布的宽度和长度，$k = C\sqrt{(A/N)}$
2	定义引力函数：$f_a(d) = d^2/k$
3	定义斥力函数：$f_r(d) = -k^2/d$
4	定义淡入函数：$f_{in}(d) = d^2(l-1)/k(M-1)$，令 M 为迭代次数；

5	定义淡出函数：$f_{out}(d)=d^2(M-l)/k(M-1)$，令 M 为迭代次数；
6	while 迭代未结束
7	for 节点 v_i in N
8	for 节点 v_j in N
9	如果 $v_i \neq v_j$，令 $D = v_i.\boldsymbol{p} - v_j.\boldsymbol{p}$；
10	$v_i \cdot \boldsymbol{r} := v_i \cdot \boldsymbol{r} + (\boldsymbol{D}/|\boldsymbol{D}|) \cdot f_{rim}(d)$；
11	end for
12	for 边 e in E
13	令 $D = e.\text{source}.\boldsymbol{p} - e.\text{target}.\boldsymbol{p}$；
14	$e.\text{source}.\boldsymbol{r} := e.\text{source}.\boldsymbol{r} + (\boldsymbol{D}/|\boldsymbol{D}|) \cdot f_{in}(d)$； // 如果删除则换成 $f_{out}(d)$
15	$e.\text{targer}.\boldsymbol{r} := e.\text{targer}.\boldsymbol{r} + (\boldsymbol{D}/|\boldsymbol{D}|) \cdot f_{in}(d)$； // 如果删除则换成 $f_{out}(d)$
16	end for
17	for 节点 v in N
18	$v.\boldsymbol{p} := v.\boldsymbol{p} + (v \cdot \boldsymbol{r}/|v \cdot \boldsymbol{r}|) \cdot \min(v.\boldsymbol{r}, \text{moverange})$；
19	$v.\boldsymbol{p}.x := \min(W/2, \max(-W/2, v.\boldsymbol{p}.x))$；
20	$v.\boldsymbol{p}.y := \min(L/2, \max(-L/2, v.\boldsymbol{p}.y))$；
21	end for
22	cool( )；
23	end for
24	end while

本节我们在 FR 算法的基础上，结合空间信息网络动态演化的特点，设计了 DFDA 布局算法，从而为空间信息网络的动态可视化奠定布局基础。在前文中曾论述过，布局作为可视化的基础，是在可视视图中综合体现，因此，只有将布局与可视化的整个过程相结合才能达到所要实现的目的，接下来针对属性可视化的内容进行阐述。

4.3 考虑加权局域现象的空间信息网络属性可视化方法

前文中也曾提过，可视化的发展逐渐凸显出应用驱动的特征，因此只有充分考虑空间信息网络的特征而实现的可视化才能更加有效地展示其拓扑特性。在 3.2 节和 3.3 节中，分析了空间信息网络的局域现象和边权演化特征，它们是研究空间信息网络拓扑演化的关键因素，也是动态可视化中通过形象化的方式来分析空间信息网络拓扑演化规律的主要目标。因此，需要在空间信息网络特征可视化中，重点考虑其局域现象和边权演化特征。空间信息网络的动态演化主要包括节点增加、删除和连边增加、删除等多种情形，同时，在空间信息网络中还普遍存在局域世界现象和边权演化特征，在考虑上述问题的基础上，从而实现空间信息网络属性特征的可视化研究。针对空间信息网络中传输方向的问题，由于其数据信息传输方向的异向性，在进行具体可视化实现时需要根据源节点和目标节点的不同，进而通过箭头来展示其传输的方向性。该部分内容理论分析较为简单，因此将在具体实现中进行展示，本节不做过多阐述。

4.3.1 基于质心约束的局域属性可视化

对于空间信息网络而言，由于其局域世界现象的存在，在局域世界内外之间具有较为明显的优先连接差别，因此，借鉴社区网络中质心约束的相关原理，实现关于空间信息网络局域世界现象在可视视图中的体现。局域世界的典型特点是优先连接机制，而质心约束是使网络节点各自向其所属社区的质心靠拢，两者在展示上具有相同的效果，图4-3为多质心约束示意图[4]。

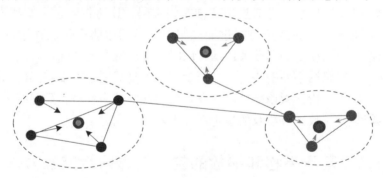

图4-3 多质心约束示意图

质心约束是在FDA的基础上实现的，在节点质心引力的作用下形成聚类和集群的效果。基于质心约束的局域属性可视化在具体实现上同4.2节中的DFDA的内容一脉相承，这也为本书的具体实践提供了可能和便捷，该方法的实现原理本节不做过多阐述。

4.3.2 基于双重编码的加权属性可视化

关于空间信息网络中的边权演化现象，针对不同连边权重值大小的异同，本节拟将通过连接曲线的粗细和透明度进行双重编码，从而在可视视图中展示连边权重的异同，进而突出不同连边的权重值。连边的连接线越粗表示相对应的数据信息传输量越大，则该连边的权重值越大，反之亦然。同时，考虑到空间信息网络中连边数量众多，难以同一时间通过肉眼详细分辨不同连边权重的异同，因此，我们根据权重的范围设置从深到浅的渐变可以表示权重值从小到越大的顺序，也可以表示权重值从大到小的顺序，具体情况可以根据在实践中具体的操作而设定，图 4-4 为基于双重编码的加权属性可视化原理示意图。

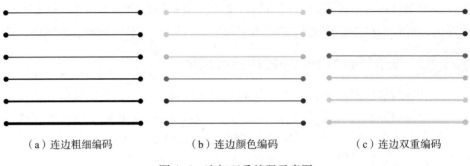

图 4-4　边权双重编码示意图

如图 4-4(a) 展示的是对连边实现粗细编码，连边权重越大则线条越粗，图 4-4(b) 展示的是对连边进行透明度编码，不同透明度代表连边的不同权重，将粗细编码同权重编码叠加使用，同时，设定透明度从深色到浅色表示权重从小到大，编码结果如图 4-4(c) 所示。以上是对基于双重编码的加权属性可视化的形象化分析，因该部分内容在具体实践中较为容易，且现有平台都已经实现功能集成，故本节涉及的理论部分不做过多论述。

4.4　基于平移和缩放的空间信息网络交互方法

交互技术与可视分析密不可分，所有的交互技术只有与图形界面相结合才有意义，在对细节信息进行交互式可视分析的具体技术上，也存在一些有代表性的研究，这类研究多数基于变形技术而开展，除了前文提到的几种方法，还包括整体+细节、平移和缩放等。正如表 4-1 所示，目前在可视化领域常用的交互方法包括鱼眼视图方法、焦点+上下文方法、整体+详细方法、平移+缩放方法、多视图关联协调方法等[1]，关于上述方法的发展情况，笔者曾在前期研究工作中进行了详细综述[1]，本节不做过多阐述。

显然，用于绘制网络动态拓扑画布的面积是有限的，而组成空间信息网络拓扑的节点和边具有一定的规模，为了清晰地展示可视视图中的全部信息，本节借鉴在静态网络可视化中的平移+缩放交互技术实现用户的动态交互功能。在具体操作中用户只需要滚动鼠标（或触摸屏幕）即可对视图进行放大/缩小、左右平移等操作,从而实现对整体/细节的转换,更加充分地了解自己所感兴趣的部分。

P&Z 作为一种交互技术,解决了在较小的屏幕上展示大量数据的问题。平移 P 指的是将视图从屏幕的一侧向左或向右滑动查看窗口的操作,随着一侧的信息进入可视窗口,则另一侧的信息从视图中滑出[12]。缩放 Z 是指对视图进行一定比例的放大和缩小操作,放大则可以展示更多的细节信息,而缩小显示的细节内容则更少。本书借鉴 Wijk 等[13-14] 提出的 P&Z 交互模型,采用"先缩小,再平移,最后放大"的动画策略,进行可视视图的交互实现,其基本原理如图 4-5 所示。

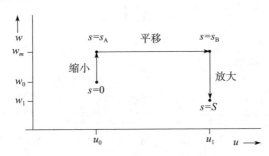

图 4-5　二维空间 P&Z 缩小、平移、放大示意图

如图 4-5 所示,横坐标表示平移,纵坐标表示缩放。其中 s 表示动画路径长度,s_A 表示从缩小转为平移时的路径长度,s_B 表示从平移转为放大时的路径长度,S 表示动画停止时的路径总长度。显然,路径起点处有 $s=0$,终点处有 $s=S$,中途有 $s\in[0,S]$。路径 s 从 0 到 s_A 为缩小,即从 (u_0,w_0) 到 (u_0,w_m),路径 s 从 s_A 到 s_B 为平移,即从 (u_0,w_m) 到 (u_1,w_m),路径 s 从 s_B 到 S 为放大,即从 (u_1,w_m) 到 (u_1,w_1)。Wijk 等在上述原理的基础上进行了路径优化工作,最优路径函数可表示如下[13]:

$$u(s)=\begin{cases}u_0, & s\in[0,s_A)\\ \dfrac{w_m(s-s_A)}{\rho}+u_0, & s\in[s_A,s_B)\\ u_1, & s\in[s_B,S)\end{cases} \quad (4-9)$$

$$w(s)=\begin{cases}w_0\exp(\rho s), & s\in[0,s_A)\\ w_m, & s\in[s_A,s_B)\\ w_m\exp(\rho(s_B-s)), & s\in[s_B,S)\end{cases} \quad (4-10)$$

式中:各参数的取值分别为 $s_A=\ln(w_m/w_0)/\rho$,$s_B=s_A+\rho(u_1-u_0)/w_m$,$S=$

$s_B + \ln(w_m/w_0)/\rho$，$w_m = \max(w_0, w_1, \rho^2(u_1-u_2)/2)$。$u(s)$ 表示平移，且 $s \in [0, S]$，ρ 值依赖于用户的主观感受，当给 ρ 赋予不同值时从 A 点移动到 B 点的移动路径则不同，且差距较为明显。

综上所述，在前人提出的 P&Z 方法的基础上，本节针对空间信息网络中可视视图交互的问题进行理论分析，以期基于 P&Z 交互方法，结合前文所述的 DFDA 布局方法和考虑加权局域的属性可视化方法进行动态可视化的具体实现。至此，围绕实现空间信息网络动态可视化的布局、可视化和交互的内容都已完成理论分析，接下来，将在理论分析的基础上进行实验验证。

4.5 案例分析

4.5.1 实验平台及数据来源

具体的实验平台及运行环境如下所示：

（1）操作系统：Windows 8.1 Professional Edition_x64；

（2）处理器：Intel（R）Core（TM）i7-4790 CPU @ 3.60GHz；

（3）内存：8GB；

（4）显卡：NVIDIA GeForce GTX 745；

（5）本地服务器及浏览器：Wampserver3.0.6_x64，InternetExplorer、Google Chrome；

（6）开发工具和平台：Brackets、Atom、Adobe Dreamweaver CS6、Eclipse、D3.js、Vis.js、Echarts.js、Cytoscape.js 等。

结合空间信息网络概念和组成结构，假设空间信息网络包含如下空间实体：

（1）3 颗 GEO 卫星（编号：GEO_1~GEO_3）；

（2）6 颗 MEO 卫星（编号：MEO_1~MEO_6）；

（3）5 颗 LEO 卫星（编号：LEO_1~LEO_5）；

（4）10 只热气球（编号：Hab_1~Hab_10）；

（5）2 个地面站（编号：F_1~F_2）。

将上述空间实体按照一定的规则相互连接，则构成了某型空间信息网络。将实体域中的空间实体及其相互关系映射到拓扑域，则能够产生所需要的网络数据集。为了清晰展示数据结构，将节点和连边分别开展示，如表 4-2 和表 4-3 所示。

表 4-2 网络数据集列表（节点）

实体名称	节点名称	实体名称	节点名称	实体名称	节点名称	实体名称	节点名称
GEO_1	n_1	MEO_5	n_8	F_1	n_{15}	Hab_6	n_{22}
GEO_2	n_2	MEO_6	n_9	F_2	n_{16}	Hab_7	n_{23}
GEO_3	n_3	LEO_1	n_{10}	Hab_1	n_{17}	Hab_8	n_{24}
MEO_1	n_4	LEO_2	n_{11}	Hab_2	n_{18}	Hab_9	n_{25}
MEO_2	n_5	LEO_3	n_{12}	Hab_3	n_{19}	Hab_10	n_{26}
MEO_3	n_6	LEO_4	n_{13}	Hab_4	n_{20}		
MEO_4	n_7	LEO_5	n_{14}	Hab_5	n_{21}		

表 4-3 网络数据集列表（连边初始时刻）

源节点	目标节点	源节点	目标节点	源节点	目标节点	源节点	目标节点
n_1	n_2	n_5	n_6	n_9	n_4	n_{13}	n_{14}
n_2	n_3	n_6	n_7	n_{10}	n_{11}	n_{14}	n_{10}
n_3	n_1	n_7	n_8	n_{11}	n_{12}	n_{15}	n_{16}
n_4	n_5	n_8	n_9	n_{12}	n_{13}		

如表 4-2 所列，是将空间实体映射为拓扑域的节点所形成的列表，因此共有 26 个节点。如表 4-3 所列，将空间实体之间的关系映射为拓扑域的连边，初始时刻共有 15 条连边。结合空间信息网络的动态演化规律，以节点和连边的增加为例，展示其动态演化过程，并且选择四个时刻来展示其网络具体布局，如表 4-4 所列。

表 4-4 网络数据集列表（连边演化过程）

t_1 时刻		t_2 时刻		t_3 时刻		t_4 时刻	
源节点	目标节点	源节点	目标节点	源节点	目标节点	源节点	目标节点
n_4	n_{10}	n_1	n_4	n_{17}	n_{18}	n_1	n_{17}
n_5	n_{11}	n_1	n_{10}	n_{17}	n_{19}	n_4	n_{20}
n_6	n_{12}	n_1	n_{15}	n_{17}	n_{23}	n_{10}	n_{23}
n_7	n_{13}	n_2	n_6	n_{17}	n_{26}	n_{15}	n_{17}
n_8	n_{14}	n_3	n_8	n_{18}	n_{19}	n_{15}	n_{20}
		n_4	n_{15}	n_{18}	n_{23}	n_{15}	n_{23}

续表

t_1 时刻		t_2 时刻		t_3 时刻		t_4 时刻	
源节点	目标节点	源节点	目标节点	源节点	目标节点	源节点	目标节点
		n_9	n_{16}	n_{18}	n_{24}	n_{16}	n_{18}
		n_{10}	n_{15}	n_{19}	n_{20}	n_{16}	n_{21}
		n_{14}	n_{16}	n_{19}	n_{26}	n_{16}	n_{24}
				n_{20}	n_{21}		
				n_{20}	n_{25}		
				n_{20}	n_{26}		
				n_{21}	n_{22}		
				n_{21}	n_{24}		
				n_{21}	n_{25}		
				n_{22}	n_{23}		
				n_{22}	n_{24}		
				n_{23}	n_{24}		
				n_{24}	n_{25}		
				n_{25}	n_{26}		

需要说明的是，在表 4-4 中，下一个时刻是在上一个时刻的基础上完成的，因此，我们只是对应地罗列了其增加的部分，即 t_1 时刻的连边总数为表 4-3 和表 4-4 中 t_1 时刻所对应连边的总和，t_2 时刻的连边总数为 t_1 时刻的总数和表 4-4 中 t_2 时刻所对应的总和，依此类推。

4.5.2　网络拓扑布局结果分析

以上述网络数据作为输入，基于 DFDA 布局方法，则可实现对动态网络可视化的有效布局。在网络动态可视化布局中，最基础也是应用最广泛的便是基于 FDA 的布局方法，该方法应用于动态可视化布局的基本原理是每次增加、删除节点后都需要进行重新计算节点之间的力，然后进行重复运行，最终才能使布局达到一个相对稳定的状态，每一次的运行都是一次重新计算的过程。对于布局方法性能的评价主要包括布局方法的执行效率、布局质量等指标[2]，因此，本节也从执行效率和布局质量角度出发对布局结果进行定性分析。因为布局是通过视图展示的，所以在其动态可视化过程中，截取了 4 个时刻的视图，通过对比来分析空间信息网络拓扑布局的结果，分别如图 4-6 所示。

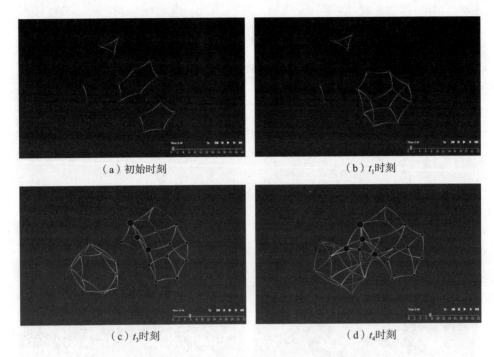

(a) 初始时刻　　　　　　　　　　(b) t_1 时刻

(c) t_3 时刻　　　　　　　　　　(d) t_4 时刻

图 4-6　基于 DFDA 的网络拓扑布局结果展示

如图 4-6 所示，通过对比不同时刻布局结果可以看出，基于 DFDA 的布局方法由于其每一次的演化并不需要重新计算所有节点之间的受力，因而能够较好地维持布局的结构，对于用户来说也能较好地维护思维地图。因此，相比较于基于传统 FDA 的布局方法来说，本书提出的方法布局质量更高。同时，本书改进的 DFDA 布局方法是将网络动态变化规则嵌入到算法中，即重复考虑了节点、连边增加和删除的情形，因此，基于 DFDA 布局方法不需要每次都进行重新计算，从而也提高了算法的执行效率。

4.5.3　加权局域属性可视化结果分析

针对 4.3.1 节提出的局域属性可视化问题，在图 4-7 所示视图的基础上，结合空间信息网络的局域世界现象，本节完成基于质心约束实现局域世界现象在可视视图中的具体体现。结合空间信息网络的组成结构，按照空间信息网络组成结构及其定义，以层级结构相对应的信息系统作为进行局域世界划分的依据，其局域特征可视化结果如图 4-7 所示。针对加权属性可视化问题，本节基于连接曲线的粗细和透明度进行加权现象在可视视图中的具体体现，如图 4-8 所示。

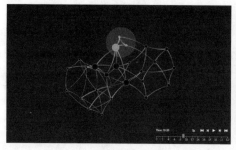 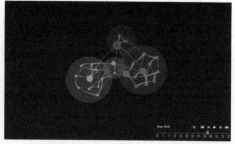

（a）GEO层局域世界　　　　　　　　　　（b）多局域世界

图 4-7　局域属性可视化展示

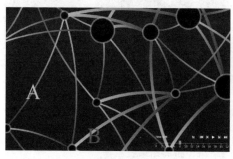 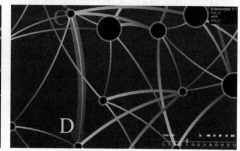

（a）边权双重编码　　　　　　　　　　（b）连边方向编码

图 4-8　边权属性可视化展示

图 4-7(a) 是针对 GEO 层卫星系统构建的局域世界现象，通过一个圆盘将局域世界范围的节点覆盖，从而构成了能够显示局域世界的可视视图。在图 4-7(a) 的基础上，继续增加局域世界，则构成了多局域世界的可视视图，如图 4-7(b) 所示，共有 4 个局域世界，按照面积由大到小分别为 MEO/LEO 层卫星系统、热气球群（Hot Air Balloon，HAB）信息系统、GEO 层卫星系统和地面终端。通过该图可知，显示局域世界的视图能够清晰地展示局域世界内外的区别，对于了解空间信息网络的网络特性来说具有重要的意义。

图 4-8(a) 展示的是基于透明度和线条的连边权重的双重编码，线条 A 相比于线条 B 来说较细，则其对应的权重较小，同时，线条 A 所对应的颜色相比于线条 B 来说较深，则在该视图中权重从小到大所对应的颜色是从深到浅。图 4-8(b) 是针对 4.3 节提到的传输方向性的问题而进行的具体视图功能展示，从线条的方向可以判断出，节点 C 是源节点，节点 D 是目标节点。

4.5.4 网络交互结果分析

在第 4.4 节中针对视图交互的问题，分析了典型的 P&Z 交互技术，在其理论分析的基础上，本节中主要实现其放大、缩小和左、右平移的功能，分别如图 4-9 和图 4-10 所示。

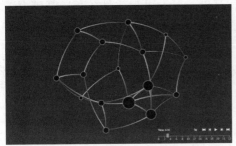

（a）缩小功能　　　　　　　　　　　（b）放大功能

图 4-9　缩放交互功能展示

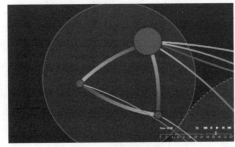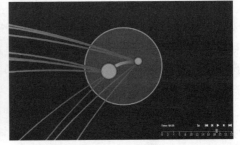

（a）左移功能　　　　　　　　　　　（b）右移功能

图 4-10　平移交互功能展示

在图 4-9 中，展示了可视视图放大和缩小的交互功能，用户可以通过滑动鼠标或者触摸屏幕，实现对可视视图的放大和缩小。其中，图 4-9(a) 是缩小功能，可以在一个页面中完整展示整个视图的全局信息，图 4-9(b) 是放大功能，可以根据用户的具体需求进行视图放大，从而展示用户所感兴趣的细节信息。

在图 4-10 中，展示了可视视图向左、向右平移的交互功能，图 4-10(a) 是实现视图向左平移，展示 GEO 局域世界的细节信息，图 4-10(b) 是实现视图向右平移，展示地面终端局域世界的细节信息。除此之外，还有一些其他的辅助功能，可集成到可视化系统中。

本节按照实现动态可视化的基本流程，从网络布局、网络属性可视化和用户交互三个角度出发，进行融合动画和时间线的空间信息网络动态可视化方法的具体实现。空间信息网络动态可视化由于网络拓扑处于实时动态变化中，因此，保持用户对视图的连续性感知就显得尤为重要。通过综合应用动画方法和时间线方法的优点，本节的实验结果达到了预期的目的。可视化视图的实现是一个连续的过程，换言之，布局是前提和基础，属性可视化是在布局基础上的进一步实现，而交互是发生在用户与视图之间，三者环环相扣共同实现空间信息网络动态可视化。

4.6 小结

本章面向空间信息网络动态可视化的需求，在空间信息网络加权局域演化模型的基础上，结合其动态特征，以形象化展示空间信息网络拓扑演化规律和探索空间信息网络拓扑演化机制为目标，提出一种融合动画和时间线的空间信息网络动态可视化方法，主要研究工作包括：

（1）布局作为可视化实现的基础，针对空间信息网络动态布局的问题，改进了一种基于 DFDA 的布局方法，该方法是对经典布局方法 FDA 的继承和发展，通过将空间信息网络拓扑演化规则集成到算法本身，一方面提高了算法执行的效率，另一方面能够维持较好的用户思维地图，达到了预期目标。

（2）结合空间信息网络的局域世界现象和边权演化特征，针对局域世界属性的实现问题，提出了一种基于质心约束的可视化方法，针对边权演化属性的实现问题，提出了一种基于透明度和线条双重编码的可视化方法，二者相辅相成，共同实现考虑加权局域现象的空间信息网络属性可视化。

（3）考虑到空间信息网络的复杂性和视图范围的有限性，在系统分析现有交互技术的基础上，通过借鉴平移和缩放交互技术在静态网络可视化的成功应用，分析了基于 P&Z 的空间信息网络交互方法，剖析了该方法实现的基本原理和基础理论，从而为后续的具体实现提供理论指导和方法支撑。

（4）在上述方法理论分析的基础上，分析了实验平台及数据来源，从网络布局结果、加权局域属性可视化结果和交互结果 3 个角度对本章前述理论部分进行了实验验证分析，实验结果与理论分析相一致，验证了本书提出的基于 FAT 的空间信息网络动态可视化方法的可行性和有效性。

参考文献

[1] Yu S B, et al. A key technology survey and summary of dynamic network visualization [C]//Proceedings of 2017 IEEE 8th International Conference on Software Engineering and Service Science. Beijing: IEEE, 2017: 474-478.

[2] Hajij M, et al. Visual detection of structural changes in time-varying graphs using persistent homology [C]//Proceedings of IEEE Pacific Visualization Symposium. Japan: IEEE, 2018: 125-134.

[3] Bach B, et al. Visualizing dynamic networks with matrix cubes [C]//Proceedings of The SIGCHI Conference on Human Factors in Computing Systems. Canada: ACM, 2014: 877-886.

[4] 姚中华. 大规模网络拓扑结构可视分析关键技术研究 [D]. 北京: 航天工程大学, 2017.

[5] Perer A, et al. Balancing systematic and flexible exploration of social networks [J]. IEEE Transactions on Visualization and Computer Graphics, 2006, 12 (5): 693-700.

[6] Kamada T, et al. An algorithm for drawing general undirected graphs [J]. Information Processing Letters, 1989, 31 (1): 7-15.

[7] Davidson R, et al. Drawing graphs nicely using simulated annealing [J]. ACM Transactions on Graphics, 1996, 15 (4): 301-331.

[8] Fruchterman T M J, et al. Graph drawing by force-directed placement [J]. Software: Practice and Experience, 1991, 21 (11): 1129-1164.

[9] Hu Y F. Efficient and high-quality force-directed graph drawing [J]. Mathematica Journal, 2005, 10 (1): 37-71.

[10] Li H B, et al. An improved force-directed algorithm based on emergence for visualizing complex network [C]//Proceedings of 2013 Chinese Intelligent Automation Conference. Berlin Heidelberg: Springer-Verlag, 2013: 305-315.

[11] 谭凯家. 基于信息系统体系作战装备运用研究 [M]. 北京: 国防大学出版社, 2012.

[12] Cockburn A, et al. A review of overview+detail, zooming, and focus+context interfaces [J]. ACM Computing Surveys, 2009, 41 (1): 1-31.

[13] van Wijk J J, et al. Smooth and efficient zooming and panning [C]//Proceedings of IEEE Symposium on Information Visualization. USA: IEEE, 2003: 15-23.

[14] Reach A M, et al. Smooth, efficient, and interruptible zooming and panning [J]. IEEE Transactions on Visualization and Computer Graphics, 2019, 25 (2): 1421-1434.

第 5 章
空间信息多层网络拓扑结构建模与可视化

本章主要针对空间信息网络的多层特征,开展空间信息网络的拓扑结构建模方法和可视化框架设计的研究,为后续相关可视化方法研究提供理论基础和指导。首先,基于多层网络理论研究空间信息多层网络拓扑结构建模方法,通过案例应用与分析,验证建模方法的有效性和多层模型的灵活性;其次,为了系统、有针对性地指导后续可视化方法研究,在通用的信息可视化参考模型的基础上设计一个空间信息多层网络可视化框架。

5.1 引言

空间信息网络通过传输网络化方法将各类空天资源组网互联,实现海量空间数据的实时采集、传输和处理,能够有效应对当前卫星系统"烟囱式"建设、频谱和轨道资源受限等问题,满足用户对空间信息全球覆盖、全天候接入和快速响应的需求,在环境与灾害监测、资源勘察、地形测绘、军事侦察和科学探测等多种空间任务中具有基础支撑作用。然而,空间信息网络作为未来的复杂大系统,有很多不为人知的特性,需要有针对性地建立网络模型,通过网络分析方法探索其内在规律或特性,支持空间信息网络的体系结构设计与优化、空间资源管理与应用等。

考虑到空间信息网络中的空间节点高动态运动、网络时空行为复杂等特点,国内外学者从不同角度对空间信息网络进行描述,本书第 1 章进行了比较全面、系统的综述。这里简要地对几种层次化模型进行总结和分析,主要包括葛晓虎等[1]根据空间信息网络实体在物理结构和逻辑结构上的层次性,提出的基于 MESH 结构的空间信息网络模型;张威等[2]针对空间信息网络节点种类多、立体多层分布、动态差异性大等特征,提出的面向空间信息网的分层自治域模型；罗凯等[3-5]基于拓扑结构的动态特征，结合时效网络模型构建的空间信息时效网络模型。同时，国内外大量关于多层卫星网建模的研究[6-12]也为空间信息网络模型研究提供了重要参考。

虽然上述模型在描述空间信息网络时从不同程度考虑了网络的层次性和动态性，但是仍存在以下问题：①根据物理结构划分空间信息网络的层次，忽略了同层节点间的区别；②按功能域划分过于严格，忽略了平台的多功能特征，例如将高空气球直接划归接入网络域，忽略了其通信中继、高空传感器等其他功能角色；③仅根据节点的高速运动考虑拓扑结构的动态性，缺少对组网方式与拓扑结构之间关系的分析，因为动态性也体现在根据不同任务，节点的加入、删除导致的拓扑结构变化。简言之，上述模型忽略了空间信息网络实体和连接的异质性特征。

"网络的网络""多层网络"和"相互依存网络"等模型用节点表示实体，用层内边和层间边分别表示实体在层内和层间的多类型连接关系，具有高度灵活性，能够对具有多类型连接关系的现实复杂系统进行网络化抽象，在多平台社交关系网、基因-蛋白质交互网、大脑功能网、交通网和基础设施网等领域有着广泛应用。

本章首先从空间、功能、任务、拓扑四个维度分析空间信息网络拓扑结构的多层特征。其次结合多层网络理论，提出一种基于多层网络的空间信息网络拓扑结构建模方法，从多个维度对空间信息网络进行统一描述。相比于现有空间信息网络建模方法，能够比较完整地描述空间信息网络中多类型的实体和链接信息，具有更灵活的适应性，并且能够支持多层数据处理。最后，以通信网络、导航网络、传感网络和用户网为主要功能子网构建案例网络，将空间信息网络中的实体和链接分别抽象为4类网络节点和2类（共7种）网络连接关系，构建了空间信息多层网络模型，分析了案例网络在设计上的优缺点，验证了建模方法的有效性。

5.2 基于多层网络的空间信息网络拓扑结构建模

5.2.1 多层网络模型分析

一般的网络（如单层网络）通常用一个二元组 $G=(V, E)$ 表示，其中，V 是节点集合，$E \subseteq V \times V$ 是连接节点对的连边集合。为了增强多层网络基本描述的可扩展性，形式化地描述以下基本概念：

（1）维度（aspect）。描述边的类型集合、边出现的时间集合等属性信息。

(2) 单元层 (elementary layer)。描述维度中的一个元素。

(3) 层 (layer)。多个维度的联合。

基于上述概念与分析,给出多层网络的形式化定义:

(1) 多层网络的节点集 V 与一般网络的定义相同。

(2) 一个维度 L_α 可以包含多个单元层。

(3) 从不同维度中抽取出单元层,组成一个联合,即为层。

(4) 一个多层网络包含 d 个维度,定义序列:$\{L_\alpha\}_{\alpha=1}^d$,其中,$L_\alpha$ 表示维度 α 的单元层集合。

(5) 采用笛卡儿积构建单元层的联合,形成层集合 $V \times L_1 \times \cdots \times L_d$。注意,某些层中可能缺少部分节点。

(6) 判断节点是否在层中。构建子集 $V_M \subseteq V \times L_1 \times \cdots \times L_d$,(u,$\alpha_1$,…,$\alpha_d$) 表示节点 u 在层 ($\alpha_1$,…,$\alpha_d$) 上。可简写为 (u,α)。

(7) 允许同一节点在不同层中的副本间存在连接。

(8) 边集 $E_M = V_M \times V_M$。

综上所述,可以把多层网络描述为一个四元组 $G_M = (V_M, E_M, V, L)$,当 d=0 时,则退化为传统的单层网络。

在多层网络模型中,多层网络中各网络层的节点集可以相同也可以不同。连边的两个端点可以同时位于一个层中(即层内边,intra-edge),也可以位于不同的层(即层间边,inter-edge),如层 α 中的节点 u 可以连接到任何层 β 中的节点 v。因此,多层网络中的连边也可分为三种类型:层内边(同一层内的连接节点)、连接节点与跨层副本的层间边和连接不同层间不同节点的层间边。属于不同层的不同种类的层内边用于表示同一层中的实体之间的不同连接关系,如多平台社交网中的朋友关系、电话、短信和微博关注等,层间边则用于表示不同层的实体之间的相互依赖性或互联等,如电力控制网中计算机控制端对电站的控制和计算机对供电电站的依赖等。

根据节点和连边是否具有异质性,文献[13]将多层网络分为4类(图5-1):

(1) 第 1 类是最普遍的情况,即每个网络层具有唯一的节点集合,并明确定义了层间连接关系。这种多层网主要包括异构网络、相互依赖网络、网中网络和互联网络等。

(2) 第 2 类多层网中所有层上具有相同节点集合,并明确定义了层间连接关系。这种多层网主要包括多元网络和分层网络等。

(3) 第 3 类是在所有层上具有相同节点集合,但是没有明确的层间连接关系。这类型多层网主要包括多层复合网络、多变量网络、多关系网络、多维网络、动态网络和多权重网络等。

(4)最后一类是在每个网络层具有唯一节点集合,但是没有明确的层间连接关系。这类型多层网主要包括多级网络、超网络等。

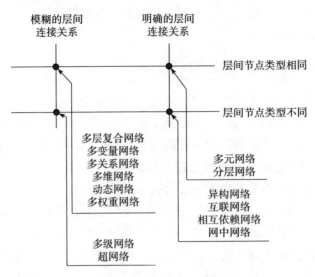

图 5-1　多层网络分类图

如图 5-2 所示为采用不同表示模型对案例网络进行描述的示意图对比,其中,如图 5-2(a) 所示为案例网络的多层描述示意图,案例网络包含 2 个维度,每个维度包含 2 个单元层,共计 4 个网络层;图 5-2(b) 所示为案例网络的单层表示,图中采用层标签对不同层的节点进行区分,将每个网络层中的节点视为不同的实体,这种方式忽略了原始网络中层间连边的不同类型及其与层内连边的区别,造成层间连边和层内连边信息丢失;图 5-2(c) 所示为多层网络的聚合表示,在聚合网络层中将所有层的节点和连边聚合在一个网络层中,这种方式不仅忽略了节点的异质性,更是不加区分地将所有层内连边和层间连

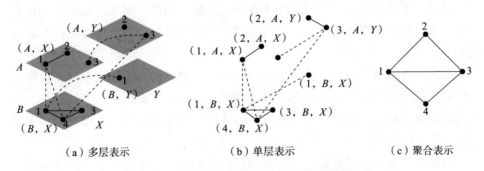

图 5-2　多层网络不同模型表示的示意图对比

099

边进行简单合并。将多层网简单地聚合为一个单层网或用单层表示方式描述多层网都会不同程度上忽略节点和连边的异质性,导致层间连边和层内连边信息丢失。相对于单层网和聚合网络层,多层网络模型能够比较完整、高效地描述节点和连边的异质性。

5.2.2 空间信息网络多层特征分析

空间信息网络是一个立体多层、异构动态的复杂网络,网络节点的种类和功能多样,不同的组网应用方式会形成不同的拓扑结构。以下从空间分布、功能协同、任务组网、时变拓扑四个方面分析空间信息网络的多层特征。

1. 组成平台在空间分布上的物理分层特征

空间信息网络在组成平台上主要包括多类型的空间、临近空间、低空、地面和海上系统(或平台),这些系统(或平台)通过多类型链路实现互通互联,形成由高空到低空再到地面的"混合网络"。如图5-3所示,空间信息网络的空间段由各种航天器组成,主要包括各类卫星(星座)、深空探测器和各类航天器等。其中,卫星又可进一步根据范艾伦带(Van Allen Belt)分为地球静止轨道卫星、中轨道卫星和低轨道卫星。空间段内的连接关系负责航天器之间的信息交换和传输,其中,星间链路包括轨道平面间链路(inter-plane links)和轨道平面内链路(intra-plane links)。

临近空间是指离地球表面20~100km的空间区域。临近空间飞行器分主要包括空间作战飞行器、通用再入飞行器、亚轨道飞行器、高空无人机、高空飞艇、高空气球等[14]。由于近地空间的位置优势,临近空间飞行器不仅可以弥补空间段卫星星座盲区,而且具有局部区域探测持续工作长、探测精度高、生存能力强等特点[15],可有效增强全球覆盖、全天候接入和快速响应能力,是空间信息网络建设中通信、传感和打击等功能子网的重要补充。

低空、地面和海上系统除了用于各类航天器和临近空间飞行器测控的地面站外,还包括各类型的终端用户。各类用户之间通过宽带、广播等方式实现互联互通。

空间信息网络空间段、临近空间段、空中、地面和海上组成平台不仅在各自空间层中互联,也有多种通信和链接类型:航天器、临近空间飞行器与地面站之间的指令传递和信息传输;航天器与临近空间飞行器和各类用户之间的信息收集和交换等。

因此,空间信息网络是一个由多种链路类型将多层次物理空间内的节点组网互联形成的混合网络,不能用具有单一连接形式的传统网络模型描述。

第 5 章 空间信息多层网络拓扑结构建模与可视化

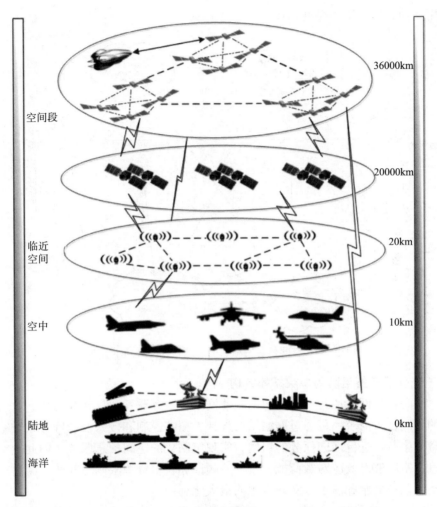

图 5-3 空间信息网络组成平台示意图

2. 功能子网在功能组网协同上的多层特征

空间信息网络综合了多种功能子网，从军事领域来说（图 5-4），主要包括侦察（监视）、导航、预警、指控和攻击等功能子网[16-17]。按照子网功能可将空间信息网络划分为一系列由具有相似功能类型的节点组成的功能域。各功能域内部自主运行，多个功能域之间协同服务，构成具有信息收集、传输、处理功能的空间信息网络系统，从而实现信息的多元立体共享和空间资源的有效利用[18-19]。

空间信息网络作为一个由多功能子网一体化集成与协同的综合性系统，其结构比只有单一功能的卫星导航系统、卫星遥感系统等要复杂得多，很难简单

101

地用某种类型的星座模型描述。

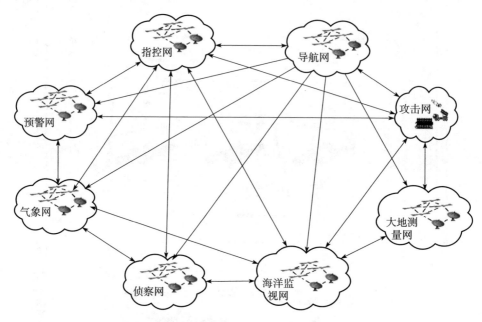

图 5-4　空间信息网络功能子网划分与协同示意图

3. 基于任务组网的多层拓扑结构

空间信息网络通过一体化组网，使网络节点互联互通、相互协作。针对用户的不同任务需求，可通过网络结构设计、拓扑控制和接入控制等方式对空间信息网络节点进行面向任务的组网，实现定制化的空间信息服务。因此，空间信息网络能够有效应对载荷能力单一、频谱和轨道资源限制等问题，满足多样化空间任务的服务需求，实现资源的最大化利用。

空间信息网络在应用层支持的任务种类繁多，比如环境与灾害监测、科学探测、情报侦察、应急救援、远洋航行、航天测控等[20]。面向不同任务，空间信息网络组网结构中节点及其连接模式不断变化，节点功能也会存在差异，呈现出多层次特征。一方面，为满足应用层多类型任务对通信类型、传输服务获取方式、可靠性和安全性等需求，空间信息网络必须根据任务类型规划系统资源，通过组网互联形成不同的拓扑结构，空间信息网络会呈现出"多种任务多种结构"的状态。另一方面在多任务并发执行情况下，为满足不同空间任务对时效性、安全性、可靠性等的不同需求，也要求对空间信息网络资源合理规划，实现面向任务的合理组网，空间信息网络则呈现出"多种任务一种结构"的状态。另外，基于软件定义网络[21-23]或多载荷平台技术[24-28]，平台在不同任务中会有不同连接模式或同一任务可通过不同的结构完成。不同的任务组网方式产生不同的网络拓扑，节点在不同任务网络中体现的功能和作用不尽相同，此时，空间信息网络呈现出"一种任务多种结构"的状态。

4. 基于时变拓扑的多层特征

空间平台的运动（包括卫星的周期性运动、临近空间飞行器等平台的高速运动）、恶劣的空间环境、用户接入与断开等因素造成网络链路随时间间歇性地连通和断开，从而影响信息流在空间信息网络中的传播路径，导致空间信息网络拓扑结构和网络特征的变化。另外，文献［29］针对由卫星和地面节点构成的天基网络，从相同轨道、相邻轨道卫星节点的周期性运动等方面对天基网络的动态特征进行了较为深入的研究。

在时效网模型中，通过时间片划分，构建一系列离散时间点的静态网络模型（即时间片），可以反映目标网络在特定时间段内的稳定状态和不同时间段间的拓扑变化。基于时效网络模型对空间信息网络的动态拓扑结构进行描述，能够支撑网络状态分析，对比不同状态下空间信息网络的性能和结构特征，可以对空间信息网络的设计、演化过程形成指导。

综上对空间信息网络多层特征的分析，空间信息网络可以多个维度抽象为多层网络。进一步地根据不同维度下对空间信息网络节点和连接类型的分析，从组成平台的空间分布和功能子网协同维度可将空间信息网络抽象为"网中网"；从多任务组网和时变拓扑维度可将空间信息网络抽象为"多层复合网"；将多个维度综合考虑可构建具有多个或 4 个维度的一般化空间信息多层网络模型。

5.2.3 空间信息多层网络拓扑结构建模

本节首先进行节点建模、连边建模和维度、单元层与层建模，其次构建一般化的空间信息多层网络拓扑结构模型。

1. 节点建模

按照空间信息网络中各平台的空间位置和负载功能，将其抽象为网络节点（Node），采用基本属性和其他属性给出实体的形式化模型，即

$$Node = \{ID, type, function, index, other\text{-}attribute\}$$

其中，ID，type，function 和 index 为基本属性，ID 为节点在网络中的唯一标识，根据网络层划分方法确定；type 为节点类型，表示节点所隶属的物理空间层次，包括卫星（S）、临近空间飞行器（H）、地面站（G）、目标（T）等，不同节点类型划分构成不同的空间分层；function 为节点功能标识，表示节点功能组网层次隶属，分为通信（C）、传感（S）、导航（N）、指控（C&C）

等，不同的节点功能构成不同的功能组网分层；index 为节点在功能子网中的数字标识；other-attribute 为其他属性，是对实体的进一步描述，根据研究需要依据节点类型和功能确定，包括轨道/经纬度、地理位置坐标、频率、覆盖范围、周期和速度等与分析需求相关的参数。例如，{SC10，S，C，10，⋯} 表示通信卫星平台 SC10，在空间层次中隶属空间层，在功能组网中隶属通信子网，编号为 10；{FN5，F，N，5，E126/N38，⋯} 表示一个地面导航平台 FN5，在空间层次中隶属地面层，在功能组网中隶属导航子网，编号为 5。

2. 连边建模

连边表示空间信息网络实体之间的数据传输（或信息交互）链接，按照交互平台的物理层次可分为星间链接、地间链接、临临链接、星地链接、临地链接等；按照交互信息（功能）类型，可分为通信数传链接、星历信息链接、目标信息链接等。

每条连边用基本属性和其他属性形式化地描述为

$$Edge = \{L_{ID}, Node1, Node2, other\text{-}attribute\}$$

其中，L_{ID}，Node1 和 Node2 为一般属性，L_{ID} 表示连边隶属层次编号；Node1 和 Node2 表示具有链接的两个节点。这里层内边和层间边不作区别，而是根据具体分析中网络层的划分原则和节点属性确定连边为层内边或层间边，比如仅考虑空间分层维度时，星星链接、地地链接、临临链接为层内边，而星地链接和临地链接为层间边。other-attribute 为其他属性，按照链接对象的不同采用不同的属性参数描述，其属性参数的提取主要是依据链接对象即节点本身的一些特性。如对于遥感卫星 SS1 与通信卫星 SC1 的星间数传链接，可表示为 Edge = {SS1，SC1，T，8144Hz~8.46GHz，上行 101kbit/s}，other-attribute 主要为建立链接时的天线波段以及数据传输速率等需要进一步描述的应用属性信息。

3. 维度、单元层与层建模

为实现空间信息网络中"层"的建模，首先对维度与单元层进行定义。将空间信息网络拓扑结构模型的空间分布、功能组网、任务组网和时变拓扑四个维度分别表示为 L_S，L_F，L_T，L_D，用集合的方式将维度表示为：

$$L = \{L_S, L_F, L_T, L_D\}$$

一个维度可以包含多个"单元层"，每个维度下的单元层集合分别表示为

$$L_S = \{S_1, S_2, \cdots, S_{SN}\}$$

$$L_F = \{F_1, F_2, \cdots, F_{FN}\}$$

$$L_T = \{T_1, T_2, \cdots, T_{TN}\}$$

$$L_D = \{D_1, D_2, \cdots, D_{DN}\}$$

其中，S_i，F_j，T_k，D_m 分别为对应维度的单元层元素，依次表示空间分层、功能类型、任务类型和时间片，SN，FN，TN，DN 为对应维度的单元层元素个数。

空间信息网络中的"层"表示上述四个维度中单元层的联合，采用笛卡儿积形式将单元层的联合表示如下：

$$L_S \times L_F \times L_T \times L_D$$

为方便描述，简记为

$$a = (S_i, F_j, T_k, D_m)$$

4. 拓扑结构建模

基于以上对空间信息网络中节点、连边、维度、单元层和层的建模，将空间信息多层网络的拓扑结构模型形式化地描述为一个四元组，即

$$G_M = (V_M, E_M, V, L)$$

并做如下说明：

（1）节点集 V 表示空间信息网络中所有节点的集合。

（2）为判断节点是否在层中，构建节点子集 $V_M = V \times L_S \times L_F \times L_T \times L_D$，用 $(\mu, S_i, F_j, T_k, D_m)$ 表示节点 μ 在层 $a = (S_i, F_j, T_k, D_m)$ 上，简记为 (u, a)。层划分方法不同会导致某些层中可能缺少部分节点。

（3）$E_M = V_M \times V_M$ 表示空间信息网络所有层中所有节点之间的连边，允许同一节点在不同层中的副本间存在连接。

在空间信息多层网络模型中，采用邻接张量表示空间信息网络中节点之间的邻接关系，即

$$A_{\alpha\beta\mu\nu} = \begin{cases} 1, ((\mu,\alpha),(v,\beta)) \in E_M \\ 0, ((\mu,\alpha),(v,\beta)) \notin E_M \end{cases}$$

对于空间信息多层网络的任何一层，都可表示为一个单层网络。因此，也可采用单层网络序列的形式将给定的空间信息多层网络描述为 $G_A = (V_A, E_A)$

$$G_M = \{G_1, \cdots, G_i, \cdots, G_d, G_C\}$$

其中，$G_i = (V_M, E_i)$ 为描述每个网络层的单层网络；d 为层数；$G_C = (V_M, E_C)$ 表示由层间连边构成的层间关系网络。

定义 5-1 将空间信息网络所有网络层中所有节点及其连边构成的拓扑结构定义为空间信息多层网络的聚合层（aggregation layer），表示为 $G_A = (V_A, E_A)$。其中，$V_A = V$ 为空间信息多层网络所有节点集合，$E_A = \bigcup_{i=1}^{d} E_i$ 为所有层内连边集合的并集，即若节点对在任意一层中有连边，则该节点对在聚合层中有一条连边。

定义 5-2 假设某一节点对在所有层中有连边，则将在所有网络层中重复出现的连边及其节点构成的网络称为空间信息多层网络的重叠层（overlap layer），表示为 $G_O=(V_O, E_O)$。其中，$V_O=V$ 为空间信息多层网络所有节点集合，$E_O = \bigcap_{i=1}^{d} E_i$ 为所有层内边集合的交集，即当且仅当某一节点对在所有层中有连边，则该节点对在重叠层中有连边。

实际研究中，常抽取一个或多个维度考察，图 5-5 所示为 3 个维度（S：空间分布，F：功能组网，D：时变拓扑）下的空间信息网络多层模型示意图，图中 $S1$、$S2$ 为空间分布单元层，$F1$、$F2$ 为功能组网单元层，$D1 \sim D4$ 为时变拓扑单元层（即时间片）。当仅考虑物理分层维度（或功能组网维度）时，空间分布（或功能组网）单元层即为网络层，抽取单一维度信息可得到空间信息网络的"网中网"形式；当考虑时变拓扑维度（或任务组网维度）时，在考虑空间分布和功能组网维度基础上，将不同时间片（任务）下的网络结构看作网络层，网络层中节点与其他网络层的副本节点通过层间边互联，可得到空间信息网络的"多层复合网络"形式。

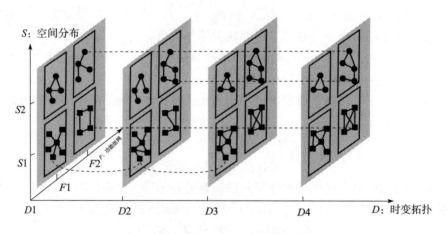

图 5-5 空间信息网络多层模型示意图

5.3 多层网络仿真分析

空间信息网络组成平台种类复杂，链接关系多样。本节实验部分首先根据当前一种比较典型的空间信息网络架构设计案例网络，分析其包括的组成平台和链接关系；其次从空间分层维度和功能组网维度给出单一维度下空间信息网络的多层模型及其邻接矩阵表示，并通过网络模型和拓扑结构分析该案例网络的优缺点。

5.3.1 多层网络设计

综合文献［30］和文献［31］提出的空间信息网络"全球化"和"网络化"设计思路，参考美国的静止轨道的 Milstar 系统和低轨道的 Iridium 系统的网络架构，以导航网络、传感网络、通信网络和用户网为主要的功能子网，各功能网遵循"天网地站"方案，功能网络之间"通过骨干节点进行通信"的方案构建典型的空间信息网络实验案例网络。

案例网络中 4 个功能子网协同互联，导航网向网内平台、通信网和传感网各平台提供星历信息；传感网内部节点感知目标，并将目标轨迹信息通过网内卫星、地面平台和通信网传送给用户；通信网节点内部互联，负责与其他子网的综合信息传输。导航网、传感网和用户网 3 个功能子网通过通信网融合协同，构成一个具有目标感知和信息传递能力的典型空间信息网络。案例网络的组成平台包括空间段（包括高、中、低轨卫星）、临近空间平台（包括有人无人飞机、高空气球）和地面站（包括测控站和地面用户），共计 87 个节点，具体编号和属性标签如表 5-1 所列。

表 5-1 案例网络节点列表

节点类型	数量	Label	节点类型	数量	label
通信卫星平台	9	SC1~SC9	传感卫星平台	9	SS1~SS9
通信临近空间平台	7	HC10~HC16	传感临近空间平台	7	HS10~HS16
通信地面站平台	9	FC17~FC25	传感地面站平台	9	FS17~FS25
导航卫星平台	9	SN1~SN9	空间用户平台	3	SU1~SU3
导航临近空间平台	7	HC10~HC16	高空用户平台	4	HU4~HU7
导航地面站平台	9	FN17~FN25	地面用户平台	5	FU8~FU12

在对以上节点建模的基础上，主要考虑交互信息类型和交互节点的空间位置将链接分为 2 类共 7 种关系，如图 5-6 所示。

（1）按交互信息类型可划分 3 种关系，如图 5-6 中不同标注符号所示："×"为星历信息，表示导航网络中卫星、临近空间平台和地面站之间的星历数据更新；"□"为轨迹信息，表示传感网络中的卫星、临近空间平台和地面站之间的目标轨迹信息的传递；"△"所示为综合星历数据、轨迹信息和指控信息的综合信息传递，表示通信网络内部、通信网络与导航网、传感网和用户

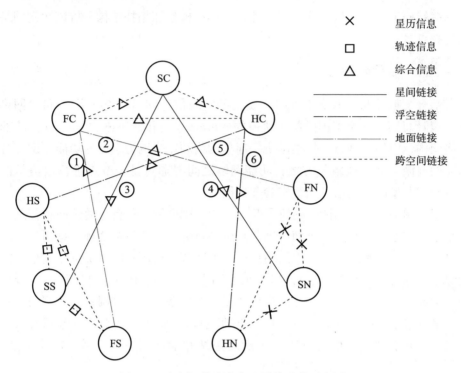

图 5-6　案例网络中节点和链接种类示意图

网之间各平台的信息传输。

（2）按信息交互平台所处空间层次可划分 4 种关系，如图 5-6 不同线型所示：线段①和②表示地面站间数据传输；线段③和④表示星间数据传输；线段⑤和⑥表示临近空间平台间数据传输；其他线段表示跨空间的层间数据传输。

5.3.2　多层网络建模与分析

案例网络的拓扑结构从功能组网维度，可表示为一个 4 层的多层网络，图 5-7 为案例网络在功能组网维度的邻接矩阵图。图中所示为 4 个网络层，分别表示通信网（layer1：Com_net）、传感网（layer2：Sen_net）、导航网（layer3：Nav_net）和用户网（layer4：Use_net）；层间连边表示网络间不同信息类型的传递链路；各层节点按照静止轨道卫星（GEO）、低轨卫星（LEO）、临近空间平台（HAP）和地面平台（Fac）的顺序确定节点在该维度的 ID。

第 5 章 空间信息多层网络拓扑结构建模与可视化

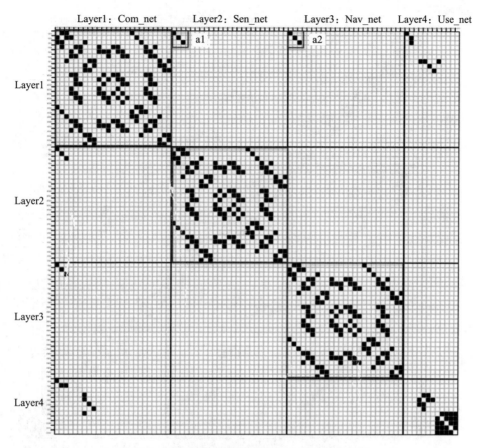

图 5-7 案例网络邻接矩阵图——功能组网维度

图 5-8 为案例网络在空间分层维度的邻接矩阵图，从空间分布维度来看，案例网络的拓扑结构可表示为一个 3 层的多层网络。图中所示为三个层，分别表示空间段（layer1：Sat_net）、临近空间段（layer2：HAP_net）和地面段（layer3：Fac_net）；层间连边表示跨层平台间的数据传输，层内连边分别表示星间、临近空间平台间和地面站间的数据传输；各层节点按照通信（communication）、传感（sensor）、导航（navigation）和用户（user）的顺序确定节点在该维度的 ID。

从图 5-7 可以看出，在案例网络中，通信子网（layer1：Com_net）、传感子网（layer2：Sen_net）和导航子网（layer3：Nav_net）具有相同的网络拓扑结构，都采用了"天网地站"式网络结构。

进一步从图 5-8 中空间段（layer1：Sat_net 层）内邻接矩阵可以看出，三个网络的空间段（如图 5-8 中方框 a1，a2，a3 所示）都采用双层卫星网络结

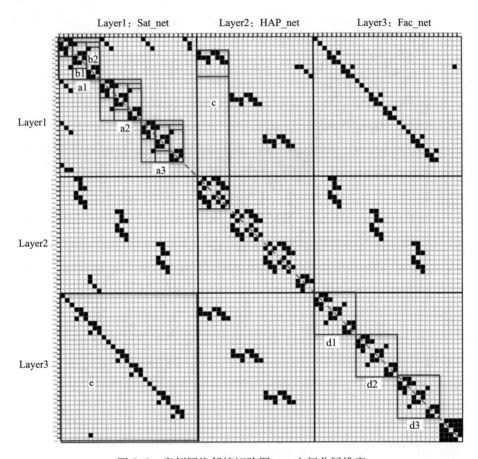

图 5-8 案例网络邻接矩阵图——空间分层维度

构:（以图 5-8 中通信网为例，如方框 a1 所示）第一层由 3 颗静止轨道卫星（SC1~SC3）组成，第二层由 6 颗低轨卫星（如 SC4~SC9）组成，低轨卫星被分成两个组（SC4~SC6 为一组，如图 5-8 中方框 b1 所示和 SC7~SC9 为一组，如图 5-8 中方框 b2 所示），小组通过组长（SC4 和 SC7）分别与静止轨道卫星（SC2 和 SC3）之间的星间链路进行空间段的信息交互。从图 5-8 空间段（layer1：Sat_net 层）与临近空间段（layer2：HAP_net 层）的层间邻接矩阵（如图 5-8 中方框 c 所示）可以看出，临近空间平台仅通过与低轨卫星层间的跨层链路实现信息获取或数据上传。从图 5-8 地面段（layer3：Fac_net 层）邻接矩阵（图 5-8 中方框 d1、d2、d3 所示）可知，地面站之间没有形成网络。从图 5-8 地面段（layer3：Fac_net 层）与空间段（layer1：Sat_net 层）邻接矩阵（图 5-8 中方框 e 所示）可知，每个地面站仅对卫星信号覆盖范围内的 1~2 颗卫星进行数据传输和测控管理。

另外，从图5-7的层间邻接矩阵可以看出，通信网（layer1：Com_net）、传感网（layer2：Sen_net）和导航网（layer3：Nav_net）通过静止轨道卫星实现三网互联，实现了本案例中空间信息网络的网络化设计。

采用"天网地站"式网络结构，将静止轨道卫星和低轨卫星星座组网互联，各功能网内部的静止轨道卫星通过管理、中继作用方式实现全球范围内功能网内部低轨卫星、临近空间平台和地面站的信息获取和数据上传，再通过三网融合，从而实现全球用户对任何地域多类型业务信息的快速获取。

从图5-7和图5-8可以看出，本案例考虑了临近空间平台使用，各功能网中的临近空间平台通过与低轨卫星和地面站互联，增大功能网信息获取范围，扩展星地传输途径。另外，临近空间平台还能够适应复杂、特殊的运行环境，具有生存能力强、部署灵活、持久稳定、效费比高等优势，可填补卫星观测盲区，可作为通信网、导航网和传感网等功能子网能力的有效补充。

但是，从图5-7的层间邻接矩阵可以看出，传感网（layer2：Sen_net）和导航网（layer3：Nav_net）与通信网（layer1：Com_net）之间只能通过静止轨道卫星间的链路（如图5-7中方框a1，a2所示）才能实现多类型信息的交互，而3个子网之间的临近空间平台和地面站没有直接连边。比如导航网络提供的星历信息要首先通过导航网内部链路到达通信网静止轨道卫星，再由通信网静止轨道卫星经传感网内部链路送达传感网内部平台。因此通信网（尤其是通信网络的静止轨道卫星）在实现案例空间信息网络中组网互联、全时全域信息获取目标中十分关键，是空间信息网络的关键节点。另外，"天网地站"式网络结构没有充分融合互联网等比较成熟的地面信息网。因此，用户只能通过天基通信网实现多业务信息获取，而地面用户之间可通过互联网实现比较快捷的信息交互。

综上对本案例网络的分析，为更好实现空间信息网络的全球化、网络化应用，空间信息网络构建可考虑从以下3个方面提高网络性能：

（1）案例中通信网、传感网和导航网采用了相同的拓扑结构设计，因此可以考虑采用一星多用方式对功能网间的卫星、地面站等平台进行集成；

（2）融合成熟的地面信息网，实现功能网内部和功能网间地面站的互联互通；

（3）充分发挥临近空间平台优势，增强空间信息网络覆盖范围和应急响应速度。

上述分析展示了基于多层网络的空间信息网络拓扑结构建模方法在案例网络中的应用，该方法从多维度构建案例网络的多层模型，从空间分布和功能组网维度对案例网络的拓扑结构的优势和不足进行了比较全面的分析。对比文献［1］提出的基于 Mesh 的网络模型和文献［2］提出的基于自治域划分的网络模型，本书模型具有以下优势：

（1）能够从四个维度构建对象网络的网络模型，便于从不同视角和多个视角联合开展网络分析，从多角度、多尺度获得更全面的拓扑结构信息；

（2）根据分析需求设置网络层，同一单元层或网络层的节点具有明确的相同属性，避免根据单一自治域划分造成的同层节点类型和功能无法区分的问题；

（3）节点和连边模型考虑了多类型的属性信息，针对案例网络抽象了两类共 7 种连边类型，比较全面地描述了空间信息网络中的不同的链接类型；

（4）构建不同维度下的邻接矩阵（张量），便于将现有的矩阵（张量）分析方法应用到网络分析中，从而支持多层数据处理，能够得到更丰富的网络信息。

针对当前空间信息网络模型层次划分单一，不能完整、灵活描述结构复杂且大规模的空间信息网络的问题，本书结合多层网络理论，从 4 个维度分析了空间信息网络的多层特征，提出了一种基于多层网络理论的空间信息多层网络拓扑结构建模方法。针对本书的案例网络建立了空间信息多层网络模型，该模型从 4 个维度比较完整地描述了空间信息网络中多类型的实体和链接信息的异质性特征，能够从不同维度（或维度组合）描述和分析空间信息网络的拓扑结构，具有更灵活的适应性，并且支持多层数据处理。结合空间信息多层网络模型，分析了案例网络拓扑结构在设计原则上的优缺点，并提出合理化建议。本书目前仅从实体及其之间的连接角度对空间信息网络的拓扑结构进行分析，基于本书建模方法，未来可结合具体的多层网络测度进一步对空间信息网络的脆弱性分析、关键节点分析等领域进行研究。

5.4　基于 Card 模型的空间信息多层网络可视化框架设计

为了系统性、针对性地指导后续可视化方法研究，本节在 Card 模型的基础上构建了一个空间信息多层网络可视化框架。

5.4.1　信息可视化参考模型——Card 模型

图 5-9 所示为信息可视化的通用参考模型，也称为 Card 模型，由 S. K Card 等[32]于 1999 年提出，其基本思路是将分析数据以用户熟悉的隐喻表示并呈现出来。该模型将信息可视化过程抽象为由原始数据到可视化视图呈现的

一系列数据转换、可视化映射和视图变换等过程，用户可以通过人机交互操作参与控制信息可视化的全过程。

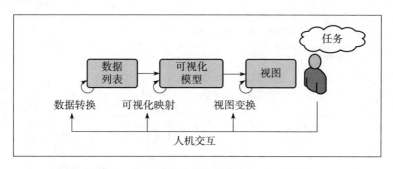

图 5-9　信息可视化参考模型——Card 模型

数据转换过程主要对原始数据进行预处理操作得到格式化数据列表，使其便于理解和易于参与到可视化模型映射。可视化映射过程是 Card 参考模型的核心，通过可视化映射可以将用户难以理解的抽象信息表示为用户熟悉的图形元素。因此，信息可视化研究的关键问题就是设计适合的可视化隐喻（表示模型）和映射方式来描述抽象的数据，使得用户能够比较准确、容易地从这些隐喻中感知信息。视图变换过程就是利用图形元素建立可视的视图展示，通过视图中图形元素的颜色、尺寸、位置、分布等属性直观形象地展示抽象数据蕴含的信息。同时视图变换过程还可以通过平移、缩放、导航、裁剪、变形等交互方式操作视图，控制视图结构变化，从而突出显示重要信息和隐藏非重要信息。

Card 模型是在综合了多种数据类型的可视化研究成果的基础上提出的。因此，该模型作为通用的信息可视化参考模型，具有高度的概括性。Card 模型中所有的数据列表、可视化模型、视图和交互行为等都是以支持领域任务分析为目标而专门设计的，体现了信息可视化流程的用户任务驱动特点。因此，在实际应用中，必须根据具体领域的数据特点和任务需求，有针对性地从数据表、可视化模型、视图和交互操作等方面细化模型，才能有效地指导空间信息网络可视化方法的相关研究。

5.4.2　空间信息多层网络可视化框架

参考 Card 模型，根据空间信息多层网络数据特点和多层特征分析需求，提出了一个更加细化的、针对性强的空间信息多层网络可视化框架，如图 5-10 所示。图中从左到右的箭头依次表示对空间信息网络数据的处理与变换的过程，按照"源数据→数据列表与预处理→可视化模型→视图→用户"的流程，可以构建一个系统的、完整的网络可视化框架；反之，从右到左的箭头为用户通过交互模块控制数据处理和视图创建的过程，通过数据抽象、视觉编码和视图变换等操作，使得通过可视化流程能够输出满足任务需求的可视化视图。

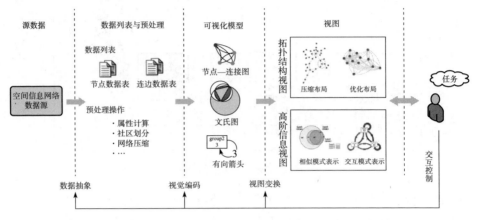

图 5-10　多层网络可视化框架

该框架的设计旨在通过建立一个由源数据到可视化视图的系统、规范的可视化流程，明确数据处理流程、规范数据格式和设计合理的可视化模型与目标视图，从而指导多层网络可视化方法的研究。下面结合框架所示的可视化流程对本书相关研究内容进行描述。

1. 数据抽象

空间信息网络数据来自 STK 软件仿真，根据不同任务构建多个组网结构，基于 5.2 节建模方法抽象空间信息网络拓扑结构数据。每个任务对应一个网络层，设置编号为 L_{ID}，并抽取实体信息和链接信息分别构建节点数据表和连边数据表。节点数据表存储节点对象信息，主要是节点的基本属性 ID、type、function 和 index，其中，ID 为节点在节点数据列表中的唯一标识，type 为节点类型标识，function 为节点功能标识；也包括其他属性信息 other-atteibute，是对实体的进一步描述。连边数据表存储连边对象信息，每一条记录表示空间信息网络中的一条链接，其中 L_{ID} 表示连边属于不同任务层的组网结构。

2. 视觉编码

通过数据预处理操作生成可视化模型的输入数据，参与视觉编码。数据预处理操作主要包括属性计算、社团划分和网络压缩等，对应本书第 6 章网络压缩算法研究。

视觉编码过程通过用户熟悉的图形元素对抽象信息进行直观、形象的描述，增强视觉表现效果，包括节点-连接图、韦氏图和有向箭头。其中，节点-连接图表示对应布局方法研究，采用节点-连接图描述空间信息网络中的实体及其链接，结合不同的可视化布局方法展示各网络层的拓扑结构。韦氏图表示和有向箭头表示对应层-边模式可视化方法研究，分别对层间相似性模式和层内交互模式进行图形化展示。

3. 视图变换

视图变换根据视觉编码结果构建可视化视图，包括拓扑结构视图和高阶模式信息视图，是可视化流程的结果输出。用户通过视图中可视元素的颜色、尺寸、位置、分布等属性感知抽象数据蕴含的信息，感知网络状态，实现空间信息多层网络可视化任务分析的目的，如层间节点与副本的快速识别、层间相似结构对比等。

4. 交互控制

交互控制研究是可视化方法中必不可少的一部分。由于任务需求的多样性和多层次性，往往很难通过单一的可视化视图或单次展示就能满足分析需求。用户需要根据任务分析需求和当前视图信息，基于交互界面参与控制可视化流程，包括筛选感兴趣的数据，设置图形元素的颜色、尺寸等编码方式，选择合适的布局方法和参数等。

5.5 小结

为了服务于后续相关可视化方法的研究，本章主要针对空间信息网络拓扑结构建模方法和可视化框架设计两个问题进行研究。

首先，基于多层网络理论和空间信息网络多层特征分析，提出一种基于多层网络理论的空间信息网络拓扑结构建模方法，为网络化研究空间信息网络提供模型基础。该方法从空间分布、功能协同、任务组网和时变拓扑4个维度描述空间信息网络的拓扑结构，通过构建空间信息多层网络模型，比较完整地描述了空间信息网络中多类型的实体和链接的异质性特征。

其次，通过案例网络应用与分析，验证了该方法的有效性和多层模型的灵活性。

最后，在 Card 模型的基础上构建了空间信息多层网络可视化框架。该框架规范了空间信息多层网络可视化流程和基本步骤，明确了后续相关章节的研究内容，对空间信息多层网络可视化方法研究具有系统性的指导意义。

参考文献

[1] 葛晓虎，等. 一种基于 MESH 结构的空天信息网络模型 [J]. 微电子学与计算机，

2008, 25 (5): 3912-3920.

[2] 张威, 等. 基于分层自治域空间信息网络模型与拓扑控制算法 [J]. 通信学报, 2016, 37 (6): 94-105.

[3] 罗凯, 等. 基于时效网络的空间信息网络结构脆弱性分析方法研究 [J]. 军事运筹与系统工程, 2016, 30 (4): 25-31.

[4] Zhang W X, et al. Vulnerability analysis of the global navigation satellite systems from the information flow perspective [C] // IEEE International Conference on Information Management. Xi'an: IEEE, 2014: 263-267.

[5] 罗凯, 等. 基于作战环的空间信息时效网关键节点分析模型 [J]. 系统工程与电子技术, 2016, 38 (7): 1572-1576.

[6] Yagan O, et al. Conjoining speeds up information diffusion in overlaying social-physical networks [J]. IEEE Journal on Selected Areas in Communications, 2013, 31 (6): 1038-1048.

[7] 王振永. 多层卫星网络结构设计与分析 [D]. 哈尔滨: 哈尔滨工业大学, 2007.

[8] 林滨杰. 多层卫星网络拓扑结构及路由协议研究 [D]. 合肥: 中国科学技术大学, 2007.

[9] 高丽娟, 等. 单层与多层卫星网络的性能分析与仿真 [J]. 微计算机信息, 2008, 24 (7): 181-182.

[10] 刘治国, 等. 基于改进Stackelberg模型的卫星网络虚拟资源分配算法 [J]. 计算机工程, 2018, 44 (10): 147-152.

[11] 刘立芳, 等. GEO/LEO卫星网络的数据传输与抗毁性技术 [J]. 西安电子科技大学学报, 2018 (1): 1-5.

[12] 齐小刚, 等. 基于拓扑控制的卫星网络路由优化 [J]. 通信学报, 2018, 39 (2): 11-20.

[13] Shchurov A A, et al. A simple taxonomy of multi-layer networks [J]. International Journal of Computer Trends and Technology (IJCTT), 2016, 31 (1): 20-24.

[14] 石磊. 近空间飞行器信道特性研究 [D]. 西安: 西安电子科技大学, 2012.

[15] 刘军. 空间信息网安全组网关键技术研究 [D]. 沈阳: 东北大学, 2008.

[16] 张令军, 等. 基于精确打击体系的卫星系统及其发展探析 [J]. 装备学院学报, 2015, 26 (3): 58-62.

[17] 朱灿彬, 等. 空天信息支援在空军远程精确打击中的应用研究 [J]. 装备学院学报, 2010, 21 (6): 57-61.

[18] 王春阳, 等. 天基侦察监视系统发展现状与军事应用分析 [J]. 兵器装备工程学报, 2010, 31 (11): 140-143.

[19] 申志强, 等. 远海对抗中天基系统作用及发展状态分析 [J]. 航天电子对抗, 2012, 28 (6): 21-23.

[20] 李欢. 空间信息网可重构的密钥管理方案研究与仿真 [D]. 沈阳: 东北大学, 2014.

[21] 王池. 基于SDN的异构空间信息网融合技术研究 [D]. 南京: 南京邮电大学, 2018.

[22] 李婷，等．天基信息网络的软件定义网络应用探析［J］．电讯技术，2016，56（3）：259-266．

[23] 田睿，等．基于 SDN 的空间信息网络多路径承载策略［J］．无线电工程，2016，46（12）：1-4．

[24] 李龙梅．多飞艇多载荷对地观测任务规划关键技术研究［D］．长沙：国防科技大学，2013．

[25] 尹璐．多载荷对地观测卫星目标访问计算及任务调度方法的研究［D］．长沙：国防科技大学，2012．

[26] 史琴，等．多载荷卫星高速信息处理技术研究［J］．上海航天，2003，20（6）：15-19．

[27] 阎啸，等．临近空间飞行器信息系统一体化载荷平台［J］．航空学报，2016，37（s1）：127-133．

[28] 周装轻，等．多星多载荷任务规划系统的设计与实现［J］．微计算机信息，2010，26（16）：193-195．

[29] 胡华全．基于时变特征的天基网络可视化方法研究［D］．长沙：国防科技大学，2014．

[30] 李德仁，等．论智能化对地观测系统［J］．测绘科学，2005，30（4）：9-11．

[31] 董飞鸿，等．空间信息网络结构抗毁性优化设计［J］．通信学报，2014，35（10）：50-58．

[32] Card S K，et al. Readings in information visualization：using vision to think［M］．San Francisco：Morgan Kaufmann，1999．

第6章
基于节点重要性的空间信息多层网络压缩布局方法

在网络可视化探索初期,往往不需要将网络中的所有节点和连边信息呈现出来,而是通过提供一个概览视图帮助用户理解网络的整体结构。因此,本章开展基于节点重要性的空间信息多层网络压缩布局方法研究。首先,通过对空间信息多层网络的拓扑结构特征进行分析,在单网络层社团结构划分和节点介数中心性分析的基础上,分别构建节点重要性评估模型,提出简化空间信息多层网络拓扑结构的网络压缩算法,包括基于社团结构节点重要性的单网络层压缩(Single Networks Compression,SNC)算法,以及基于节点介数中心性的多网络层压缩(Multiple Networks Compression,MNC)算法;其次,通过对网络节点和连边进行聚合抽象,在保证网络连通性的前提下生成各网络层的压缩子网,采用力引导布局方法绘制网络节点。本章压缩布局方法在降低数据规模的同时从中观尺度和宏观尺度展示网络整体结构,不需要呈现细节,让用户看清数据集的全貌,进一步地为用户提供导航,辅助用户对感兴趣的区域进行深入探索。

6.1 引言

网络可视化的目的是帮助用户感知网络结构,理解和探索隐藏在网络数据内部的模式。如果将所有节点和连边的细节信息完全展示在有限尺寸的屏幕中,会导致以下问题:首先,由于屏幕尺寸限制,对于具有大量节点和高密度连边的大规模网络可视化来说,用户会陷入混乱重叠的节点连接图中,难以识别和感知网络的整体结构;其次,过多的细节信息会导致用户感知能力过载,无法快速地从海量数据中提取有用信息,更不能引导用户发现感兴趣的元素;最后,大规模的数据量必然带来更大的计算压力,对算法和硬件都会有更高的要求。低效、耗时的网络可视化就失去了其应有的意义。

为了达到高效展示有用信息和辅助用户感知网络整体结构的目的，必须对大规模网络进行一定的缩减处理，以降低用户的感知复杂度和计算复杂度。根据缩减目的，可将网络缩减处理技术分为：过滤、抽样和压缩3类。

过滤就是通过网络中节点或连边的单个属性或多个属性的组合筛选满足条件的节点和连边展示在屏幕中，从而降低节点数量和连边密度。过滤技术更多的是在对网络结构有了一定了解的基础上，对网络数据进行的进一步细化探索，比如根据节点的度、介数中心性、中介中心性以及连边的权重等属性有针对性地将满足条件的元素筛选并显示在屏幕中。

抽样是根据一定的抽样策略筛选有代表性的节点和连边，用尽可能少的节点和连边最大限度地反映原始网络的结构特征。当前常用的抽样策略主要包括随机选点、随机选边、随机游走和基于拓扑分层模型的抽样策略。

相对于过滤和抽样，压缩则是通过把具有一定相似性的节点或连边聚合，并采用新的节点来代替聚集，在降低节点规模的同时还能够保证网络的完整性和展示网络的子图构成等特征，更有助于用户感知网络整体结构。

对于空间信息多层网络可视化来说，层间结构对比是可视化展示的重要任务之一。因此，本章开展面向空间信息多层网络的压缩布局方法研究，通过将不同网络层的子图结构展示出来，一方面辅助用户理解网络层的子图构成，另一方面帮助用户更快地发现层间结构在中观尺度上的相似性（或差异性），进一步地可以引导用户"自上向下"地探索层内或层间结构上的细节，从而发现有用的模式信息。

6.2 基于社团结构节点重要性的单网络层压缩算法

社团内部节点连边紧密，而社团之间连边稀疏[1]。因此，社团结构反映了空间信息网络中功能子网构成、子网内部节点分布、子网间的交互规律、连边分布等特征。在压缩过程中保留社团结构的重要节点以保持社团基本结构，通过保留社团及其之间的交互不仅能够展示空间信息多层网络中单个网络层的整体结构，还能够从中观尺度构成上有效支持空间信息多层网络的层间结构对比分析。本节算法首先采用模块度优化方法探测各网络层的社团结构，其次基于拓扑势对社团结构内部节点的重要性进行排序，通过保留重要节点和压缩非重要节点对社团结构压缩获得压缩网络。

6.2.1 基于模块度优化的多粒度社团结构探测

相比于其他社团结构探测算法，Louvain 算法[2] 的运算速度更快，可以在数秒内处理具有百万节点规模的网络；另外基于层次聚类可以输出不同粒度的社团结构划分结果。针对社团结构探测效率[3] 和质量[4] 等问题，国内外学者对 Louvain 算法进行了大量的改进研究。为解决分辨率限制问题，Conde-Céspedes 等通过研究不同的质量函数[3,5] 提出了基于 Louvain 算法的广义社团结构探测方法[6]。本节考虑采用具有代表性的 Louvain 算法实现多粒度社团结构探测。需要说明的是，其他社团结构探测可从不同视角划分社团结构，辅助展示网络的中观尺度结构。在实际的可视化应用中应该考虑采用不同的社团结构探测方法增强可视化方法的扩展性，从而更加全面地分析网络数据。

模块度是复杂网络中刻画社团划分质量的重要指标之一，定义如下：

$$Q = \frac{1}{2m} \sum_i \sum_j \left(A_{ij} - \frac{k_i k_j}{2m} \right) \delta(S_{v_i}, S_{v_j}) \tag{6-1}$$

其中，A_{ij} 表示节点对 (v_i, v_j) 连边的权值；k_i 表示节点度；S_{v_i} 表示节点 v_i 隶属的社团。$\delta(S_{v_i}, S_{v_j})$ 表示 delt 函数，如果节点隶属于同一社团，则为 1，否则为 0；

基于模块度优化的社团结构探测算法属于凝聚算法的一种，它通过优化模块度增益函数不断地凝聚节点，最终获得社团结构划分结果。文献［3］中将模块度增量函数定义为

$$\Delta Q = \left[\frac{W_{in} + K_{i,in}}{2m} - \left(\frac{W_{tot} + K_i}{2m} \right)^2 \right] - \left[\frac{W_{in}}{2m} - \left(\frac{W_{tot}}{2m} \right)^2 - \left(\frac{K_i}{2m} \right)^2 \right] \tag{6-2}$$

其中，W_{in} 是社团 S 内部所有连边权重之和；W_{tot} 是所有与社团 S 中节点邻接的连边权重之和；K_i 是所有邻接节点 i 的连边权重之和；$K_{i,in}$ 是所有从节点 i 与社团 S 中节点邻接的连边权重之和；m 是目标网络中所有连边的权重之和。

Louvain 算法主要分为两个阶段，如图 6-1 所示。首先，将每个单个节点初始化为社团，连续遍历网络中的所有节点，并且将其依次添加到其他每个社团，计算由添加到每个社团的点生成的模块度增量。选择具有相应模块度最大增量的社团，将该点与其合并。重复上述过程，直到网络中的所有社团两两之间不再合并为止。其次，基于第一层社团划分结果，将每个社团抽象为"节点"，并构建新的网络，新节点之间的权重是原始网络中社团之间的权重。重复第一阶段的过程，直到社团无法再合并。

第 6 章　基于节点重要性的空间信息多层网络压缩布局方法

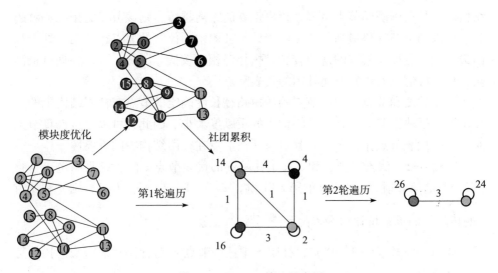

图 6-1　Louvain 算法示意图

6.2.2　基于拓扑势的社团结构节点重要性评估

在网络分析领域，节点拓扑势用于描述网络拓扑结构中单个节点受其他节点影响所具有的位势。文献 [7] 通过计算节点拓扑势的大小对网络中的节点重要性进行分析，并指出拓扑势相比于节点度、介数中心性和接近中心性等典型的节点重要性测度指标，在反映节点重要性方面更加精细和真实。

类似地，在同一社团结构中，不同节点对社团结构构成的贡献度不尽相同，度值越大并且离社团中心点越近的节点往往比其他节点更重要。因此，本节考虑根据节点的度和节点之间的最短路径长度确定节点在社团结构中的位置，以此计算节点所处的位势，描述节点之间相互作用的大小，从而判断节点在社团结构中的重要性。

对于一个给定的社团，其中任意一个节点 v_i 的拓扑势可通过如下高斯函数计算：

$$\varphi(v_i) = \sum_{j \neq i}^{|V_S|} \left(k_j \mathrm{e}^{-\left(\frac{d_{ij}}{\delta}\right)^2} \right) \tag{6-3}$$

式中：$|V_S|$ 表示社团 S 中的节点数量；k_j 表示社团内部节点 v_j 的度，度值越大对节点 v_i 的作用越大；d_{ij} 为节点 v_i 到节点 v_j 的最短路径长度；δ 为影响因子，表示节点之间的相互作用范围。

从式（6-3）可知，社团中任一节点 v_i 的拓扑势实际上等于社团内其他所有节点对其作用力之和，并且作用力随着到节点距离的增大而逐渐衰减。社团结构内部某点周围的节点越多,距离该点的距离越短,则该节点的拓扑势就越大。可以判定拓扑势最高的节点即为处于社团中心位置的节点;反之,处于社团边缘的节点往往具有的连边较少,拓扑势相对较低。因此,可以将拥有最高拓扑势的极值点看作其所属社团的代表节点。

节点的度和节点到中心节点的最短路径长度确定的节点在社团结构中的拓扑位置,反映了节点对社团结构构成的贡献度大小。因此,可以通过计算节点对社团的代表节点拓扑势的贡献量来评估节点在社团结构中的重要性。

定理 6-1 假设节点 p 和 q 处于社团 S 的代表节点 v 的一条吸引链上,且 p 位于 v 的第 a 跳,q 位于 v 的第 $a+1$ 跳,$a=0, 1, 2, \cdots, h-1$,则 p 和 q 对 v 的拓扑势的贡献量比值为 $R_{p \to q} = \dfrac{k_p}{k_q} e^{\frac{2a+1}{\delta^2}}$。

证明:由式(6-3)可知,社团 S 中任一节点 v_i 对社团代表节点 v 拓扑势的贡献量为

$$A_{v_i \to v} = k_{v_i} e^{-\left(\frac{d_{v_i v}}{\delta}\right)^2}$$

显然,节点 p 和 q 对节点 v 拓扑势的贡献量分别为 $A_{p \to v} = k_p e^{-\left(\frac{d_{pv}}{\delta}\right)^2} = k_p e^{-\left(\frac{a}{\delta}\right)^2}$ 和 $A_{q \to v} = k_q e^{-\left(\frac{d_{qv}}{\delta}\right)^2} = k_q e^{-\left(\frac{a+1}{\delta}\right)^2}$,则对应贡献量的比值即为

$$R_{p \to q} = \frac{k_p}{k_q} e^{\frac{2a+1}{\delta^2}} \tag{6-4}$$

推论 6-1 假设节点 p 和 q 处于社团 S 的代表节点 v 的一条吸引链上,且 p 位于 v 的第 a 跳,q 位于 v 的第 $a+1$ 跳,$a=0, 1, 2, \cdots, h-1$,不考虑节点 p 和 q 度值的影响,则 p 和 q 对 v 的拓扑势贡献量比值为 $R_{p \to q} > 1$。

证明:由式(6-4)可知,当不考虑节点 p 和 q 度值的影响时,$R_{p \to q} = e^{\frac{2a+1}{\delta^2}}$,且 $a=0, 1, 2, \cdots, h-1$,$\delta > 0$,则有 $2a+1 > 0$,$\delta^2 > 0$,进一步地有,$\dfrac{2a+1}{\delta^2} > 0$。

所以 $e^{\frac{2a+1}{\delta^2}} > 1$,当不考虑节点 p 和 q 的度值时,$R_{p \to q} > 1$。

从定理 6-1 和推论 6-1 可知,当节点 p 和 q 的度值相同时,节点对代表节点拓扑势的贡献量只受最短路径长度的影响,且随着到社团代表节点最短路径长度的增大而呈指数倍降低。因此,离社团结构代表节点越近、度值越大的节点,对代表节点的拓扑势的影响更大。也就是说,社团代表节点的近邻节点中度值较高的节点的重要性要高于边缘节点,也高于度值较低的近邻节点。这些节点之间连接更加紧密,由它们及其之间的连边共同构成了社团

的核心结构。

为验证上述节点重要性评估模型的有效性,构建如图 6-2 所示的案例社团结构,分别采用度、介数中心性、PageRank 和拓扑势对案例社团结构中节点的重要性进行排序。社团结构节点重要性排序结果对比表如表 6-1 所示。

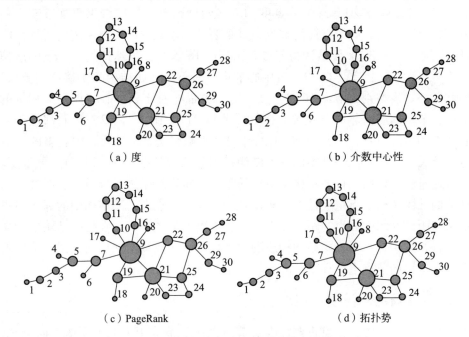

图 6-2 案例社团节点结构重要性排序结果对比图

表 6-1 社团结构节点重要性排序结果对比表

排序模型	节点重要性排序(前 20 位)
度	9>21>26>5=7=19=22=25>2=3=10=11=12=13=14=15=16=23=24=27=29>1=4=6=8=17=18=20=28=30
介数中心性	9>26>21>22>7>10>16>15=11>25>19=5=27=29>14=12>23=13>24>2>3=1=4=6=8=17=18=20=28=30
PageRank	9>21>26>2>7>19>25>22>5>27=29>13=14=12>15=11>10=16>24>23>3=1>4>28=30>6>18>8=17>20
拓扑势	9>21>22>7>19>26>25>16=10>17=8>5>23>20>15=11>29=27>24>3>6=14=12>18>13>2>4>30=28>1

从表 6-1 中可以看出,不同评估模型得到的排序结果在趋势上比较一致,如都认为节点 9 是最重要的节点,相对重要的节点都能够排在靠前的位置,但

是在具体节点的重要性分析上存在差异。

（1）基于度和介数模型的排序存在大量节点具有相同的重要性，造成网络压缩中社团结构代表节点筛选的不确定性。而基于 PageRank 和拓扑势模型的排序结果对具有相同度值或介数的节点都有更加精细的排序。

（2）拓扑势模型考虑了节点度和距离两种因素，排序结果更加准确。一方面，对于具有相同节点度的节点，其重要性随着到中心节点距离的增加而降低。例如，PageRank 模型认为节点 2 比节点 16 重要，虽然这两个节点的度值都为 2，而实际上节点 16 更靠近中心节点，对整个社团结构的桥接作用更大，因此拓扑势模型判断节点 16 更重要。另一方面，对于到中心节点距离相等的节点，节点的度值越大越重要。例如，节点 21 和节点 7、22，它们都位于中心节点的一跳位置，但是节点 21 的邻居节点数量为 5，与社团中更多的节点有连接关系，能够反映社团的基本结构，因此认为节点 21 比其他节点更重要。

通过对上述案例社团结构中节点的重要性排序结果进行分析，表明基于拓扑势的社团结构节点重要性评估模型充分考虑了节点在社团结构中的邻居节点数量和距离社团中心点的距离因素，比较准确地描述了节点在社团结构中的拓扑位置，采用节点对社团结构构成的贡献度能够比较真实地反映社团结构中处于不同位置的节点重要程度。

6.2.3 压缩算法整体描述

在社团结构中，节点重要性随着节点到中心节点距离的不断增大而衰减。根据社团节点重要性排序结果可将社团内部节点分为 3 类，如图 6-3（a）所示。

（1）V_{CA} 表示拓扑势极值点，图 6-3（a）中节点 9。

（2）V_{CB} 表示对拓扑势极值点影响较大的节点集合，图 6-3（a）中节点 7，19，21，22，25，26，10，16。

（3）V_{CC} 表示边缘节点，图 6-3（a）中上述节点之外的其他节点。

选择社团中拓扑势的极值点作为社团代表点，选择对代表点拓扑势贡献大的节点作为相对重要节点。

在对社团结构压缩时首先考虑保留重要节点，通过尽可能少的节点最大限度地保持社团结构。如图 6-3（b）所示为在社团节点分类基础上对社团进行压缩的示意图。选择社团代表点 V_{CA} 和相对重要节点集合 V_{CB} 作为社团结构代表点集合 V'_{CA}。因此，社团压缩主要是为边缘节点 V_{CC} 设置替代节点，从而将边缘节点与社团结构代表点合并，最后压缩到网络中只留下社团结构代表点。

对于任一边缘节点 $v_i \in V_{CC}$，用 $V_N(v_i)$ 表示节点 v_i 的所有邻居节点构成的

第6章 基于节点重要性的空间信息多层网络压缩布局方法

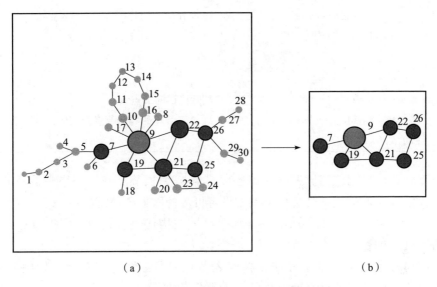

（a）　　　　　　　　　　　　　　（b）

图6-3　社团节点压缩示意图

集合，当节点 v_i 满足式（6-5）时，将节点和社团结构代表节点 v_j 压缩为一个节点，并将节点 v_j 设置为 v_i 的替代节点。

$$v_j = V_N(v_i) \cap V'_{CA} \tag{6-5}$$

基于广度优先搜索方法在社团结构代表节点集合 V'_{CA} 中为 V_{CC} 集合中的节点寻找替代节点。对 V_C 集合中的节点进行压缩的具体算法如下。ifReplaced(v_i) 标记节点 v_i 是否被 V_1 中的节点代替，用 replace(v_i) 表示节点 v_i 的代替点。

算法6-1　采用广度优先遍历算法为节点 v_i 设置替代节点

输入：v_i
输出：replace（v_i）

1.	nodeList = new ArrayList( );	// 新建广度优先访问列表
2.	nodeList(v_i).add($V_N(v_i)$);	// 添加节点 v_i 的邻居节点列表到访问列表
3.	While(nodeList(v_i).size>0)	// 遍历访问列表中的节点
4.	v_j = nodeList(v_i).get(0);	// 访问列表中第一个节点
5.	If($v_j \in V_1$)	// 节点 v_i 的邻居节点 v_j 属于替代节点
6.	replace(v_i) = v_j;	// 设置节点 v_i 的替代节点为 v_j
7.	ifReplaced(v_i) = 1;	// 更新节点 v_i 的标记ifReplaced(v_i)
8.	Break	
9.	End if	
10.	Else If(replace(v_j) = 1)	// 判断节点 v_j 是否有替代节点

11.	replace(v_i) = replace(v_j);	// 设置节点 v_i 的替代节点为 replace(v_j)
12.	ifReplaced(v_i) = 1;	// 更新节点 v_i 的标记 ifReplaced(v_i)
13.	Break	
14.	End else if	
15.	nodeList.remove(v_j);	// 删除已访问节点
16.	nodeList.add($V_N(v_i)$);	// 添加节点 v_j 的邻居节点列表到访问列表
17.	End while	

算法 6-1 采用广度优先遍历算法以节点 v_i 为根节点遍历网络中的所有节点，根据节点 v_i 类型，其替代节点的设置可分为以下 3 种情况：

（1）如果节点 v_i 的邻居节点 v_j 属于社团结构代表点集合，则把节点 v_j 设置为节点 v_i 的替代节点。

（2）如果节点 v_j 不是社团结构代表节点，但是已经被设置了替代节点，则把节点 v_j 的替代节点设置为节点 v_i 的替代节点。

（3）如果上述两种情况都不满足，则将节点 v_j 的所有邻居节点添加到访问列表中，遍历查找直到找到节点 v_i 的替代节点。

在对所有社团中的所有边缘节点进行压缩处理后，合并所有新的社团结构代表点集合构建新的网络节点集合 V'；然后，遍历原始网络中的所有连边，把连边的端点用替代节点替换，并删除重复连边，得到压缩网络 $G' = (V', E')$。

最后，采用典型的 FR 算法布局每个网络层对应的压缩网络中的节点，实现空间信息多层网络可视化压缩布局。

基于社团结构节点重要性的单网络层压缩算法的优势体现在以下两个方面：

（1）采用相对社团代表点由外向内的方式进行收缩，从社团结构代表点中为边缘节点设置替代节点，有效降低网络规模，最多可压缩到 1 个节点，即社团代表节点。

（2）压缩边缘节点的同时保留社团结构代表节点，这些节点是构成社团结构的重要节点，反映了社团的基本结构，有助于分析网络层内社团构成及其之间的交互。

6.3 基于节点介数中心性的多网络层压缩算法

为达到降低网络数据规模和展示网络骨架结构的目的，本节通过对多层网络的介数中心性进行分析，引入节点参与系数和标准化介数等概念，提出一种基于节点介数中心性的多网络层压缩算法。首先,根据节点在多网络层中的参与系数和标准化介数评估节点的重要性,筛选一定比例排名靠前节点作为关键节点;其次,通过关键节点删除将单个网络层划分为不同的节点集合,进一步对不同集合中的节点进行分类,针对不同类型的节点采用不同的方式分别进行合并抽象处理,通过设置替代节点和删除重复连边实现网络压缩;最后,结合传统的力引导布局方法实现压缩网络的可视化布局,在宏观上显示网络骨架结构。

6.3.1 多层网络节点介数中心性分析

在复杂网络分析中,节点的介数中心性反映了节点作为"桥梁"作用的重要程度,节点的介数中心性的大小描述了对网络拓扑结构骨架的形成的贡献度[8]。具有较高介数中心性的节点虽然不一定是拓扑结构中度值最大的节点,但却是网络中最"繁忙"的节点,对网络中其他相关节点对之间的信息交互具有重要的控制作用。图 6-4 为案例网络的节点介数中心性示意图,图中案例网

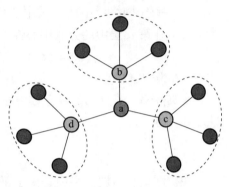

图 6-4 介数中心性示意图

络被节点 a 分为 3 个子网,子网之间节点的信息交互都必须经过节点 a,则网络中节点 a 具有最高的介数中心性。相对应地,虽然节点 b、c、d 的度值远大于节点 a,但是可以很直观地判断出节点 a 在网络整体拓扑结构的构成中是最关键的节点。

基于单层网络中对节点的介数中心性的描述,可对多层网络中节点的介数中心性、多重介数中心性和重叠介数中心性进行如下定义:

定义 6-1 节点的介数中心性(Betweenness Centrality)是指在某一网络层 α 中经过节点 v_i 的最短路径数目之和,即

$$C_B^\alpha(v_i) = \sum_{s \ne v \ne t \in V} \frac{n_{st}^\alpha(v_i)}{g_{st}^\alpha} \tag{6-6}$$

式中:g_{st}^α 表示层 α 中的节点 v_s 到节点 v_t 之间所有最短路径的数量;$n_{st}^\alpha(v_i)$ 表示在这些最短路径中通过节点 v_i 的数量。

对于一个由 N 个节点构成的连通网络,节点的最大度值可以为 $N-1$。显然,在如图 6-4 所示的星形网络中,中心节点 a 的介数中心性可取得最大可能值。因为只有在星形网络模型中,所有节点对之间的最短路径是唯一的并且必

然经过星形网络的中心节点。因此，该中心节点的介数中心性就是所有节点对之间的最短路径数目，即

$$\frac{(N-1)(N-2)}{2}=\frac{N^2-3N+2}{2} \tag{6-7}$$

基于上述分析，可得到节点的归一化的介数中心性为

$$C_B^\alpha(v_i) = \frac{2}{N^2-3N+2} \sum_{s \neq v \neq t \in V} \frac{\sigma_{st}^\alpha(v_i)}{\sigma_{st}^\alpha} \tag{6-8}$$

定义 6-2 节点的多重介数中心性（Multiplex Betweenness Centrality）是指节点 v_i 在每个网络层中的介数中心性所组成的向量，向量在第 α 位的值代表了该节点在第 α 层中的介数中心性 $C_B^\alpha(v_i)$，即

$$C_B(v_i) = (C_B^1(v_i), \cdots, C_B^\alpha(v_i), \cdots, C_B^L(v_i)) \tag{6-9}$$

式中：L 为网络层数。

定义 6-3 节点的重叠介数中心性指节点在所有网络层中的所有介数中心性之和，即

$$C_B^O(v_i) = \sum_{\alpha=1}^{L} C_B^\alpha(v_i) \tag{6-10}$$

在空间信息多层网络中，由于每层表示的任务或连接类型不同，节点在层中所处的位置、发挥的作用和对网络整体效能的贡献度也是不一样的。即便对于具有相同节点度、中心性和激活度的节点，由于其重叠度不一样，该节点在整个网络中的重要程度也是不同的。因此，在节点重要性分析中，考虑节点的介数中心性参与系数（简称参与系数，PC），计算公式为

$$\text{PC}_B(v_i) = \frac{L}{L-1}\left[1 - \sum_{\alpha=1}^{L}\left(\frac{C_B^\alpha(v_i)}{C_B^O(v_i)}\right)^2\right] \tag{6-11}$$

$\text{PC}_B(v_i)$ 的取值范围为 [0, 1]，描述了节点在多个网络层中信息控制能力的均匀分布程度：$\text{PC}_B(v_i)$ 取值越接近 1，表示节点 v_i 的介数值在所有层中分布越均匀，在所有层中的参与程度越一致。如果连边在各层均匀分布，即 $C_B^\alpha(v_i) = C_B^O(v_i)/L$，则 $\text{PC}_B(v_i) = 1$；如果节点仅存在于某一个网络层即 $C_B^\alpha(v_i) = C_B^O(v_i)$，则 $C_B(v_i) = 0$。根据节点参与系数大小，可将所有节点划分为 3 类，即：第 1 类节点为集中型节点，$P_i \in [0, 0.3)$，表示节点主要在小部分层中表现出信息控制能力，而在大部分层中不发挥作用或信息控制能力较小；第 2 类节点为混合型节点，$P_i \in [0.3, 0.6)$，表示节点在大部分层中发挥信息控制能力，是保证多层网络中所述网络层连通度的重要节点；第 3 类节点为多重型节点，$P_i \in [0.6, 1]$，表示节点的信息控制能力在几乎所有的网络层中均匀分布，这部分节点体现了多个网络层的相似结构特征。

为便于描述节点在空间信息多层网络的所有网络层中的"桥梁"作用，将节点重叠介数中心性进行 Z-score 标准化处理，得到节点的标准化介数，即

$$Z_B(v_i) = \frac{C_B^O(v_i) - \langle C_B \rangle}{\sigma_B} \tag{6-12}$$

式中：$\langle C_B \rangle$ 为系统中所有节点介数中心性的平均值；σ_B 为对应的标准差。经过标准化处理的节点重叠介数中心性符合标准正态分布，即均值为 0，标准差为 1。$Z_B(v_i)$ 的大小表示原始数据偏离均值距离的长短，而该距离度量的标准以标准方差为单位。例如，$Z_B(v_i)$ 大于"0"表示该数据大于均值；$Z_B(v_i)$ 等于"1"表示该数据比均值大 1 个标准方差。因此，依据标准化介数大小可以将空间信息多层网络中的节点分为 2 类：如果 $Z_B(v_i) \geq 1$，即节点 v_i 的重叠介数大于所有节点介数均值 1 个标准方差，表示该节点在多层网络中具有较大的介数中心性，该节点为中心点（Hub Node）；相反，如果 $Z_B(v_i) < 1$，该节点为一般节点（Normal Node）。

6.3.2 基于介数中心性的多网络层节点重要性评估

节点的参与系数刻画了节点在不同网络层中的活跃性，而标准化介数描述了节点在所有网络中的信息传输控制能力之和。根据节点的参与系数和标准化介数，可得到如图 6-5 所示的节点重要性分布图。图中基于参与系数和标准化介数将多层网络节点分为：多重型中心节点、混合型中心节点、集中型中心节点、多重型一般节点、混合型一般节点和集中型一般节点 6 种类型。

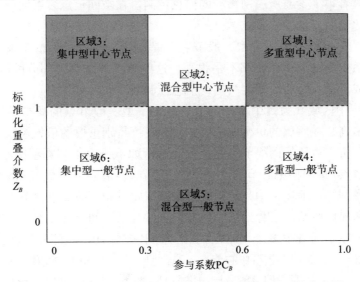

图 6-5　案例网络参与系数—标准化介数的节点重要性分布图

不同类型的节点具有不同的参与系数和活跃性，以下结合图6-5中的区域划分，对不同节点在整体网络核心结构的构成和单网络层特殊结构的构成上扮演的不同角色进行分析，定性分析多层网络节点的重要性。

（1）图中区域1为多重型中心节点。多重型中心节点具有最高的参与系数和标准化介数。这些节点在几乎所有网络层中都具有较强的信息传输控制能力，表明在案例网络的多个任务层或多类型连接关系中都发挥了重要作用，是构成整个网络核心功能的关键节点，由于活跃于多个网络层，也是多个网络层拓扑结构的主要相似节点。

（2）图中区域2为混合型中心节点。混合型中心节点在多个网络层（大于2层）中发挥着信息传输控制能力且标准化介数明显高于其他节点。这些节点在大部分网络层中发挥了信息传输控制的作用，并且参与构成所属网络层的特殊功能。这部分节点反映了所属网络层与多层网络整体之间在功能和拓扑结构上的差异，在网络拓扑结构对比分析中应该重点关注。

（3）图中区域3为集中型中心节点。集中型中心节点仅活跃在个别网络层（活跃层数一般小于2），但是具有较高的标准化介数（事实上这部分节点的重叠介数基本上来自1个或2个网络层）。这部分节点仅在少量所属的网络层中发挥着很强的信息传输控制能力，是所属网络层功能构成的重要节点，体现了所属网络层与其他网络层之间的拓扑结构差异。

（4）图中区域4为多重型一般节点。多重型一般节点具有较高的参与系数（大于0.6），但是标准化介数小。这部分节点虽然活跃在多个网络层中，但是没有或者很少参与所属网络层的信息控制。在空间信息多层网中，这些节点可能是比较活跃的用户节点。

（5）图中区域5为混合型一般节点。混合型一般节点分布在该区域的节点的参与系数和标准化介数都不是很高。这些节点活跃在大部分的网络层中，但是没有或者很少参与所属网络层的信息控制。

（6）图中区域6为集中型一般节点。集中型一般节点的参与系数和标准化介数都不高，在所属的单个网络层中没有发挥特别重要的信息控制能力。

综上分析，对原始网络节点的重要性进行如下排序：多重型中心节点>混合型中心节点>集中型中心节点>多重型一般节点>混合型一般节点>集中型一般节点。在网络压缩应用中，希望通过保留重要点和压缩非重要节点达到降低数据规模和保留原始网络骨架结构的效果。参与系数和重叠介数越大的节点往往越能反映原始网络中多个网络层的相似性和差异性，这部分节点需要保留。在压缩过程中，将保留多重型中心节点、混合型中心节点和集中型中心节点，并压缩多重型一般节点、混合型一般节点和集中型一般节点，达到网络压缩的目的。

6.3.3 压缩算法整体描述

根据节点参与系数和标准化介数评估模型，节点重要性排名靠前的节点具有较高的介数中心性值。而节点的介数中心性刻画了节点作为"桥梁"作用的重要程度。将网络中介数中心性值大的节点称为关键节点，如果去掉关键节点，原始多层网络中每个网络层的拓扑结构将被分割为2个或多个连通分量。

基于节点介数中心性的多网络层压缩算法流程，如图6-6所示。按照节点重要性评估、关键节点筛选与节点分类、逐层设置替代节点和生成压缩网络的顺序，算法主要分为5个步骤。

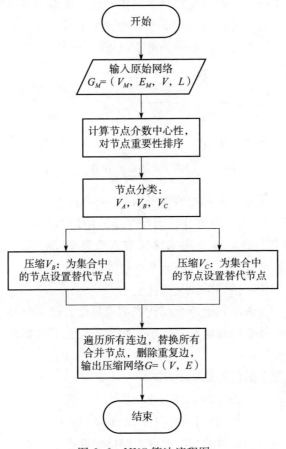

图6-6 MNC算法流程图

（1）计算原始网络节点中心性并对节点重要性排序。

对输入的原始网络 $G_M = (V_M, E_M, V, L)$ 计算节点的介数中心性、参与系数和标准化介数,根据6.3.2节介绍的基于介数中心性的多网络层节点重要性评估模型对节点的重要性排序。

(2) 构建代表节点集合并对每个网络层的节点分类。

首先根据节点重要性筛选重要节点并构建关键节点集合。优先筛选节点重要性排序靠前的节点构建关键节点集合 V_A(筛选比例根据节点压缩需求设定,本书选择重要性排序前4%的节点构建关键节点集合)。如图6-7所示节点集合 V_A 中的节点不仅是保证单个网络层连通性的关键节点,而且在所有网络层拓扑结构的构成中都有重要作用,是构成网络层的基本骨架节点,因此也称为全局代表节点集合。

为了保证压缩网络的连通性和网络结构特征,压缩过程将保留所有关键节点。针对非关键节点,统计节点度 $k(v_i)$ 和邻居关键节点个数 $N_{Key}(v_i)$,然后根据节点的邻居关键节点特征对非关键节点进行分类。

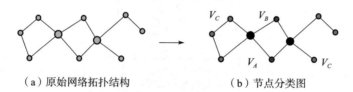

(a) 原始网络拓扑结构　　　　(b) 节点分类图

图 6-7　MNC 算法节点分类示意图

如图6-7(b) 所示,将原始网络节点分为3类:

① V_A 表示全局代表节点集合,图6-7(b) 中用不透明的深色标注;

② $V_B = \{v \mid k(v) = N_{Key}(v)\}$ 表示邻居节点全是全局代表节点的非全局代表节点集合,由于这部分节点通过局部网络层的结构确定,称为局部代表节点集合,图6-7(b) 中用半透明的浅色标注;

③ $V_C = V - V_A - V_B$ 表示其他非全局代表节点集合,这部分节点对多层网络全局和局部网络层的骨架构成的贡献较小,称为非代表节点集合,图6-7(b) 中用更透明的浅色标注。

同时,上述三个集合满足如下公式:

$$\begin{cases} V_A \cup V_B \cup V_C = V \\ V_I \cap V_J = \emptyset, (I, J = A, B, C; I \neq J) \end{cases} \tag{6-13}$$

(3) 压缩 V_B,为 V_B 中的节点划分不同聚集并设置替代节点。

将集合 V_A 和集合 V_B 中的节点及其相关连边构成的子图记为 $G_1 = (V_1, E_1)$,其中,$V_1 = V_A \cup V_B$,$E_1 = E_{AA} \cup E_{AB}$。对于节点 v_i,$v_j \in V_B$,用 $V_{Key}(v_i)$ 表示节点 v_i 的所有邻居关键节点集合。当节点 v_i 和节点 v_j 满足 $|V_{Key}(v_i) \cap V_{Key}(v_j)| \geq 1$

（即节点 v_i，v_j 有相同的邻居关键节点）时，就将它们合并为一个节点。最终将 V_B 的节点划分到不同的聚集中。

对集合 V_B 中的节点压缩的具体算法如算法 6-2 所示。其中，对任意节点 $v_i \in V_B$，用 keyFlag(v_i) 表示节点 v_i 所在的聚集编号；g 表示聚集个数。

算法 6-2　对集合 V_B 中的节点划分聚集算法

输入：$G_1 = (V_1, E_1)$，V_B，newKeyFlag(v_i) = 1
输出：keyFlag(v_i)，newKeyFlag(v_i)

1.　For v_i in V_B
2.　　keyFlag(v_i) = -1;　　　　　　// 初始化集合 V_B 中的节点 v_i 的聚集编号
3.　　$V_{\text{Key}}(v_i)$ = NULL;　　　　　　// 初始化 v_i 节点的邻居关键节点
4.　End for
5.　For e_{ij} in E_{AB}
6.　　If($v_i \in V_A$ and $v_j \in V_B$)
7.　　　$V_{\text{Key}}(v_j) = v_i$;　　　　　　// 统计 V_B 中所有节点的邻居关键节点
8.　　End if
9.　End for
10.　For v_i in V_B
11.　　For v_j in V_B
12.　　　If $|V_{\text{Key}}(v_i) \cap V_{\text{Key}}(v_j)| \geq 1$　　// 节点 v_i 和节点 v_j 有共同的邻居关键节点
13.　　　　If(keyFlag(v_i) == -1 and keyFlag(v_j) == -1)
14.　　　keyFlag(v_i) = keyFlag(v_j) = g;　// 设置隶属的聚集编号
15.　　　g += 1;　　　　　　// 聚集数量加 1
16.　　End if
17.　　　　Else if（keyFlag(v_i) == -1 and keyFlag(v_j) ! = -1）
18.　　keyFlag(v_i) = newKeyFlag(v_j);　// 设置隶属的聚集编号
19.　　End else if
20.　　End if
21.　End for
22.　End for

如算法 6-2 所示，首先将集合 V_B 中的所有节点隶属聚集的编号 keyFlag(v_i) 初始化为-1，表示所有节点均未被划分。其次，遍历连边集合 E_{AB}，根据集合 V_A 中的节点和集合 V_B 中的节点的连边关系，统计 V_B 中所有节点的邻居关键节点。再次，根据集合 V_B 中的节点之间是否具有相同的邻居关键节点，对集

合 V_B 中的节点分类。最后，得到集合 V_B 中所有节点隶属的聚集编号。

在对集合 V_B 中的所有节点划分聚集后，首先采用广度优先遍历算法为每个 V_B 节点所在聚集设置替代节点。替代节点的设置不影响压缩网络结构，只是编号不同。因此，本书选择每个聚集中的第一个节点为替代节点。最后，用替代节点对 V_B 中的每个节点进行替换。

（4）压缩 V_C，对 V_C 中的节点划分连通区，并设置替代节点。

在完成对集合 V_B 中的所有节点压缩后，进一步合并处理集合 V_C 中的节点。将节点集合 V_C 及其相关的连边集合 E_C 记为子图 $G_2 = (V_C, E_C)$，其中，$E_C = E_{AC} \cup E_{BC} \cup E_{CC}$。根据集合 V_C 中节点的连边状态，将集合 V_C 中的节点划分到不同的连通区域内。对于任一节点 $v_i \in V_C$，定义 ConFlag(v_i) 为节点 v_i 所隶属连通区域的编号，IfCon(v_i) 为节点 v_i 是否已被划分连通区域的标识，f 为连通区域数量，用 rep(ConFlag(v_i)) 表示节点 v_i 及其隶属连通区域内部所有节点的代替点。具体算法如下：

算法 6-3　对 V_C 中的节点划分连通区域算法

输入：$G_2 = (V_C, E_C)$，$f = 0$

输出：ConFlag(v_i)

1.	For v_i in V_C	
2.	IfCon(v_i) = 0;	// 初始化连通区域隶属标志
3.	ConFlag(v_j) = −1;	// 初始化隶属连通区域编号
4.	rep(ConFlag(v_i)) = −1;	// 初始化替代节点编号
5.	End for	
6.	For e_{ij} in E_C	
7.	If(！IfCon(v_i) && ！IfCon(v_j))	// 情况 1：节点 v_i 和 v_j 无隶属连通区域
8.	IfCon(v_i) = IfCon(v_j) = 1;	
9.	ConFlag(v_i) = ConFlag(v_j) = f;	
10.	f += 1;	
11.	End if	
12.	If(！IfCon(v_i) && IfCon(v_j))	// 情况 2：节点 v_i 或 v_j 有隶属连通区域
13.	ConFlag(v_i) = ConFlag(v_j);	
14.	End if	
15.	If(IfCon(v_i) && ！IfCon(v_j))	
16.	ConFlag(v_j) = ConFlag(v_i);	
17.	End if	

18.	If(IfCon(v_i)&&IfCon(v_j))	// 情况 3：节点 v_i 和 v_j 有隶属连通区域
19.	If(IfCon(v_i)！= IfCon(v_j))	
20.	ConFlag(v_i)= min(ConFlag(v_i),ConFlag(v_j));	
21.	ConFlag(v_i)= ConFlag(v_i);	
22.	End if	
23.	End if	
24.	End for	

根据算法 6-3 将 V_C 中的节点分类到不同的连通区域。首先，遍历 V_C 中的所有节点，对 IfCon(v_i) 和 ConFlag(v_i) 初始化设置。然后，对于连边集合 E_C 中的每一条连边 $e_{ij}=(v_i, v_j)$，根据两个端点 v_i 和 v_j 的连通区域隶属情况划分连通区域，可分为 3 种情况：

① 若节点 v_i 和 v_j 均未被划分，则创建一个新的连通区域，将节点 v_i 和 v_j 划分到该连通区域内。

② 若仅有一个节点被划分，则将另一个节点加入到该连通区域。

③ 如果节点 v_i 和 v_j 均已被划分，并且隶属于不同的连通区域，则按照算法规则将这两个连通区域的节点合并，连通区域数量-1。

最后，将 V_C 中的所有节点划分到相对应的连通区域，在各连通区域内部选择第一个被遍历到的节点 v_{first} 作为该连通集合内节点的代替点，即 rep(ConFlag(v_i))= v_{first}。

（5）生成替代连边，输出压缩子图。

遍历原始网络层中的连边集合 E，将所有连边的端点用代替节点进行替换，删除重复连边，得到节点及其相关连边构成新的网络集合 $G'=(V', E')$，即为压缩后的网络。

在 MNC 算法中，基于多层网络的节点重叠介数中心性和参与系数对节点的重要性进行排序和分类，通过保留全局代表节点，压缩局部代表节点和压缩非代表节点，达到缩减网络数据规模的目的。其中，全局代表节点集合 V_A 和局部代表节点集合 V_B 中的节点是多层网络中各网络层的骨架节点，它们及其它们之间的连边构成了网络层的基本结构，可以更好地体现多个网络层间的相似性（或差异性）。

6.4　案例分析

本节对 SNC 算法和 MNC 算法的压缩效果及其基于压缩的布局效果进行

实验和评估。实验中分别采用 SNC 算法与 MNC 算法对多组不同的单层网络数据和 1 组空间信息多层网络仿真数据进行网络压缩,采用力引导布局方法布局压缩网络节点,通过压缩结果和布局效果分析本章压缩布局方法的有效性。

6.4.1 单网络层压缩布局实验与结果对比

SNC 算法实验包括单层网络数据压缩布局效果对比和多层网络数据压缩布局应用。首先,基于 SNC 算法分别对单层网络数据进行压缩,采用传统的 FR 布局算法布局网络节点,最终实现可视化压缩布局;其次,通过节点数量、连边数量、平均聚类系数和社团数量等指标的变化定量评估不同压缩方法的压缩效果,通过压缩前后拓扑结构对比定性分析 SNC 算法的优势;最后,将 SNC 算法应用于 1 组多层网络数据(包括 5 个网络层),通过定量指标和拓扑结构评估基于 SNC 算法的压缩布局效果。

1. SNC 算法对单层网络数据压缩布局效果对比

选择 4 组公开的真实网络数据进行实验,将 SNC 算法(本书方法)的压缩布局结果分别与基于节点度值(方法 1)、PageRank(方法 2)排序的网络压缩布局方法进行对比:首先从节点、连边、平均聚类系数和社团数量上对比分析 3 种方法的压缩效果;其次从可视化布局效果上分析本书方法的优势。

实验中选择的代表节点比例为 0.2,即方法 1 和方法 2 按照全网节点总数的 20% 筛选网络代表节点,本书方法按照每个社团中节点总数的 20% 筛选社团结构代表节点,表 6-2 所示为不同方法的压缩结果对比。

表 6-2 采用不同方法对单层网络数据压缩前/后结果对比表

数据	方法	节点数	连边数	平均聚类系数	社团数量
dolphin	压缩前	62	159	0.303	5
	方法 1	12	29	0.716	3
	方法 2	12	29	0.716	3
	本书方法	13	33	0.674	5
football	压缩前	115	613	0.403	10
	方法 1	23	100	0.515	8
	方法 2	23	96	0.570	7
	本书方法	26	97	0.534	10

续表

数据	方法	节点数	连边数	平均聚类系数	社团数量
karat	压缩前	34	78	0.588	4
	方法1	7	17	0.867	3
	方法2	7	17	0.867	3
	本书方法	8	18	0.733	4

从表6-2可知，不同压缩方法通过保留重要节点，合并非重要节点，均达到了目标节点压缩比，并通过节点替换和重复边删除，较大程度地降低了连边数量，实现了网络压缩的目的。另外，压缩网络的平均聚类系数较压缩前有较大程度的升高，也表明了上述3种压缩方法都保留联系比较紧密的重要节点，这些节点及其之间的连边反映了网络的中观尺度结构。其中，基于节点度值（方法1）、PageRank（方法2）排序的压缩网络聚类系数相对接近，且都大于本书方法。这是由于前两种方法虽然采用的节点重要性评估模型不同，节点重要性排序不一样，但对于整体网络而言，重要节点都分布在排名靠前的区域。因此，基于网络全局节点重要性排序的压缩方法获得了相同或基本相同的代表节点集合。而本书方法基于社团结构中的节点重要性排序，保留的节点是各个社团结构中的重要节点。虽然网络全局的聚类系数相对较低，但是社团数量没有减少，比较完整地保留了网络的社团构成，从中关尺度上保留了网络的整体结构。而前2种方法都丢失了部分社团，造成网络整体结构的不完整。

分别采用上述3种方法对实验网络进行可视化压缩布局后的效果图，如图6-8~图6-10所示。

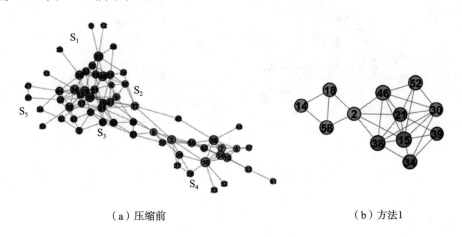

（a）压缩前　　　　　　　　　　（b）方法1

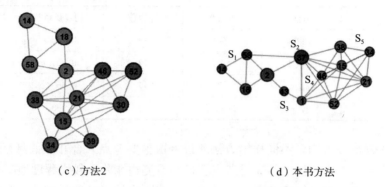

（c）方法2　　　　　　　　　（d）本书方法

图 6-8　SNC 算法对 dolphin 网络压缩前后布局效果对比图

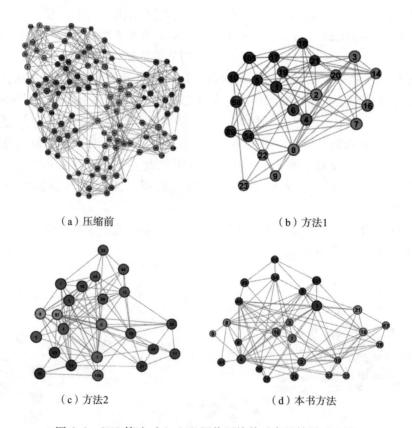

（a）压缩前　　　　　　　　　（b）方法1

（c）方法2　　　　　　　　　（d）本书方法

图 6-9　SNC 算法对 football 网络压缩前后布局效果对比图

第6章 基于节点重要性的空间信息多层网络压缩布局方法

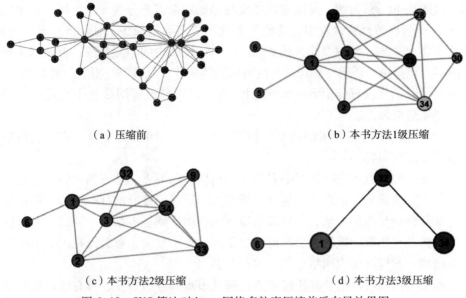

（a）压缩前　　　　　　　　　　（b）本书方法1级压缩

（c）本书方法2级压缩　　　　　　（d）本书方法3级压缩

图 6-10　SNC 算法对 karat 网络多粒度压缩前后布局效果图

将不同方法的布局效果进行对比，可以看出本书方法的优势主要体现在以下两个方面：

（1）基于社团结构进行压缩，能够完整保留网络的社团构成，突出中观尺度结构特征。

图 6-8、图 6-9 中的图（b）~图（d）分别为基于度值、PageRank 和本书方法的压缩网络的布局结果，与图（a）中的原始网络布局结果对比，图（b）~图（d）中的节点和连边数量都有较大程度的压缩。图（a）中的原始网络受屏幕尺寸限制，节点较小，连边密集，节点和连边重叠交叉现象严重。在混乱重叠的视图中，用户难以感知网络的整体结构。而上述 3 种方法通过压缩布局降低节点和连边规模，可以减少节点和连边重叠覆盖造成的视觉杂乱现象。但是，由于节点度值（方法1）、PageRank（方法2）基于网络全局评估节点重要性，并选择网络代表节点，对节点数量较少或者连边相对稀疏的社团没有保留有效的代表节点。在压缩过程中，这部分社团被压缩合并，造成社团数量减少，无法准确展示原始网络的社团构成，如图 6-8 中的社团 S_2、S_3 在图（b）和图（c）中并没有被保留，以及图 6-9(b) 和图 6-9(c) 分别丢失了 2 个和 3 个社团。而图 6-8(d) 和图 6-9(d)（本书方法）基于社团结构进行压缩，保证每个社团结构都有代表节点，避免压缩过程中的社团丢失现象，能够反映网络在社团（或子图）尺度上的结构特征。

另外，基于社团结构的压缩更有助于感知网络整体结构和社团间的相互作用。以图 6-8（d）为例，从图中可以发现原始网络可划分为 5 个社团。其中社团 S_1、S_5 包含节点数量较多，其他 3 个社团节点数量较少；社团 S_1、S_5 间的交互主要通过 S_2、S_3 这 2 个社团实现。S_2、S_3 社团中的节点虽少，但是承担着全网节点交互的"桥梁"作用，对网络的拓扑构成十分重要。相反，图 6-8（b）和图 6-8（c）并没有保留 S_2、S_3 社团，容易对用户理解网络在中观尺度上的结构特征造成偏差。

（2）采用多粒度社团结构划分算法，可展示社团内部结构，并实现网络的多粒度压缩布局。

压缩边缘节点的同时保留必要的社团结构代表节点，基于拓扑势的节点重要性分析，这部分节点对社团构成贡献较大，反映了社团的基本结构。通过保留这部分节点及连接关系，可以清晰地展示社团内部基本结构。同时，通过压缩非重要节点和删除重复连边，降低社团内部连边数量，有助于在视觉上感知社团结构，发现社团或网络结构中的重要节点。

本书方法通过压缩合并边缘节点，降低节点和连边数量，可有效降低网络规模，根据社团结构划分的粒度，可实现多粒度的压缩布局。图 6-10 为对 karat 网络数据进行 3 级压缩布局的效果图。根据节点压缩比例的不同可以控制网络压缩比例，最多可将一个社团压缩为 1 个节点。如图 6-10（e）所示，图中每个节点代表一个社团，节点 1、32、34 之间能够直接交互，而节点 6 只能通过节点 1 与其他节点交互。

2. SNC 算法对多层网络数据压缩布局应用与分析

将 SNC 算法应用于 1 组空间信息多层网络仿真数据（包括 5 个网络层，全网共有 500 个节点），代表节点比例设定为 0.2，通过统计数据和布局效果图，分析网络结构特征。

采用本书方法对不同网络层数据进行压缩前/后的结果对比，如表 6-3 所示。

表 6-3　采用本书方法对多层网络数据压缩前/后结果对比表

网络层	原始网络	压缩网络	节点压缩比	连边压缩比	压缩前/后平均聚类系数	压缩前/后社团数量
layer1	(375, 1059)	(75, 188)	80.0%	91.6%	0.202/0.342	5/5
layer2	(450, 1019)	(90, 382)	80.0%	62.5%	0.210/0.346	6/6
layer3	(440, 890)	(88, 329)	80.0%	63.0%	0.169/0.377	5/5
layer4	(465, 1105)	(93, 410)	80.0%	62.9%	0.192/0.340	7/7
layer5	(440, 969)	(88, 382)	80.0%	60.5%	0.161/0.331	5/5

从表 6-3 可知，本书方法按照每个社团中节点总数的 20% 筛选社团结构

代表节点，由于每个社团节点数量较大（即节点个数大于 5，在算法中对于节点个数小于 5 的社团，选择势值最高的 1 个节点作为社团代表节点），社团代表节点数量网络节点压缩比等于 20%，符合设定的节点压缩比例。通过对非重要节点的合并和替代处理，并删除重复连边，连边压缩比达到 60% 以上。同时，由于合并和删除了非重要的节点和连边，网络的平均聚类系数明显提升。layer1 层连边压缩比例明显高于其他 4 个网络层，这是因为 layer1 层社团内部连边分布相对均匀，相对地，其他 4 个网络层存在局部连接紧密，而边缘节点连接稀疏的现象（类似结果可从图 6-11~图 6-15 中压缩前的图看出）。在社团数量方面，本书方法通过对社团结构选择代表节点，社团数量没有减少，比较完整地保留了网络的社团构成。

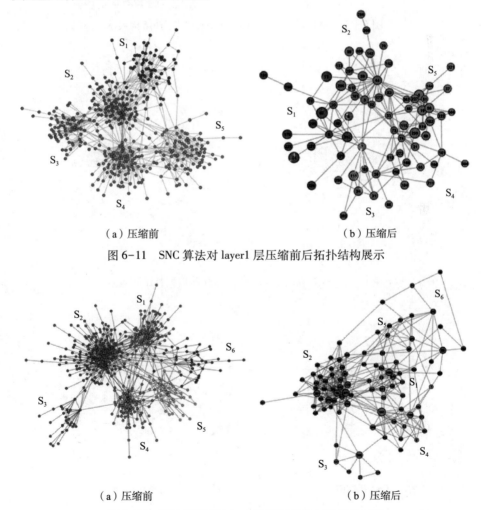

（a）压缩前　　　　　　　　　（b）压缩后

图 6-11　SNC 算法对 layer1 层压缩前后拓扑结构展示

（a）压缩前　　　　　　　　　（b）压缩后

图 6-12　SNC 算法对 layer2 层压缩前后拓扑结构展示

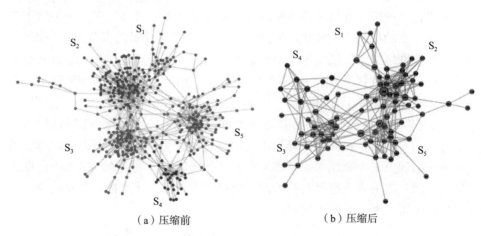

（a）压缩前　　　　　　　　　（b）压缩后

图 6-13　SNC 算法对 layer3 层压缩前后拓扑结构展示

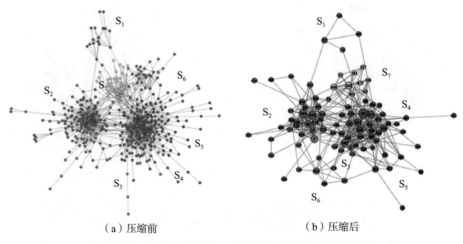

（a）压缩前　　　　　　　　　（b）压缩后

图 6-14　SNC 算法对 layer4 层压缩前后拓扑结构展示

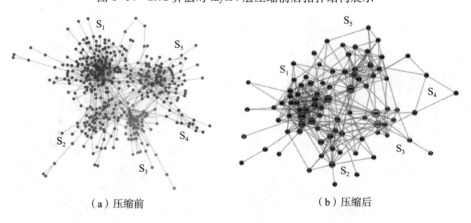

（a）压缩前　　　　　　　　　（b）压缩后

图 6-15　SNC 算法对 layer5 层压缩前后拓扑结构展示

采用本书方法分别对实验网络的 5 个网络层进行可视化压缩布局后的效果图，如图 6-11~图 6-15 所示。通过压缩布局，能够比较清晰、完整地呈现各网络层的中观尺度结构，便于用户感知网络的社团构成特征，进而支持不同网络层间拓扑结构的对比分析。

在单网络层分析方面，基于社团结构的压缩布局可以更直观地展示网络层中的社团数量和社团之间的交互状态，从而感知网络状态和中观尺度结构。以图 6-11 为例，通过图 6-11(b) 可以看出，压缩后的 layer1 层保留了原始网络中的 5 个社团，这 5 个社团间的连边分布相对均匀。类似地，图 6-12 中 layer2 层中连接 S_2 社团与 S_1、S_4、S_5 的节点较多，表明这些社团中的节点与 S_2 社团节点间的交互较均匀，而相对地与社团 S_3、S_6 间的连边主要通过个别节点实现，如节点 366、469 等。表明在原始网络中节点 366、469 同样承担重要的"桥梁"作用。由于节点和连边数量降低，采用社团重要节点表示社团，社团内部结构也更加清晰。在相同绘图空间中，可以更清晰地展示节点和连边等细节，避免节点尺寸限制造成的点边覆盖现象。

进一步地，本书压缩布局方法可在网络层的社团构成、社团结构与交互等方面支持多层对比分析。在社团构成上 5 个网络层的社团数量分别为 5、6、5、7、5；除 layer1 层节点在各个社团中的分布比较均匀以外，其他 4 个网络层个别节点较少的社团；节点较少的社团仅与 2~3 个社团有交互，而不是与所有社团都有交互，如 layer2 层中的社团 S_3、layer3 层中的社团 S_1、layer4 层中的社团 S_1 和 S_3 等。

将本书方法在单层网络和多层网络数据进行实验与应用，结果表明本书方法通过社团结构压缩，可以有效压缩网络节点和连边数量，降低视觉杂乱现象，达到网络压缩的目的；同时，能够比较完整地从中观尺度反映网络的结构构成与交互，便于分析不同社团或节点在网络拓扑中的不同作用；基于多粒度的社团划分和节点压缩比例选择可以实现多粒度的压缩布局展示。

6.4.2 多网络层压缩布局实验与结果分析

实验中首先根据基于参与系数和标准化介数的多层网络节点重要性评估模型对上述案例多层网络中全网所有节点的重要性进行排序；其次采用 MNC 算法对案例多层网络进行压缩，通过节点压缩比、连边压缩比、平均聚类系数等指标定量评估压缩效果，通过压缩前后拓扑结构变化对比定性分析压缩布局效果。

案例网络节点参与系数—标准化介数二维散点图，如图 6-16 所示，图中根据节点的标准化介数和参与系数将案例网络中的 500 个节点划分为 6 类。不同区域的节点在整体网络核心结构的构成和单网络层特殊结构的构成上扮演的不同角色，反映了网络节点的重要性。表 6-4 所示为采用介数对 5 个网络层节点的重要性排序的结果和采用本节节点重要性评估模型对全网节点的重要性排序结果的对比表，表中所示为排名前 20 位的节点。将 layer1～layer5 层对比可知，节点重要性排序结果差异较大，说明在多层网络中，仅从某一种属性测度（这里选择的是节点介数中心性）排序来判断节点重要性总是存在不一致的问题。这也反映了空间信息网络在不同任务组网中的结构是不同的，节点在不同的结构中的功能和作用也不尽相同。对于空间信息多层网络来说，从单个网络层（包括聚合层和重叠层）中节点属性不能准确反映节点在整个网络中发挥的作用和对整体网络的影响。而本节节点重要性评估模型采用节点参与系数和标准化介数构建节点的二维散点图分布，综合了节点在整体网络和在各网络层的作用，对节点重要性的分析更加合理。

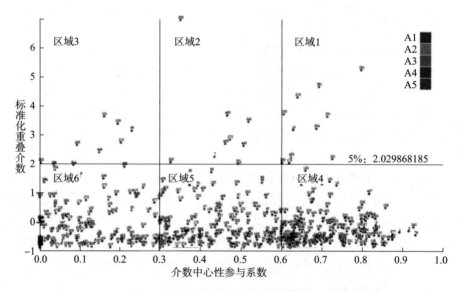

图 6-16 案例网络节点参与系数—标准化介数二维散点图

表 6-4 案例网络各网络层与全网节点重要性排序对比表

网络层	节点重要性排序（前 20 位）
layer1	323>105>354>324>241>14>251>201>140>332>91>351>436>200>291>102>195>473>247>78
layer 2	342>241>498>366>391>16>95>218>178>195>410>291>477>447>80>212>266>379>154>148
layer 3	288>86>438>386>489>16>105>485>402>183>215>225>289>209>307>230>99>70>135>349
layer 4	321>391>311>443>382>7>351>355>60>458>25>125>453>359>480>162>118>303>131>57

第6章 基于节点重要性的空间信息多层网络压缩布局方法

续表

网络层	节点重要性排序（前20位）
layer 5	309>460>210>444>218>272>114>370>73>480>339>273>54>82>263>124>106>179>108>469
全网	288>241>391>218>105>460>323>342>309>324>16>86>272>210>195>443>444>7>291>480

为突出压缩网络节点在全局网络中的"桥梁"作用和构建网络骨架结构，在节点重要性评估模型中采用了节点的重叠介数中心性和参与系数指标。实际应用中，还可以考虑将节点的度中心性、接近中心性或特征向量中心性等网络测度指标与本书评估模型结合，从不同角度对空间信息多层网络节点的重要性进行分析，获取满足用户不同需求的排序结果。例如，采用度中心性可以获得在网络拓扑结构中具有较大局部影响力的节点，利用紧密中心性获取连接密集的区域节点，以及利用特征向量中心性获取在全局网络结构中具有较高重要性的节点等。

在MNC算法下原始网络和压缩网络的节点数量、连边数量和平均聚类系数的变化情况，如表6-5所示。

表6-5 MNC算法对案例网络各网络层数据压缩效果对比表

网络层	原始网络	压缩网络	节点压缩比	连边压缩比	压缩前/后平均聚类系数
layer1	(375, 1059)	(37, 42)	90.1%	96.0%	0.202/0.312
layer2	(450, 1019)	(34, 41)	92.4%	96.4%	0.210/0.380
layer3	(440, 890)	(36, 43)	91.8%	95.2%	0.169/0.316
layer4	(465, 1105)	(25, 28)	94.6%	97.4%	0.192/0.307
layer5	(440, 969)	(36, 45)	91.8%	95.4%	0.161/0.334

可以看出，MNC算法在节点数量和连边数量方面都得到了较大的压缩比，表明通过对不同的节点类型分别进行合并压缩达到了缩减网络规模的目的。MNC算法在压缩过程中不仅保留了重要节点及其之间的连边，还通过对非重要节点的压缩替代及其连边的替换删除，大规模地删除了非重要节点和稀疏连边，相对应地增加了重要节点间的连边数量。因此，通过MNC算法对每个网络层进行压缩后，压缩网络的平均聚类系数较压缩前有较大程度的提升，这也表明压缩网络中保留的节点及其之间的连边能够反映原始网络层的骨架结构。

案例网络中5个网络层被压缩前后的拓扑结构布局效果图，如图6-17~图6-21所示。其中，各图中的图（a）为原始网络，图（b）为压缩网络。通过对比压缩前后各网络层拓扑结构变化，能更清晰地反映本节压缩布局方法的优势。分别将各网络层的图（a）和图（b）进行对比，可以看出压缩前节点规模较大，连边密集，在有限的绘图区域内部很难清晰展示网络的整体结构，同时也无法观察网络节点或连边的细节信息。本节压缩布局方法通过保留关键节点和压缩非关键节点，对节点和连边规模进行了相当大比例的压缩，如表 6-5 所示节点和连边压缩比均达到 90% 以上。将压缩后的小规模网络展示在与图（a）同等大小的绘图区域内，可以很好地避免节点重叠和连边交叉，从而消除了视觉杂乱现象。

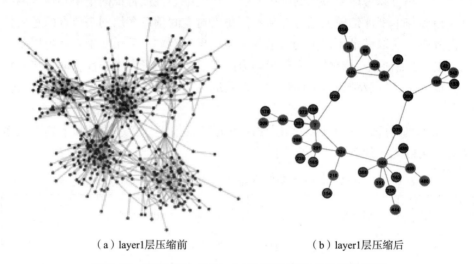

（a）layer1 层压缩前　　　　　　　　（b）layer1 层压缩后

图 6-17　MNC 算法对 layer1 层压缩前后布局结果对比图

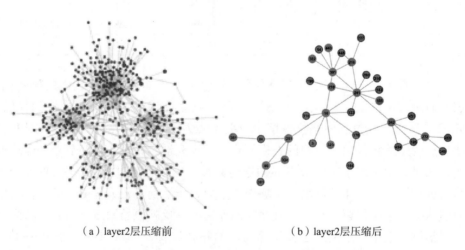

（a）layer2 层压缩前　　　　　　　　（b）layer2 层压缩后

图 6-18　MNC 算法对 layer2 层压缩前后布局结果对比图

第 6 章 基于节点重要性的空间信息多层网络压缩布局方法

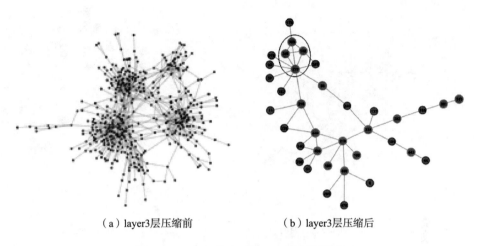

(a) layer3层压缩前　　　　　(b) layer3层压缩后

图 6-19　MNC 算法对 layer3 层压缩前后布局结果对比图

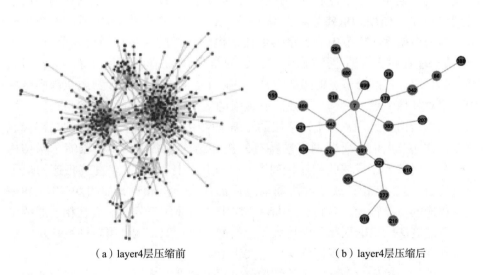

(a) layer4层压缩前　　　　　(b) layer4层压缩后

图 6-20　MNC 算法对 layer4 层压缩前后布局结果对比图

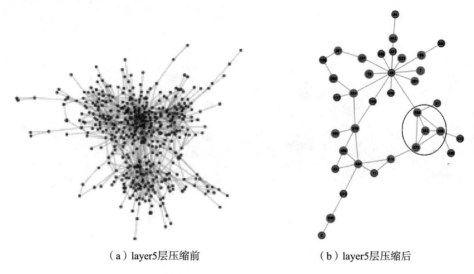

(a) layer5层压缩前　　　　　　　　(b) layer5层压缩后

图 6-21　MNC 算法对 layer5 层压缩前后布局结果对比图

通过压缩非关键节点及其连边，本书压缩布局方法能够清晰地将关键节点及其之间的连接结构呈现出来，突出网络的骨架结构。采用 MNC 算法筛选的节点包括，全局代表节点和局部代表节点两类，这部分节点是全网和网络层中起到"桥梁"作用的重要节点。图 6-17~图 6-21 中各图（b）所示的粗边框节点即为根据 6.4.1 节中节点重要性评估模型选择的网络全局代表节点，layer1~layer5 层的压缩子网结构中，包含的全局代表节点数量分别为 16、12、15、8 和 17。这部分节点的激活度都在 3 以上，即出现在大多数或全部网络层中。相对其他节点，这部分节点具有最强的信息传输控制能力，参与构成了网络的基本结构。另外，每个网络层的压缩子网中，还包括相当数量的局部代表节点，这些节点根据所属网络层特有的拓扑结构压缩得到。在压缩子网结构中，全网代表节点或彼此相连，如图 6-19(b) 中 10 个节点直接相连构成了 layer3 层的基本结构；或彼此之间通过局部代表节点相连，如图 6-20(b) 中直接相连的节点较少，多是通过 layer4 层中的局部代表节点形成互相连通的结构。压缩算法输出的压缩子网代表了原始网络的骨架结构，可辅助用户从宏观视角感知网络结构，发现网络层中的关键节点。

另外，通过压缩子网间拓扑结构的对比可辅助发现原始网络层间的相似结构。一方面，各网络层保留的全局代表节点是各网络层（或超过半数网络层）共有的节点，反映了各网络层关键节点构成的相似性。图 6-22 为 5 个压缩子网中节点激活度统计直方图（各层节点的激活度统计结果参见表 6-6），浅色表示全局代表节点，深色表示局部代表节点。

第 6 章 基于节点重要性的空间信息多层网络压缩布局方法

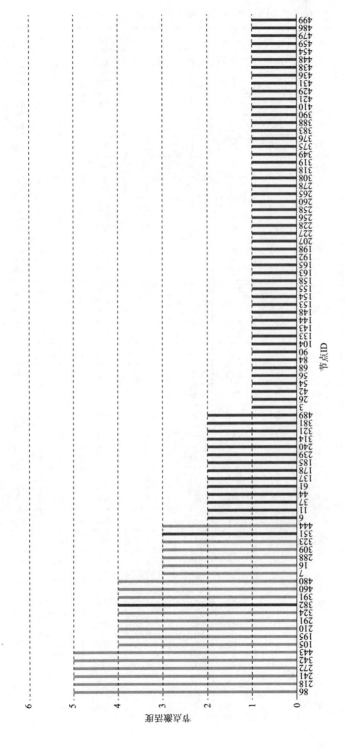

图 6-22 压缩子网节点激活度分布直方图

表 6-6 MNC 算法压缩子网节点激活度统计表

layer1 节点ID	Layer2 节点ID	Layer3 节点ID	Layer4 节点ID	Layer5 节点ID	压缩子网节点激活度统计					
					节点ID	激活度	节点ID	激活度	节点ID	激活度
7	3	6	7	6	3	1	227	1	438	1
16	16	11	26	7	6	2	228	1	443	5
42	54	37	86	11	7	3	239	2	444	3
56	84	44	155	16	11	2	240	2	448	1
86	86	61	178	37	16	3	241	5	454	1
105	105	86	207	44	26	1	256	1	459	1
153	133	90	210	61	37	2	258	1	460	4
154	143	104	218	68	42	1	260	1	479	1
158	144	105	241	86	44	2	265	1	480	4
163	178	137	272	105	54	1	272	5	486	1
165	195	148	291	137	56	1	278	1	489	2
178	198	178	319	178	61	2	288	3	499	1
195	210	185	321	185	68	1	291	4	—	—
218	218	192	342	195	84	1	308	1	—	—
228	227	195	351	210	86	5	309	3	—	—
239	241	210	382	218	90	1	314	2	—	—
241	260	218	388	240	104	1	318	1	—	—
258	272	239	391	241	105	4	319	1	—	—
272	291	240	410	272	133	1	321	2	—	—
288	314	241	421	288	137	2	323	3	—	—
291	318	256	436	291	143	1	324	4	—	—
308	323	265	443	309	144	1	342	5	—	—
309	324	272	460	321	148	1	349	1	—	—
314	342	278	480	323	153	1	351	3	—	—
323	349	288	499	324	154	1	375	1	—	—
324	351	309	—	342	155	1	376	1	—	—
342	381	324	—	375	158	1	381	2	—	—
351	382	342	—	382	163	1	382	4	—	—
376	391	382	—	391	165	1	383	1	—	—
381	431	383	—	429	178	2	388	1	—	—
390	443	391	—	438	185	2	390	1	—	—

第 6 章　基于节点重要性的空间信息多层网络压缩布局方法

续表

layer1 节点 ID	Layer2 节点 ID	Layer3 节点 ID	Layer4 节点 ID	Layer5 节点 ID	压缩子网节点激活度统计					
					节点 ID	激活度	节点 ID	激活度	节点 ID	激活度
443	448	443	—	443	192	1	391	4	—	—
444	454	444	—	444	195	4	410	1	—	—
460	459	460	—	460	198	1	421	1	—	—
480	—	479	—	480	207	1	429	1	—	—
486	—	480	—	489	210	4	431	1	—	—
489	—	—	—	—	218	5	436	1	—	—

图中节点 86、218、241、272、443 等 5 个节点作为全局代表节点出现在所有网络层中，以及 210、291、324、391、480 等节点作为全局代表节点出现在 4 个网络层中，这部分全局代表节点是在多层网络整体结构中参与系数和重叠介数最大的节点，这部分节点在所属网络层中承担最重要的信息传输控制作用。全局代表节点是各网络层的关键节点，反映了节点在各网络层拓扑结构构成中相似的功能和影响力。另一方面，各网络层保留的局部代表节点主要反映了各网络层结构上的差异，但是激活度大于 2 的局部代表节点反映了局部网络层之间结构上的相似性。例如，节点 382、351 分别在 4 个和 3 个网络层中被保留，以及大量激活度为 2 的局部代表节点，如节点 6、11、37、44 等，这部分节点作为局部代表节点在所属网络层（大于 2 个网络层）中具有较强的信息传输控制能力，反映了所属网络层间的相似结构。最后，通过网络压缩将具有相似结构的大量节点压缩形成由有限数量的代表节点及其连边构成的压缩子图结构，通过压缩子网间对比可以发现网络层之间相似的子图结构。例如，图 6-19（b）和图 6-21（b）中 272、288、309、342 等 4 个节点构成的全连接结构，而图 6-17（b）中对应的 4 个节点的布局则相对分散。

除了相似结构外，各个网络层还有大量激活度为 1 的节点，这些节点仅在所属网络层上发挥着信息传输控制能力，反映了各网络层结构上的差异性。

6.4.3　压缩布局方法的优势与局限分析

上述分别对 SNC 算法和 MNC 算法进行了实验，并分别对不同算法的压缩效果及其压缩布局效果进行了分析和评估。结果表明，本书提出的基于节点重要性的多层网络压缩布局方法的优势主要体现在以下 3 个方面：

（1）大规模压缩了节点和连边数量。通过网络压缩降低了节点和连边数量，降低了节点和连边绘制的计算复杂度；避免在拓扑结构视图中呈现过多杂乱的细节信息，从而降低用户的感知复杂度。

（2）突出展示各网络层的整体结构。本章提出的压缩布局方法包括基于社团节点重要性的单网络层压缩算法和基于节点介数中心性的多网络层压缩算法。前者基于社团结构压缩网络节点，能够保证各网络层社团构成的完整性和社团内部的基本结构，便于从社团构成上展示网络整体结构特征；后者基于节点在多层网络全局和局部的信息传输控制能力筛选网络代表节点，生成的压缩网络代表了各网络层的骨架结构。通过对各网络层整体结构的展示，避免展示过多细节信息，让用户看清网络结构全貌，支持层内结构感知和层间结构对比。

（3）MNC算法具有较好的扩展性。MNC算法基于节点介数中心性，考虑节点在多个网络层的参与程度和信息传输控制能力评估节点在多个网络层中的重要性，实现基于节点介数中心性的多层网络压缩，展示网络层的宏观结构。事实上，由于单一指标（或测度）对网络分析总是存在局限，难以全面反映网络的结构特性。因此，多网络层压缩算法可进一步尝试不同的网络属性测度，从不同角度评估多层网络节点的重要性。进一步地，从多角度全面展示网络的整体结构特征。

没有一种节点布局方法能够满足所有的网络可视化需求，本章提出的压缩布局方法在压缩网络节点和连边规模的同时，只是在展示网络整体结构上取得了较好的效果。但是，复杂的数据预处理和节点布局方法仍存在以下局限：

首先，本章提出的压缩布局方法是在复杂的预处理基础上实现的，即社团划分、节点介数中心性计算和节点重要性排序等。复杂的预处理在一定程度上会造成计算时间损耗，降低网络可视化的时效性。但是，社团结构探测、节点属性测度计算和节点重要性排序等作为网络分析的基本内容，对网络数据结构特征的研究是必不可少的。另外，将上述计算结果作为可视化输入，在网络分析流程上并没有增加冗余步骤。然而，在绘制过程中却能够极大地降低计算压力。

其次，本章提出的压缩布局方法采用面向单层网络可视化的节点布局方法绘制节点，节点布局模型仅考虑了网络层内的节点和连接关系。虽然压缩子网有助于感知网络整体结构，但是布局结果却不能快速识别网络层间节点、结构，难以有效支持层间结构对比分析。因此，有必要研究面向多层网络可视化的节点布局方法，更好地支持多层网络可视化分析。

6.5 小结

本章针对空间信息多层网络宏观结构展示问题，提出一种基于节点重要性的空间信息多层网络压缩布局方法，主要包括两种网络压缩算法，即基于社团结构节点重要性的单网络层压缩算法和基于节点介数中心性的多网络层压缩算法。首先，这两种压缩算法分别从社团结构和连通性角度分别对网络节点进行重要性排序；其次，通过保留重要节点和压缩非重要节点，压缩节点和连边规模，采用力引导布局方法绘制压缩网络节点，突出展示各个网络层的社团结构构成和网络骨架结构；最后，将本书方法应用于多组真实的单层网络数据和一组空间信息多层网络仿真数据，展示了压缩结果和布局效果，并对本章方法的优势和局限性进行了分析。

实验结果表明，本章提出的压缩布局方法能够很好地达到压缩布局的效果，一方面能够降低节点和连边规模，实现网络压缩，降低可视化视图中的视觉复杂度；另一方面，压缩网络能够分别从社团构成和宏观结构上展示各网络层的整体结构，便于对网络层间的整体结构特征进行对比，并且具有较好的扩展性。

参考文献

[1] 姚中华，等. 基于启发式社区探测的网络可视分析方法［J］. 计算机应用，37（z1）：155-159.

[2] Blondel V D, et al. Fast unfolding of communities in large networks［J］. Journal of Statistical Mechanics Theory and Experiment，2008，10（1）：155-168.

[3] Gach O, et al. Improving the louvain algorithm for community detection with modularity maximization［C］//In International Conference on Artificial Evolution（Evolution Artificielle）. Cham：Springer，2013：145-156.

[4] Fortunato S, et al. Resolution limit in community detection［C］//Proceedings of the National Academy of Sciences. USA：National Academy of Sciences，2007：36-41.

[5] Conde-Céspedes P, et al. Comparison of linear modularization criteria using the relational formalism, an approach to easily identify resolution limit［M］. Germany：Springer International Publishing，2017.

[6] Campigotto R, et al. A generalized and adaptive method for community detection［EB/OL］. ［2014-6-10］. arXiv preprint arXiv：1406.2518. https://arxiv.org/abs/1406.2518.

[7] 肖俐平，等. 基于拓扑势的网络节点重要性排序及评价方法［J］. 武汉大学学报信息科学版，2008，33（4）：379-383.

[8] 汪小帆，等. 网络科学引论［M］. 北京：高等教育出版社，2012.

第 7 章
基于两级多力引导模型的空间信息多层网络优化布局方法

面向单层网络可视化的节点布局方法难以支持层间结构对比分析，不适用于空间信息多层网络可视化应用。在第 6 章压缩布局生成压缩网络的基础上，本章采用一种两级力引导布局框架，将节点布局过程分为粗化布局和细化布局两个阶段，并从层间拓扑结构对比、降低计算复杂度和节点防重叠 3 个方面进行优化布局研究，提出一种基于两级多力引导模型的空间信息多层网络优化布局方法。该方法主要包括 3 部分：①在粗化布局阶段考虑"节点"尺寸优化社团布局空间划分，为细化布局提供合理的初始节点坐标；②通过融合节点在网络层内的连边引力、质心引力和层间节点—副本引力，扩展传统的引力—斥力模型，构建多力引导模型，提出一种基于多力引导模型的节点布局算法；③通过四叉树加速方法优化多力引导模型中的斥力计算，并采用满四叉树编码方法改进邻域空间查询，提升布局效率。通过优化布局，从微观视角达到支持单网络层社团结构展示和多网络层间结构对比分析的可视化效果。

7.1 引言

节点布局决定了拓扑结构的可视化展示效果，是网络可视化的关键技术之一。节点布局采用节点—连接图的形式将网络数据以图像化方式呈现给用户，其在单层网络分析中的作用主要体现在：①展示目标网络结构，方便用户感知网络的整体状态，如网络子图构成、节点和连边在子图中的分布及其变化和节点可达性分析等；②结合过滤和选择等多种交互操作，实现对感兴趣的数据子集的分析，辅助用户探索隐藏在网络拓扑中的规律和模式，如多元属性分析、节点度值分布规律和最短路径查找等。

与单层网络相比，多层网络能够更好地描述层间结构信息，这也是最初提出多层网络模型的原因。因此，空间信息多层网络可视化在单层网络分析需求的基础上，更重要的是能够展示层间元素和层间关系，如层间子图构成的对比、节点与其副本的识别和层间相似社团结构或子图结构的对比等。根据节点布局策略，可以将目前有关多层网络可视化节点布局方法的设计方案分为以下3类：

（1）单层网络节点布局将多层网络聚合为一个（加权）聚合网络层，把单层网络节点布局方法应用于聚合网络层布局，得到如图7-1(a)所示聚合网络层的社会关系网图。这种方案将多层网络聚合为一个（加权）单层网，忽略了节点的异质性和多类型连接关系，导致大量层次信息丢失。

（2）增广节点和连边属性布局先将具有多类型连边的多层网聚合为一个单层网，再为分属不同层的连边和节点着色，通过不同的颜色来区分层次信息，得到如图7-1(b)所示的增广信息的社会关系网图。这种方案的可视化结果更加漂亮，在一定程度上反映了节点和连边所属层次等信息。但给用户感知网络结构带来巨大困难：一方面，多类型连边交叉重叠，在这样一堆混乱重叠的边中，难以聚焦于多层网络中某个特定网络层的拓扑结构；另一方面，在节点坐标计算时要同时考虑多种类型的连接关系，布局结果不能反映多层网络中各个网络层的结构模式。

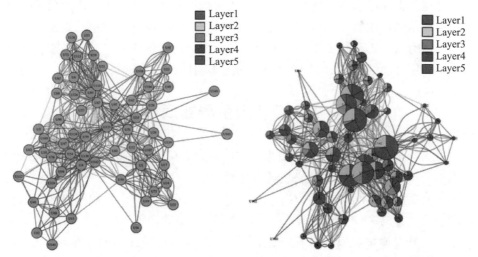

（a）聚合网络层节点—连接图表示　　（b）聚合网络层增广信息的节点-连接图表示

图7-1　多层网络的聚合网络层布局

（3）典型的层叠切片模型布局这种方案能够解决增广信息的社会关系网图中连边混乱重叠和结构模式展示的问题。其中，一种方案是为了简化不同层之间的比较，各层均固定节点的布局位置，展示效果如图 7-2(a) 所示。然而由于每层要展示的是不同的连接关系，固定的节点位置必然不能显示相应层的聚类特征。另一种方案是给每一层节点进行单独布局，展示效果如图 7-2(b) 所示。虽然每一层的结构都得到了清晰展示，但是不能展示层与层之间的结构联系。

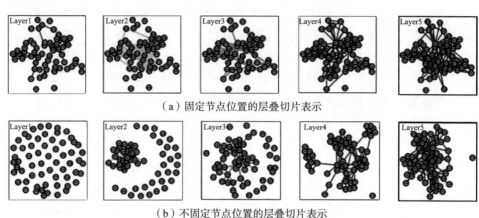

(a) 固定节点位置的层叠切片表示

(b) 不固定节点位置的层叠切片表示

图 7-2　多层网络的层叠切片模型布局

为达到空间信息多层网络的层内社团结构展示和层间结构对比的效果，从层间拓扑结构对比、计算复杂度和节点防重叠3个方面进行优化，提出一种基于两级多力引导模型的多层网络优化布局方法。通过优化布局，从微观视角达到单网络层社团结构展示和多网络层间结构对比分析的可视化效果。

7.2　两级多力引导布局框架

给定一个空间信息多层网络 $G_M = \{G_1, \cdots, G_i, \cdots, G_d, G_C\}$，采用 6.2 节提出的 SNC 算法对每个网络层进行压缩，将每个社团压缩为一个抽象节点，得到压缩后的多层网络 $G'_M = \{G'_1, \cdots, G'_i, \cdots, G'_d, G'_C\}$。采用两级多力引导布局框架，分两级分别对压缩后的多层网络 G'_M 中的抽象"节点"布局（即粗化布局）和对原始多层网络 G_M 的各子网中的节点布局（即细化布局），布局流程如图 7-3 所示。

每一级布局过程都包括两个步骤，即布局空间划分和多力引导布局。粗化布局阶段针对压缩后的多层网络 G'_M 中的抽象节点进行布局。目的是将每个抽象节点代表的所有原始节点限定在一个合理的布局空间内，为细化布局提供合适的初始化节点位置。由于在压缩网络中每个抽象节点代表的原始节点数量不

第 7 章 基于两级多力引导模型的空间信息多层网络优化布局方法

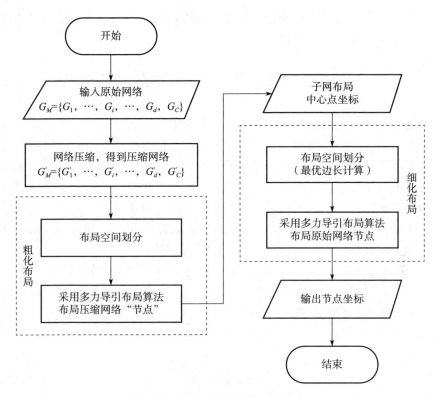

图 7-3 两级多力引导布局流程图

等，为使最终布局结果满足"节点均匀分布"的美学标准，根据抽象节点聚合的原始节点数量划分布局空间。多力引导布局算法通过考虑节点与其跨层副本之间的层间对应关系，使相同或相似的节点布局在各网络层画布中相近的位置。在细化布局阶段，将上级抽象节点的坐标作为原始网络中各社团的中心点坐标，在中心点对应的布局空间内随机初始化节点位置，采用多力引导布局算法对各个社团内部的节点布局。具体的布局空间划分方法和多力引导布局算法分别在7.3节和7.4节进行详细介绍。

基于引力—斥力模型的力引导布局算法通过模拟退火过程控制能量衰减。如果节点初始位置的选择不当，容易导致系统能量局部最小化。因此，采用随机布局初始化节点位置不太可能产生全局最优的最终布局。一方面，两级多力引导布局框架通过将节点布局过程分为粗化布局和细化布局两个阶段实现，粗化布局为压缩网络中的抽象节点计算位置，为细化布局提供初始化参数，从而避免产生局部最优的布局结果。另一方面，通过粗化布局根据社团中的节点数量划分社团的布局空间，突出社团结构划分，避免社团相互交叉或重叠。根据社团的中心点坐标为细化布局提供合理的初始化节点坐标,将节点均匀地布局在画布中,更好地满足了美学标准。

7.3 考虑"节点"尺寸的布局空间划分

力引导布局的目的是减少布局中边的交叉数量和保持连边长度一致,包括力引导模型和迭代算法两部分。力引导模型根据网络中节点间的距离和连边关系模拟节点受力分析,迭代算法则根据节点的受力情况更新节点位置;重复循环上述过程,使得每个节点所受合力均衡,实现系统稳定。由于力引导模型能很好地满足美学标准,在网络可视化中得到了广泛应用。

传统的力引导模型中将节点的斥力(repulsive force)和引力(attractive force)分别定义为

$$F_r = -K_r/(\Delta \times \Delta) \tag{7-1}$$

$$F_a = K_a(\Delta - l_o) \tag{7-2}$$

式中:Δ 表示节点欧氏距离;l_o 表示弹簧原长(连边的理想长度或最优边长);K_a 表示弹簧引力常数;K_r 表示斥力系数。按照"节点均匀布局"的美学原则,最优边长 l_o 为

$$l_o = \sqrt{WH/|V|} \tag{7-3}$$

式中:W、H 分别表示绘制区域的宽和高;$|V|$ 为节点个数。

上述传统力引导模型根据绘制空间的尺寸和节点数量计算节点间的最优边长 l_o。当节点间的距离小于最优边长时,节点受斥力作用相互排斥,从而避免节点的密集布局,达到防止节点重叠的效果。

但是,传统力引导模型并没有考虑到节点尺寸的影响。如果在粗化布局阶段按照传统力引导模型计算抽象节点间的距离,很容易在细化布局过程中造成社团结构间的交叉。因此,根据抽象节点代表的原始网络节点数量划分布局空间,将节点均匀地布局在画布中,从而避免社团之间的节点交叉重叠问题。

图 7-4 为布局空间划分示意图,图中根据抽象节点的数量将布局空间划分为相等数量的圆形区域,圆形区域的面积与抽象节点包含的原始网络节点数量成正比,即

$$\frac{S_u}{S_i} = \frac{N_u}{N_{G_i'}} = \frac{\pi r_u^2}{\pi r_i^2} \tag{7-4}$$

式中:S_i 为整个画布空间的面积;N_{G_i} 为第 i 个网络层 G_i 中的节点总数;$r_i = \frac{1}{2}\max(W, H)$,表示根据画布宽度或高度的较大值设定整个画布空间的半径;

S_u 表示节点 u 的布局空间面积；N_u 表示节点 u 聚合的原始网络节点数量；r_u 表示节点 u 所在的圆形布局空间的半径。

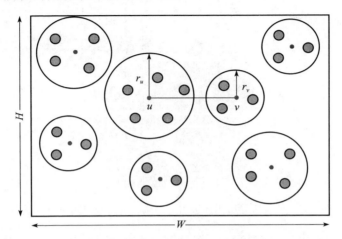

图 7-4　布局空间划分示意图

根据式（7-4）可计算任意抽象节点所在圆形布局空间的半径，设定任意两个节点 u、v 之间最优边长为

$$l_o = r_u + r_v \tag{7-5}$$

在粗化布局过程中，根据抽象节点包含的原始网络节点数量优化力引导模型中不同的节点对设置合适的最优边长。当节点间的距离小于此最优边长时，节点受斥力作用相互排斥，从而避免抽象节点所在的布局空间重叠。进一步，在细化布局过程中节点均匀布局在隶属的圆形区域内，达到防止节点重叠和区域交叉的效果。

7.4　基于多力引导模型的优化布局

为综合展示多层网络层内社团结构和层间结构对比，本节基于传统力引导布局算法，通过引入层内质心引力和跨层节点—副本之间的引力，扩展传统的引力—斥力模型，构建一种多力引导模型，结合模拟退火算法，设计并实现多力引导节点布局算法。

7.4.1　多力引导模型

图 7-5 为多力引导模型中节点受力情况示意图，图中示例网络为包含 2 个网络层 L_α、L_β 的多层网络，网络中包含 4 个节点和 8 条边，其中节点集合

$V_M = \{v, 2, 3, 4\}$,连边集合 $E_M = \{(v, 2, L_\alpha), (v, 3, L_\alpha), (2, 3, L_\alpha), (2, 4, L_\alpha), (v, 2, L_\beta), (v, 4, L_\beta), (2, 3, L_\beta), (2, 4, L_\beta)\}$,$L_\alpha$ 层中的节点 v、2、3 隶属同一社团。

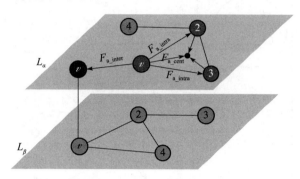

图 7-5 节点所受层内连边引力、质心引力和层间引力示意图

图中 L_α 层的节点 v(简记为 (v, L_α))受到斥力和引力作用。其中,斥力与传统力引导模型类似,来自同层的所有节点 2、3、4;而节点 (v, L_α) 所受引力 $F_a(v, L_\alpha)$ 则包括 3 部分:具有层内连边的节点间的引力($F_{a\_intra}(v, L_\alpha)$)、质心引力 $F_{a\_cent}(v, L_\alpha)$ 和跨层的节点与其副本之间的引力($F_{a\_inter}(v, L_\alpha)$)。

以下以节点 (v, L_α) 为例,给出其所受合力 $F(v, L_\alpha)$ 的计算步骤。同理,可获得多层网络中节点 v 在 L_β 层和其他节点在各个网络层的受力情况。

1. 斥力计算

节点 (v, L_α) 受到来自同层节点 $(2, L_\alpha)$ 的斥力,方向由节点 $(2, L_\alpha)$ 指向节点 (v, L_α),由式(7-1)得

$$F_r^2(v, L_\alpha) = -K_r/(D_{v,2} D_{v,2}) \tag{7-6}$$

式中:K_r 为斥力常数;由于本书采用 2.5D 的切片模型展示多个网络层,为了与式(7-1)中的欧式距离 Δ 区别,采用 $D_{v,2}$ 表示 L_α 层中节点 v 与 L_β 层中节点 2 之间的水平偏移,即

$$D_{v,2} = \sqrt{(d_x)^2 + (d_y)^2} = \sqrt{(x_v - x_2)^2 + (y_v - y_2)^2} \tag{7-7}$$

式中:(x_v, y_v, z_v)、(x_2, y_2, z_2) 分别为节点 (v, L_α) 与节点 $(2, L_\alpha)$ 的位置坐标。

节点 (v, L_α) 受到来自节点 $(2, L_\alpha)$ 的斥力,在 X 方向和 Y 方向的分力分别为

$$F_{r\_X}^2(v, L_\alpha) = \frac{dx}{D_{v,2}} F_r^2(v, L_\alpha) = -K_r \frac{dx}{D_{v,2}^3} \tag{7-8}$$

$$F_{r\_Y}^2(v,L_\alpha) = \frac{dy}{D_{v,2}} F_r^2(v,L_\alpha) = -K_r \frac{dy}{D_{v,2}^3} \quad (7\text{-}9)$$

同理，可求得节点（v，L_α）受到来自同层中所有其他节点的斥力，并求和得到节点（v，L_α）所受斥力之和，即

$$F_r(v,L_\alpha) = \sum_{\mu \in L_\alpha, u \neq v} F_r^u(v,L_\alpha) \quad (7\text{-}10)$$

2. 层内连边引力计算

L_α 层中的节点 v 和节点 2 之间的层间存在连边（v，2，L_α），则节点（v，L_α）受到来自同层节点 2 的层间连边引力可根据式（7-2）和式（7-5）计算得到，即

$$F_{a\_intra}^2(v,L_\alpha) = K_{a\_intra}(D_{v,2} - l_o) \quad (7\text{-}11)$$

式中：K_{a_intra} 为层内连边引力常数；l_o 为节点（v，L_α）和节点（2，L_α）之间的最优边长，根据式（7-5）计算得到。需要注意的是，在粗化布局阶段，l_o 由节点（v，L_α）和节点（2，L_α）圆形布局空间的半径确定，以避免各个社团布局空间的交叉，不同节点对之间的 l_o 并不一定相等；在细化布局阶段，由于每个节点的布局空间内只包括一个节点即节点自身，因此不同节点对之间的 l_o 是相等的。

节点（v，L_α）受到来自节点（2，L_α）的层内连边引力，在 X 方向和 Y 方向的分力分别为

$$F_{a\_intra\_X}^2(v,L_\alpha) = \frac{dx}{D_{v,2}} F_{a\_intra}^2(v,L_\alpha) = -K_{a\_intra} \frac{dx(D_{v,2}-l_o)}{D_{v,2}} \quad (7\text{-}12)$$

$$F_{a\_intra\_Y}^2(v,L_\alpha) = \frac{dy}{D_{v,2}} F_{a\_intra}^2(v,L_\alpha) = -K_{a\_intra} \frac{dy(D_{v,2}-l_o)}{D_{v,2}} \quad (7\text{-}13)$$

同理，可求得节点（v，L_α）受到来自同层中所有与其有连边的其他节点的引力，并求和得到节点（v，L_α）所受层内连边引力之和，即

$$F_{a\_intra}(v,L_\alpha) = \sum_{(u,v,L_\alpha) \in E_M} F_{a\_intra}^u(v,L_\alpha) \quad (7\text{-}14)$$

3. 层内质心引力计算

在粗化布局阶段根据社团中的节点数量划分了布局空间，为了确保隶属同一社团的节点在布局位置上更加靠近，而不是绘制在布局空间之外，给隶属同一社团的节点添加几何约束，使其向各自的布局区域中心靠拢。

在每一次迭代过程中，首先计算节点所在布局空间的几何质心坐标，其次为每个节点添加指向质心的引力，使得隶属同一社团的节点在质心引力的作用下向质心靠拢，形成局部聚集而局部之间分割的布局效果。

如图 7-5 所示，L_α 层中的节点 (v, L_α) 所属的社团 S_r 中包含 3 个节点 $\{v, 2, 3\}$，其中任意节点 u 的坐标记为 (x_u, y_u)，则社团 S_r 的质心 P_{S_r} 的坐标为 $P_{S_r} = (x_{S_r}, y_{S_r})$，即

$$x_{S_r} = \frac{1}{|V|} \sum_{u \in V} x_u \tag{7-15}$$

$$y_{S_r} = \frac{1}{|V|} \sum_{u \in V} y_u \tag{7-16}$$

式中：V 表示社团 S_r 包含的节点数量。

节点 (v, L_α) 受到来自所属社团 S_r 的质心引力 $F_{a\_cent}(v, L_\alpha)$，可通过如下公式计算，且方向为由节点 (v, L_α) 指向质心 P_{S_r}：

$$F_{a\_cent}(v, L_\alpha) = K_{a\_cent}(D_{v, P_{S_r}} - l_o) \tag{7-17}$$

式中：K_{a_cent} 为质心引力常数。

节点 (v, L_α) 所受质心引力在 X 方向和 Y 方向的分力分别为

$$F_{a\_cent\_X}(v, L_\alpha) = \frac{dx}{D_{v, P_{S_r}}} F_{a\_cent}(v, L_\alpha) = -K_{a\_cent} \frac{dx(D_{v, P_{S_r}} - l_o)}{D_{v, P_{S_r}}} \tag{7-18}$$

$$F_{a\_cent\_Y}(v, L_\alpha) = \frac{dy}{D_{v, P_{S_r}}} F_{a\_cent}(v, L_\alpha) = -K_{a\_cent} \frac{dy(D_{v, P_{S_r}} - l_o)}{D_{v, P_{S_r}}} \tag{7-19}$$

同理，可求得同一社团中其他节点受到来自质心 P_{S_r} 的质心引力。

4. 跨层的节点与其副本之间的引力计算

如图 7-5 所示，节点 (v, L_α) 除了受到本层节点的斥力、层内连边引力和质心引力外，还受到其位于 L_β 层的副本节点 (v, L_β) 的引力，即 $F_{a\_inter}^{L_\beta}(v, L_\alpha)$，方向为由节点 (v, L_α) 指向副本节点 (v, L_β)：

$$F_{a\_inter}^{L_\beta}(v, L_\alpha) = K_{a\_inter}(D_{(v, L_\alpha), (v, L_\beta)} - l_o) \tag{7-20}$$

式中：K_{a_inter} 为层间引力常数；$D_{(v, L_\alpha), (v, L_\beta)}$ 表示节点 (v, L_α) 与其位于 L_β 层的副本节点 (v, L_β) 的水平偏移。

节点 (v, L_α) 受到其位于 L_β 层的副本节点 (v, L_β) 的跨层引力，在 X 方向和 Y 方向的分力分别为

$$F_{a\_inter\_X}^{L_\beta}(v, L_\alpha) = \frac{dx}{D_{(v, L_\alpha), (v, L_\beta)}} F_{a\_inter}^{L_\beta}(v, L_\alpha) = -K_{a\_inter} \frac{dx(D_{(v, L_\alpha), (v, L_\beta)} - l_o)}{D_{(v, L_\alpha), (v, L_\beta)}}$$

$$\tag{7-21}$$

$$F_{\text{a\_inter\_Y}}^{L_\beta}(v, L_\alpha) = \frac{\mathrm{d}y}{D_{(v,L_\alpha),(v,L_\beta)}} F_{\text{a\_inter}}^{L_\beta}(v, L_\alpha) = -K_{\text{a\_inter}} \frac{\mathrm{d}y(D_{(v,L_\alpha),(v,L_\beta)} - l_o)}{D_{(v,L_\alpha),(v,L_\beta)}}$$
(7-22)

同理，可求得节点 (v, L_α) 受到其位于其他网络层的副本节点 v 的跨层引力，并得到所受跨层引力之和，即

$$F_{\text{a\_inter}}(v, L_\alpha) = \sum_{L_\beta \in L(v)} F_{\text{a\_inter}}^{L_\beta}(v, L_\alpha)$$
(7-23)

式中：$L(v)$ 为节点 v 及其所有副本隶属的网络层的集合。

5. 合力计算

节点 (v, L_α) 受到的合力为上述斥力与 3 种引力之和，即

$$\begin{aligned} F(v, L_\alpha) &= F_r(v, L_\alpha) + F_a(v, L_\alpha) \\ &= F_r(v, L_\alpha) + F_{\text{a\_intra}}(v, L_\alpha) + F_{\text{a\_cent}}(v, L_\alpha) + F_{\text{a\_inter}}(v, L_\alpha) \end{aligned}$$
(7-24)

7.4.2 温度控制

为快速实现稳定布局，避免布局过程过度迭代造成资源浪费，利用模拟退火算法，为多力引导布局过程设置系统温度参数 $\eta(t)$。通过系统温度衰减调整迭代布局过程中节点的移动速度 v，温度高，表示系统能量越大，节点移动速度越快；反之，表示系统能量越小，节点移动速度越慢。当系统温度 $\eta(t)$ 衰减至下限阈值 T_η 时，移动速度为 0，则认为节点布局过程达到稳定状态，模拟受力过程结束。

温度衰减过程采用如下公式表示，即

$$\eta(t+1) = r\eta(t)$$
(7-25)

$$r = 1 - i/I$$
(7-26)

式中：r 表示冷却系数；I 为最大迭代次数；i 为当前迭代次数。经过每次迭代布局，系统温度 $\eta(t)$ 逐渐降低；当 $\eta(t)$ 达到下限阈值 T_η 或迭代次数达到最大值时，认为系统达到稳定状态，布局过程结束。

任意节点在 t 时刻受力为 $F(t)$，假设粒子质量 $m=1$，时间间隔为 $\Delta t = 1$，则每次迭代的速度增量为

$$\Delta v(t) = F(t)/(m\Delta t) = F(t)$$
(7-27)

节点的移动速度 $v(t)$ 由系统温度 $\eta(t)$ 和温度衰减速率 $d_\eta(t)$ 共同控制，其中，η 控制迭代过程，$d_\eta(t)$ 控制速度衰减速率，使系统能够稳定收敛，则下一时刻运动速度为

$$v(t+1) = (v(t) + \Delta v(t)\eta(t))d_\eta(t)$$
(7-28)

节点在 Δt 产生的位移为

$$\begin{cases} d_x(t) = v_x(t)\Delta t \\ d_y(t) = v_y(t)\Delta t \end{cases} \quad (7-29)$$

节点在下一时刻迭代的位置更新公式为

$$\begin{cases} x(t+1) = x(t) + d_x(t) \\ y(t+1) = y(t) + d_y(t) \end{cases} \quad (7-30)$$

7.4.3 多力引导布局算法描述

为输出比较稳定的布局结果，采用圆环布局初始化各层节点坐标；采用模拟退火算法，通过系统状态控制每次迭代过程中节点的移动速度，实现快速布局，避免固定迭代次数造成的资源浪费。系统状态是否稳定由系统温度衡量，若系统温度小于一个给定的下限阈值或达到最大迭代次数时，节点受力后位移基本不变，则认为系统达到稳定状态。

多力引导布局算法步骤如下：

输入：目标网络 G_M 邻接张量 M，绘图区域宽度 W，绘图区域高度 H，最大迭代次数 I。

输出：节点在各层的 3D 坐标。

Step_1：根据绘图区域尺寸，根据式（7-5）计算最优边长 l_o。

Step_2：采用圆环布局初始化所有节点在所有网络层的坐标，节点 z 轴坐标为该层所处位置的 z 轴坐标，布局过程中保持不变。

Step_3：遍历所有网络层中的所有节点，分别根据式（7-10）、式（7-17）和式（7-23）计算节点在对应网络层所受的斥力 $F_r(v, L_\alpha)$、质心引力 $F_{a\_cent}(v, L_\alpha)$ 和跨层节的点与其副本之间的引力 $F_{a\_inter}(v, L_\alpha)$。

Step_4：遍历所有网络层中的所有层内连边，根据式（7-14）计算所有节点在对应网络层所受的层内连边引力 $F_{a\_intra}(v, L_\alpha)$。

Step_5：遍历所有网络层中的所有节点，根据式（7-24）计算该网络层在对应网络层所受的合力 $F(v, L_\alpha)$，并利用式（7-30）更新节点位置坐标。

Step_6：根据式（7-25）计算当前迭代过程的系统温度，如果温度衰减至下限阈值或者达到迭代次数上限，认为系统进入稳定状态，算法结束；否则，返回 Step_3。

采用基于引力—斥力模型布局方法对空间信息多层网络的各网络层节点布局，其时间复杂度主要包括所有节点间的斥力计算复杂度 $O(d \times |V|^2)$ 和所有层内连边引力计算复杂度 $O(|E_{intra-edge}|)$，其中 d 为层数。多力引导模型布局算法的时间复杂度在基于引力—斥力模型布局方法的基础上增加了质心引力计

算复杂度 $O(d\times|V|)$ 和层间节点—副本的引力计算复杂度 $O(d\times|V|)$。对于大规模网络节点布局来说,传统引力—斥力模型和多力引导模型布局算法的时间复杂度相当,近似为 $O(|V|^2)$,斥力计算仍是影响布局速度的重要因素。7.5 节采用四叉树方法加速斥力计算过程,实现对多力引导布局的加速优化。

7.5 基于四叉树的斥力计算加速

多力引导布局算法的每次迭代过程都需要针对每个网络层中的每个节点计算受到本层所有其他节点的斥力,对于节点规模较大的网络,过高的计算复杂度将极大地影响布局效率。受 N-body 模型的启发,本节采用文献 [1] 提出的四叉树近似方法对各网络层中节点的斥力计算过程进行优化。

N-body 模型源自天体力学,用于描述指定系统中一定数量粒子两两之间的相互作用。假设系统中有 N 个粒子,每个粒子都受到来自其他所有粒子的作用力。如果直接计算单个粒子对之间的受力,则计算复杂度为 $O(N)$,因此,N-body 模型多所有节点受力计算的复杂度为 $O(N\log|N|)$。为了提高计算效率,国内外学者通常采用分级树方法近似受力计算,图 7-6 为分级树近似方法示意图,当粒子 A 与集合 P 中所有粒子之间的距离都比较远时,不是按照如图 7-6(a) 所示直接计算粒子 A 与集合 P 中每个粒子之间的受力,而是如图 7-6(b) 所示,将集合 P 近似为一个中心粒子 B,采用粒子 A 和中心粒子 B 之间的受力近似,从而降低计算复杂度。

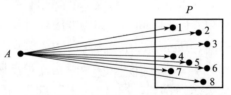

(a)计算粒子 A 与集合 P 中每个粒子之间的受力

(b)粒子 A 和中心粒子 B 之间的受力近似

图 7-6 分级树近似方法示意图

基于四叉树的斥力计算优化主要分为 3 个步骤:①根据当前节点的位置,利用四叉树空间分割方法划分布局空间;②对分布在不同分区的节点分别构建四叉树，并生成索引；③遍历所有节点，根据索引查找节点邻域，根据四叉树结构计算节点所受的近似斥力。

图 7-7 为采用四叉树分割方法划分布局空间示意图。首先通过对垂直和水平方向分别等分，将有效绘图空间分为 4 个相等的子空间。针对每个子空间采用相同方法迭代分割，直到每个子空间中只包含 1 个节点。图中对包含 11 个节点的布局空间进行分割，根据节点当前位置，通过 3 级四叉树分割将每个节点划分到单独的子空间中。

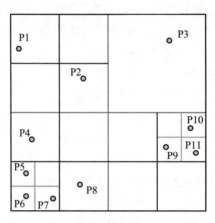

图 7-7　采用四叉树分割方法划分布局空间示意图

根据布局空间划分结果，相对应地构建四叉树结构。图中每个四叉树中的节点（包括"根"节点和叶子节点）都对应一个空间区域，采用数字编号表示。

文献 [1] 采用传统的十进制 Morton 编码方法对树节点依次编号并建立索引，编号结果如图 7-8(a) 所示，图中节点编号位于节点右上角。每个节点的索引包含 6 个指针，即 4 个子节点指针、父节点指针和自身的数据指针，节点之间通过指针表示邻接关系。例如，图（a）中节点 7 的叶子节点为 10、11、12 和 1 个空节点，父节点为 2。基于这种编码方法，只需根据指针结合深度优先算法即可遍历四叉树，查询算法设计比较简单。但是，需要存储信息较多，占用存储空间较大。本节采用满树编码方法对树中所有节点编号，具体编码规则如下：

$$\text{ID}=\begin{cases}0, & i=0\\ 4\times i+k, & i>0, k=1,2,3,4\end{cases} \quad (7\text{-}31)$$

式中：i 为节点所在树的层次，根节点为 0 级，编号为 0。根据式（7-31）为网络中所有节点建立唯一编号，节点索引中只需保留编号即可获取节点所在层次信息。

第7章 基于两级多力引导模型的空间信息多层网络优化布局方法

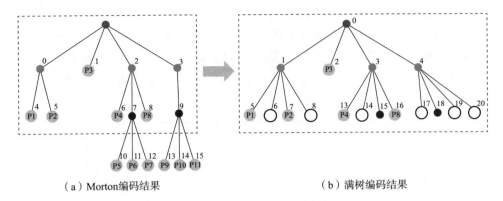

(a) Morton编码结果　　　　　　　　(b) 满树编码结果

图 7-8　四叉树结构对比

图 7-8(b) 为采用满树编码方法对四叉树中三级结构节点的编码结果。满树编码方法从 0 开始按照树的层次编码,每个节点具有固定的编号,不因树结构的变化而变化。如果 ID>0,可得节点的父节点编号为 [(ID-1)/4];节点 ID 处于树结构的层次为 $[\log_4(3\times ID+1)]$。与传统的四叉树编码相比,满树编码无须保存大量的指针信息,仅通过编号即可得到节点的结构信息。

根据四叉树结构对节点斥力进行近似计算,首先后序遍历树结构中的所有节点,计算每个节点的强度、坐标和状态。假设代表原始网络节点的叶子节点(图 7-8 中浅色节点)的强度为 1,空节点(图 7-8 中空心节点)的强度为 0,每个节点的强度为所包含的所有孩子节点的强度之和;节点坐标为所包含的所有孩子节点坐标的均值;节点状态分为 3 种,即已合并而不存在的节点、叶子节点和内部节点,分别用 0、1、2 进行标识。表 7-1 为四叉树结构中部分节点的强度和状态列表。

表 7-1　四叉树结构中部分节点的强度和状态列表

节点编号	0	1	2	3	4	5	6	7	8	9	10	11	12	13	14	15	16
节点强度	11	2	1	5	3	1	0	1	0	0	0	0	0	0	1	0	3	1
状态标识	2	2	1	2	2	1	0	1	0	0	0	0	0	0	1	0	2	1

遍历四叉树中的所有叶子节点,根据每个叶子节点在树结构中的位置,计算其近似斥力。以图 7-9 中的节点 P3 为例,其在树结构中的编号为 2,处于树结构的第 1 层,其父节点编号为 0,处于树结构的根节点位置。遍历所有第 1 层节点,如果其与节点 P3 的距离足够远,则将其代表的子空间内的所有节点视为一个整体,通过计算 P3 与中心节点间的斥力近似为 P3 与子空间内部所有节点的斥力之和;否则,遍历该空间内部所有节点,迭代上述距离阈值判

定和近似斥力计算过程，直至遍历所有叶子节点。

如图 7-9 所示，D 为节点 P3 到节点 3 的距离，W 为节点 3 代表的子空间的宽度。设 E 为距离判定阈值，如果 $w/D>E$，则判定该子空间距离节点 P3 足够远，通过计算 P3 与中心节点间的斥力近似为 P3 与子空间内部所有节点的斥力之和；否则，遍历该子空间内部所有节点。

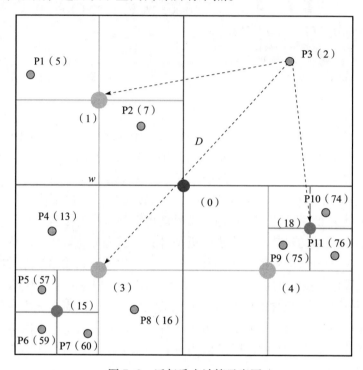

图 7-9　近似斥力计算示意图

对于具有 $|V|$ 个节点的网络，其四叉树平均深度为 $\log(|V|)$，迭代过程中，采用近似方法计算距离较远的节点间的斥力。每个节点的斥力计算复杂度近似为四叉树深度，即 $O(\log(|V|))$，因此在一次力引导迭代过程中对所有共 $|V|$ 个节点进行计算，其复杂度可低至 $O(|V|\log(|V|))$。

7.6　案例分析

7.6.1　实验与评价方法设计

为验证本章优化布局方法的效果，基于层叠切片模型展示方案，分别采用

第7章 基于两级多力引导模型的空间信息多层网络优化布局方法

基于FR模型的相同布局方法[2]（相同布局）、考虑质心约束的力引导独立布局方法[3]（独立布局）和本章提出的优化布局方法（优化布局）对多组空间信息多层网络仿真数据进行可视化布局。通过算法执行效率对比分析，验证本书优化布局方法在加速优化方面的有效性；通过布局效果对比分析，验证本章优化布局方法在层内社团结构展示和层间结构对比方面的优势，分析基于本章优化布局方法生成的拓扑结构视图对空间信息多层网络分析任务的支持。

7.6.2 布局效率对比分析

采用不同布局方法对不同规模的多组多层网络数据进行布局，针对每组网络数据进行100次布局实验，取平均运行时间表示布局效率，表7-2为不同方法布局效率对比结果。从表7-2可知，基于FR模型的相同布局方法在节点规模较小时，布局效率高于其他布局方法。这是因为此时斥力计算对计算复杂的影响还不明显，而相同布局只需要计算单个网络层的节点坐标，因此在运行时间上小于其他算法。

表7-2 不同布局方法布局效率对比表

数据集	层数	节点数	连边数	相同布局/s	独立布局/s	未加速的优化布局/s	优化布局/s
G_1	3	10	85	0.18	0.41	0.44	0.21
G_2	3	29	740	1.58	3.35	2.26	1.21
G_3	3	51	833	3.43	6.78	3.94	1.74
G_4	3	100	1769	11.76	21.06	10.36	3.75
G_5	3	295	3057	90.08	230.01	165.90	4.85
G_6	3	500	4328	254.32	575.82	453.32	16.64
G_7	3	980	5502	965.90	2087.64	1069.58	31.63
G_8	3	2651	45279	—	—	—	123.87
G_1	3	4980	30356	—	—	—	187.42

当网络规模继续增大到一定程度，相同布局方法完成布局需要的运行时间超出了可视化展示的容忍范围，如对具有980个节点的网络布局时，运行时间为16min；"—"表示随着网络规模的进一步增大，在有限的迭代次数内，基于FR模型的相同布局方法输出的布局结果仍然存在视觉杂乱现象，难以达到满足可视化分析的布局效果。而考虑了质心引力的独立布局算法不仅要对多个网络层分别布局，而且在每个网络层的布局过程中增加了质心引力的计算，复

169

杂度为 $O(d\times|V|)$，运行时间更是大于基于 FR 模型的相同布局方法。

未采用加速优化的两级多力引导布局方法虽然在计算复杂度上较独立布局方法进一步增加了跨层节点—副本之间的引力计算复杂度 $O(d\times|V|)$，但是由于采用两级布局框架，在细化布局之前通过粗化布局获得了较好的节点初始位置，在迭代次数上要远小于独立布局，因此其布局效率虽然比相同布局高得多，优于独立布局。随着网络规模的进一步增大，受节点数量限制，多力布局同样难以在有限次数的迭代过程后达到满足可视化展示需求的布局效果。进一步，采用了四叉树加速优化的两级多力布局方法（即本书方法），通过引入四叉树索引对斥力近似计算，能够将斥力计算复杂由 $O(d|V|^2)$ 降低到 $O(d|V|\log(|V|))$，布局效率远远优于其他 3 种方法。

综合上述分析，进一步验证了斥力计算是影响大规模网络节点布局效率的主要因素，基于四叉树的斥力计算加速优化方法可以很好地降低斥力计算复杂度。本书优化布局方法将基于四叉树的加速优化方法应用于两级多力引导布局框架，可提升本书优化布局方法对大规模多层网络可视化的布局效率。但是，需要指出的是，受屏幕尺寸限制，当节点个数大于 500 时，则可视化效果大大降低。此时只能通过过滤、选择等交互技术对感兴趣的子网结构或压缩网络进行展示。

7.6.3　布局效果对比分析

为比较不同布局方法在布局效果上的差异，实验选择了包含 3 个网络层的空间信息多层网络布局结果进行分析。其中，3 个网络层分别记为 layer1 层、layer2 层和 layer3 层；共 29 个节点，节点编号为 1~29；共有 740 条边。实验中 3 种不同方法的布局结果分别如图 7-10~图 7-12 所示，各图（a）~图（c）对应为原始网络层，图（d）~图（f）分别为 layer1 和 layer2 的重叠层，layer1、layer2 和 layer3 的重叠层和聚合层。

图 7-10 为采用相同布局方法对全网聚合层节点布局，其他各网络层节点位置与聚合层中对应节点位置相同。这种布局效果的优点是方便了节点与跨层副本的快速识别。但是，由于布局过程仅考虑了单一网络层中的连接关系，除了聚合层以外的其他各网络层中的社团聚集布局效果不明显。不同社团之间相互交叉，难以有效获取网络层的社团构成信息，很难进一步开展对节点和连边分布的分析，以及层间结构的对比。将图 7-10、图 7-11 与图 7-12 中对应网络层对比，可以看出，后面两种布局方法都比较好地展示本层社团划分结果，这是因为都采用了基本的 FR 模型，保证隶属同一社团的节点（具有较多连边的节点）相对集中地布局在一起，并且独立布局中同一社团内部节点聚集更紧密。

第7章 基于两级多力引导模型的空间信息多层网络优化布局方法

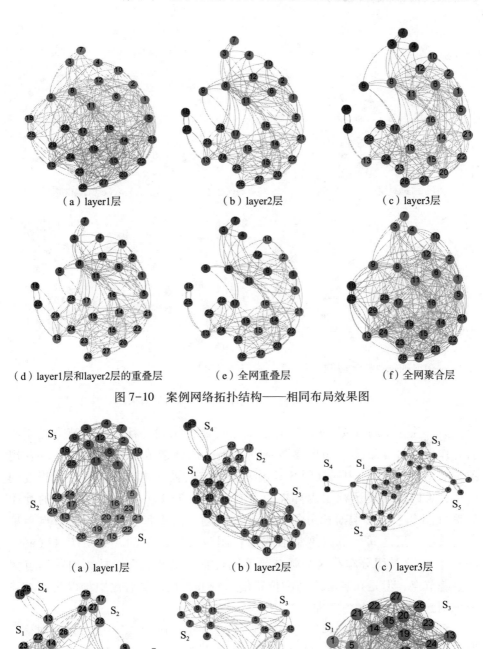

（a）layer1层　　　　　　（b）layer2层　　　　　　（c）layer3层

（d）layer1层和layer2层的重叠层　　（e）全网重叠层　　　　（f）全网聚合层

图 7-10 案例网络拓扑结构——相同布局效果图

（a）layer1层　　　　　　（b）layer2层　　　　　　（c）layer3层

（d）layer1层和layer2层的重叠层　　（e）全网重叠层　　　　（f）全网聚合层

图 7-11 模拟网络拓扑结构——独立布局效果图

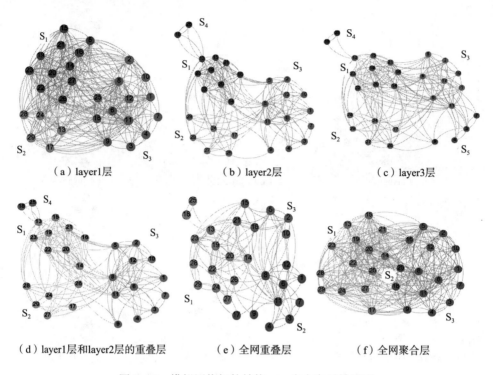

图 7-12 模拟网络拓扑结构——多力布局效果图

但是独立布局（图 7-11）存在 3 个问题：①同一社团内部节点受质心引力作用，过度聚集，如果参数选择不当，还会造成社团内的节点重叠现象，如图 7-11(b) 中的社团 S_4；②密集节点对社团内部连边有较大程度的遮挡，难以清晰展示社团内部连边分布，如图 7-11(a) 和 (b) 中的社团 S_1 和社团 S_2；③多层对比分析最关键的问题，由于每个网络层的节点单独布局，层与层之间由节点聚集形成的社团位置是随机的，如图 7-11(a)～(c) 中的 S_3 社团分布在 3 个画布的不同位置，虽然这 3 个社团内部具有大量重叠节点，但是在各层之间的位置偏移较大，在跨层对比中难以快速查找和识别。

而优化布局（图 7-12）中社团内部节点一方面受到质心引力作用向社团中心聚拢，结合颜色编码，能够形成明显的社团划分；另一方面，通过引入节点和副本之间的层间引力，避免了节点过度向社团中心聚集，同时保证层间节点及其副本位置偏移较小，实现节点的均衡布局，保证具有较多重叠节点的社团布局在画布中相对固定的位置，如图 7-12 (a)～(f) 中的 S_1 社团，都布局在画布左侧偏上位置，社团内部节点位置相对固定，这样便于层间结构对比和快速实现相似社团与重叠节点的跨层识别。

7.6.4 优化布局方法的优势和局限分析

通过对上述 3 种布局算法的布局效果的对比分析可以看出，本章多力引导模型通过引入质心引力和跨层节点—副本间的层间引力，不仅能够清晰展示多层网络中各网络层的社团构成，而且节点分布更加均匀，能够达到层间社团结构对比和节点—副本识别的效果，便于支持层间结构对比分析。

下面结合图 7-12 的拓扑结构视图具体分析优化布局方法对空间信息多层网络可视分析任务的支持。

首先，如图 7-12 所示，采用切片模型将每个网络层（依次为各个原始网络层、重叠层、全网重叠层和聚合层）展示在二维平面上，便于用户跨层选择感兴趣的区域和进一步的层间对比分析。

其次，图 7-12 中隶属同一社团的节点聚集在一起，形成组内密集、组间稀疏的布局效果。如图 7-12 所示，每个网络层分别包含社团数量分别为 3，4，5，4，3，4。各网络层在社团构成上并不相同，节点隶属社团也不完全一致：如图 7-12(b) 和 (d) 所示，这两个网络层社团划分基本一致，节点在画布中的位置相对固定。但是，可以很明显地发现图 7-12(d) 中节点 26 远离社团 S_2 并向社团 S_1 靠近。这是因为两个网络层连边分布不同，节点 26 在两个网络层中的社团划分发生了变化，产生了图 (d) 中节点 26 向社团 S_1 靠近的效果。类似地，从图 7-12(a)、(b) 中可以发现，S_1、S_2、S_3 社团都有较大比例的重叠节点，但是仍然存在不少节点分布在不同的社团。由于本章方法采用多力引导模型布局，可以很方便地识别相似社团中的重叠节点和非重叠节点。

最后，可聚焦于单个网络层对社团内部节点分布、社团内部连边和社团之间的连边分布进行直观分析。以图 7-12(b) 为例：在网络层的社团构成方面，该层网络共由 4 个社团构成，其中 S_4 社团节点数量最少，仅包含 2 个节点，S_3 社团包含节点最多，共 12 个节点；在社团内部连边分布方面，S_1 社团和 S_3 社团内部连边较多，其他两个社团内部连边相对稀疏；在社团间的连边分布方面，S_4 社团仅与 S_1 社团之间有连边，其他 3 个社团相互之间连边分布比较均匀。基于对每个网络层的分析，还可以对多个网络层间的相似社团内部的节点和连边分布情况进行对比。

以上结合拓扑结构图对案例网络的社团构成、社团内部节点和连边分布进行了直观分析，可以定性地对层间的社团、节点和连边的分布进行对比分析。仅通过拓扑结构视图，虽然可以直观感知到网络层之间具有较大程度的重叠，但是很难给出定量的对比结果，如连边重叠比例或重叠边数量等。因此，难以满足大规模网络分析或者更准确的信息需求，而这个问题需要采用本书提出的基于选择和聚合的交互方法，结合高阶信息视图得到解决。

通过上述分析，可以将基于本书优化布局方法生成的拓扑结构视图在空间信息多层网络分析中起到的作用归纳为以下两个方面：①通过节点—连接图对网络层中节点和连边等细节信息进行展示，揭示了网络层中的社团构成，可以清晰直观地反映空间信息多层网络整体结构；②直观感知层间结构的差异，辅助用户对网络节点和连边分布等方面进行评估和预测，方便用户发现感兴趣的层（或子图、区域等）和节点，进一步探索感兴趣区域更详细的细节信息和高阶聚合信息等。

7.7 小结

本章针对空间信息多层网络可视化对单网络层社团结构展示和多网络层间结构对比分析的需求，从层间拓扑结构对比和降低计算复杂度两个方面开展适用于空间信息多层网络可视化的优化布局方法研究。首先，设计了一种两级多力引导布局框架，通过在粗化布局阶段根据抽象"节点"尺寸对布局空间进行划分，为细化布局提供合理的节点初始坐标，降低布局过程的迭代次数，提高布局效率。其次，通过考虑质心引力和跨层节点—副本之间的引力，优化基本力引导模型，提出一种基于多力引导模型的节点布局算法，不仅能够清晰展示各网络层的社团构成，而且节点分布更加均匀，能够达到层间社团结构对比和节点—副本识别的效果，便于支持层间结构对比分析。最后，通过四叉树加速方法优化多力引导布局算法中的斥力计算，并采用满四叉树编码方法改进邻域空间查询，进一步提升布局效率，扩展本章优化布局方法的适用性。

实验结果表明，本章优化布局方法可以达到支持单网络层聚类结构展示和多网络层间结构对比分析的可视化效果，能够较好地支持空间信息多层网络可视分析任务。但是，通过节点的可视化布局，只能从直观上感知网络结构特征及其层间结构的差异，在对网络数据内部隐含的规律或模式进行评估和预测方面只能起到辅助作用。第8章将进一步探索对感兴趣区域更详细的细节信息和高阶聚合信息的可视化方法。

参考文献

[1] Quigley A, et al. FADE: graph drawing, clustering, and visual abstraction [C]//International Symposium on Graph Drawing. London, UK: Springer-Verlag, 2000: 197-210.

[2] Rossi L, et al. Towards effective visual analytics on multiplex and multi-layer [J]. Chaos, Solitons & Fractals, 2015, 72 (1): 68-76.

[3] 赵润乾, 等. 大规模社交网络社团发现及可视化算法 [J]. 计算机辅助设计与图形学学报, 2017, 29 (2): 328-336.

第8章
基于多视图关联的空间信息
多层网络层—边模式可视化方法

为了方便用户自由探索网络的多层结构，支持空间信息多层网络的层—边模式分析，本章提出一种基于多视图关联的空间信息多层网络层—边模式可视化方法。该方法包括三个部分：首先，采用一种基于交互式界面的多视图关联分析模型，该模型通过选择和聚合等交互方式将拓扑结构视图和高阶信息视图紧密结合；其次，在总结多层网络分析任务的基础上定义了两种高阶模式信息，相对应地采用用户熟悉的隐喻设计了两种高阶模式信息的可视表示方式，即基于韦氏图的相似模式表示和基于有向箭头的交互模式表示，方便非专家用户获取感兴趣区域的抽象信息，辅助理解和对比层间结构；最后，通过底层数据共享和多种基于选择、过滤的交互操作实现多视图关联，用户可根据分析需要自由选择感兴趣的层（或子图、区域等）在多个并列视图中同时开展探索过程。在实验部分，结合第7章拓扑结构视图，验证本书方法对多层网络层—边模式分析任务的支持，以及在辅助理解和分析空间信息多层网络的多层特征方面的有效性。

8.1 引言

基于节点—连接图的拓扑结构视图能够为用户提供网络结构的宏观概览，方便用户直观地感知网络的整体结构。但是，仅仅依靠拓扑结构视图很难为用户提供准确的数值信息以辅助探索、发现和展示网络数据内部隐含的规律或模式。另外，受屏幕尺寸限制，拓扑结构视图很难有效处理大规模网络拓扑结构可视化问题。

然而，当前有关多层网络可视化的研究很多只是单方面地关注于拓扑结构的展示或节点属性等细节信息的展示，这样会造成如下问题：①缺少具体、准确的高阶信息呈现,不支持层间结构相似性或差异性的定量比较;②侧重于信息的呈现,用户不能参与分析过程,更不能自由选择感兴趣的层(或子图、区域等)进行分析,限制了对多层结构的深入探索。

为了方便用户自由探索空间信息多层网络的多层结构和数值化分析结构特征,提出了一种能够将拓扑结构视图和高阶信息视图展示紧密结合的空间信息多层网络层—边模式交互式探索与分析方法。

综合现有研究成果发现,解决节点—连接图的信息杂乱问题的方法主要是焦点+上下文的方法,包括自上而下和自下而上两种探索方法。在自上而下的方法中,从探索整个网络概览开始。在概览中,确定感兴趣的特征,并继续探索用户关注的子结构。这种方法很难应用到大规模的节点—连接图的探索;由于视觉杂乱和信息过载,用户很难发现有用的功能或特征。相反,自下而上的方法以(预先设定的)单个感兴趣节点开始,然后继续探索相邻节点。但是,在混乱重叠的拓扑结构中很难发现感兴趣的节点。8.2 节采用一种自上而下和自下而上的混合探索方法,通过在高阶信息视图和拓扑结构视图中切换并不断更新感兴趣的区域,实现对多层网络由细节到概览的渐进式探索。

韦氏图采用圆环表示集合,圆环重叠区域表示集合的交集(重复元素),区域面积表示集合的势(或重复元素个数),可以有效表示集合的交集、子集和不交等关系[1-2]。韦氏图在染色体分析领域被广泛用于展示基因重复序列[3],Heberle 等提出采用力引导布局方法计算圆环位置[4],实现了韦氏图的自动绘制。在圆环面积计算方面,Kestler[5] 和 Wilkinson[6] 等分别提出一种基于多边形的近似方法和一种基于二进制索引的统计方法。近似方法误差较大,适合贝叶斯推理分析研究,不适合对精确度要求较高的信息可视化研究;统计方法由于在优化布局过程中要多次计算圆环面积,造成很大的计算压力,也不适用于交互可视分析。8.4.1 节借鉴 Heberle 等[4] 对重复基因序列的表示方法,设计了一种基于韦氏图的多层网络层间相似模式可视表示方法,并采用一种直接计算圆环交集面积的方法和最优化布局方法,从而降低面积计算和圆环布局方面的复杂度。

在多元数据分析领域,移动模式(Motion Patterns)用于描述和发现移动群体在时间和空间上的行为规律[7]。Zeng 等[8] 基于交互的 Circos 图(Interchange Diagram),把交通网流量表示为弯曲的弧(Curved Ribbons),从多空间尺度和多时间尺度展示了乘客出行规律。Liu 等[9] 将多种属性信息的交互表示为有向箭头,对移民数据进行了多维属性分析。借鉴多元数据分析中"移动模式"的概念,8.4.2 节在对单个网络层分析中把区域内(或之间)的连边交互定义为"交互模式",设计了一种基于有向箭头的层内交互模式可视表示方法。

交互是可视分析中连接用户、数据和可视表示的关键,也是视图关联分析的主要手段。8.5节通过对视图底层数据和基于节点属性的过滤与区域选择的交互界面设计实现基于人机交互的多视图关联分析,支持用户多样化的探索需求和多视图对照分析。

8.2　多层网络层—边模式可视化任务分析

在多层网络分析领域,不同类型的边表示不同的交互关系,多层结构分析的关键方面之一是不同层之间拓扑结构的相似性或差异性:两个不同层之间的拓扑结构方面有哪些不同,如构成社团的不同?两层或多层之间是否有相似社团,它们在节点或连边方面的重叠程度是多少?两个不同的层在节点或连边方面的重叠程度是多少?回答这些问题可以对多层网络拓扑分析具有很大帮助。

在可视化任务分类方面,Brehmer等[10]对大量有关可视化任务分类研究的工作进行了总结,并指出大多数方法的主要缺点是缺乏对问题的全局观点,认为高层级分类通常忽略任务的执行方式,而低级别类别通常忽略执行任务的原因。为了弥补这一差距,Saket等[11]提出了一种多层次的单层网络可视化任务分类方法。该方法将任务分为:组任务、组—节点任务、组—链接任务和组—网络任务四个子类别,这种方法更有助于在分析任务需求时创建完整的任务描述。

通过分析有关多层网络可视化研究的文献[12-15]以及采访该领域的专家、用户,本节在Saket等[11]针对单层网络可视化任务分类的基础上进一步扩展"层级"任务,定义了面向多层网络层—边模式探索的可视分析任务集,可分为单层分析和多层分析两类,每类任务按照层、子图(或分组)、节点(和连边)3个层级进行细化,具体任务如表8-1所示。

表8-1　多层网络层—边模式可视化任务表

Task1:单层分析
Task1.1:指定网络层的子图或分组构成(Layer-Group Level)
Task1.1.1:指定网络层中子图(或分组)内节点数量与分布(Group-Node Level)
Task1.1.2:指定网络层中子图(或分组)内部连边和子图(或分组)之间连边的数量与分布(Group-Edge Level)
Task1.2:指定网络层的节点数量(Layer-Node Level)
Task1.3:指定网络层的连边数量(Layer-Edge Level)

续表

Task2：多层分析
Task2.1：指定的两个或多个网络层的对比（Layer Level）
Task2.1.1：指定的两个或多个网络层的子图（或分组）构成对比（Layer-Group Level）
Task2.1.2：指定的两个或多个网络层中重叠节点数量与分布（Layer-Node Level）
Task2.1.3：指定的两个或多个网络层中重叠连边数量与分布（Layer-Edge Level）
Task2.2：指定的两个或多个网络层中指定子图（或分组）内部构成的对比（Group Level）
Task2.2.1：指定网络层中两个或多个网络层中指定子图（或分组）内部重叠节点数量与分布（Group-Node Level）
Task2.2.2：指定网络层中两个或多个网络层中指定子图（或分组）内部重叠连边数量与分布（Group-Edge Level）

在上述任务分类和归纳的基础上，定义了两种面向多层网络层—边模式探索的高阶信息模式，通过对高阶模式信息的描述和相关可视化表示以支持上述任务的分析。

定义 8-1 相似模式描述指定的层、子图（或分组）之间相似社团、重叠节点、重叠连边的数量及其分布。

定义 8-2 交互模式描述指定的子图（或分组）内部和之间的节点、连边分布和交互强度。

针对上述相似模式和交互模式，本章设计了基于节点—连接图的拓扑结构表示、基于韦氏图的相似模式表示和基于有向箭头的交互模式表示共3种可视表示形式，结合多种交互和视图关联技术实现由详细的拓扑结构信息到高阶模式信息的多层网络层—边模式可视分析与探索。

8.3 基于交互式界面的多视图关联分析模型

单纯采用节点—连接图的方式对网络拓扑结构的细节进行展示的方法，在绘制技术、用户视觉感知和探索方面存在很多低效率、不适用的问题。首先，大规模网络探索一直是一项重大挑战，由于画布尺寸限制，无法在网络拓扑视图中展示密集的节点和连边。其次，对于专家用户来说，更专注于显示所有单个元素的低级可视化方法会造成信息过载，对分析者来说很难发现和聚焦到感兴趣的区域或元素。再次，对于非专家用户来说，他们更倾向于通过熟悉的隐喻获取网络概况和有用的对比结果，而不是杂乱的细节信息展示。进一步，用户关注的区域或元素往往是不一样的，提供丰富的交互方式可充分发挥用户的领域知识,开展更加深入和全面的探索,获取更多有价值的信息和规律。

综上所述,为了满足多类型用户对大规模网络数据的交互探索,需要同时满足以下3个要求:

(1)多样式的交互方法,用户可直接操作可视元素,选择感兴趣的层(或子图、区域等)。

(2)能够同时查看细节信息和聚合的高阶模式信息。

(3)熟悉的隐喻。

基于选择和过滤的从细节到概览的网络数据分析模型如图8-1所示。在拓扑结构视图和高阶信息视图中分别展示可视元素的细节信息和网络的高阶模式信息;通过在多个网络层中选择感兴趣的子图或区域等开展层间相似模式的对比分析;通过选择单个网络层,生成单个网络层中感兴趣区域的交互模式信息;通过多类型的交互方式,每次选择和过滤可对多个网络层的多个子图或区域操作。

图8-1所示拓扑结构视图(参见第6章和第7章)中将网络中的节点及其连接关系以节点—连接图的形式进行呈现,可以清晰直观地反映网络组成和状态,辅助用户对网络节点、链路、社团组成等各方面进行评估和分析,方便用户感知网络结构和选择感兴趣的区域和元素;用户通过选择和过滤等操作,作用于拓扑结构视图和数据集,选择和筛选感兴趣区域内部的元素;高阶信息视图对被选择区域内部的节点和连边信息进行统计、聚合,根据需要生成相似模式表示,以展示层间相似性对比,或者生成交互模式表示,以展示单个网络层子图结构间的交互强度。

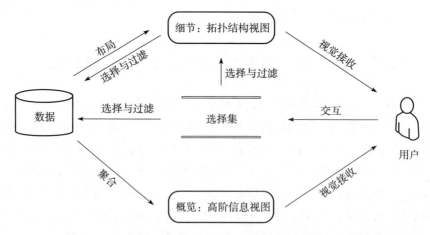

图8-1 基于选择和过滤的从细节到概览的网络数据分析模型示意图

拓扑结构视图的生成方法已在第6章和第7章介绍，以下首先对层间相似模式表示和层内交互模式表示这两种可视表示形式进行研究，以展示相关层、节点和连边的聚合信息；其次介绍基于人机交互的多视图关联分析技术，包括底层数据共享和多种交互方式设计等。

8.4 多层网络高阶模式信息视图设计

用户在分析过程中，通过多种交互方式选择感兴趣的层（或子图、区域等）、节点和连边或者在拓扑视图中创建新选择框时，系统半自动地创建高阶信息视图，为用户提供抽象的、具有洞察力的聚合信息。高阶模式视图通过层间的相似模式表示和层内的交互模式表示这两种可视表示形式展示相关层、节点和连边的聚合信息。

8.4.1 基于韦氏图的层间相似模式可视表示

在多个网络层中多次重复出现的节点和连边，对多层网络功能实现具有关键的支撑作用。本节将高阶模式抽取与可视化方法结合，将每个网络层看作一个集合，层中的节点（或连边）看作集合的元素，层间重叠的节点（或连边）为集合的交集，采用韦氏图表示多个网络层之间的重叠节点（或连边）的分布，从而支持对多个网络层拓扑结构的相似性分析。

韦氏图表示的特点是每个区域的面积和集合（或者交集）的尺寸（势）成正比，其绘制的关键是重叠区域面积计算和集合位置的计算。本节首先介绍一种简单直接计算重叠面积的方法；其次采用区域面积的均方根误差函数对当前布局与目标布局的差异进行评估，通过非线性对优化方法找到最优的圆环布局位置。

文献[6]采用多边形面积近似圆环交叉面积，导致最优化结果往往不能处理不交集合的问题。由于 N 个圆环的交叉区域都可以划分为一个具有 N 条边的多边形和有限个圆弧区域，因此，可将 N 个圆环的重叠面积计算问题转化为求一个 N 边形面积和 N 个圆弧面积之和的问题。如图8-2所示，可将图8-2(a)所示的3个圆环交叉区域分割为图8-2(b)中一个三角形和三个圆弧区域。综上所述，N 个圆环的重叠面积计算公式可表示为

$$S_{N-\text{overlap}} = S_{N-\text{polygon}} + \sum_{i=1}^{N} S_{\text{arc}}^{i} \qquad (8-1)$$

假设已知一个任意三角形各边长分别为 a、b、c，三角形面积的计算公式为

$$S_\Delta = \sqrt{p(p-a)(p-b)(p-c)} \tag{8-2}$$

其中

$$p = \frac{1}{2}(a+b+c)$$

如图 8-2(c) 所示，已知圆环半径 r 和圆弧角度，图中圆弧区域面积可通过求扇形面积和三角形面积之差得到，即

$$S_{\text{arc}} = S_{\text{sector}} - S_{\Delta OPQ} \tag{8-3}$$

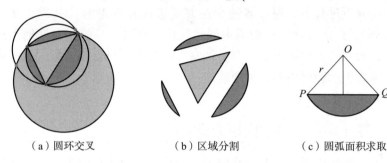

（a）圆环交叉　　　　（b）区域分割　　　　（c）圆弧面积求取

图 8-2　圆环重叠区域面积计算示意图

这里给出 N 个圆环的重叠面积计算步骤：

Step_1：统计 N 个圆环交点的坐标 (x_i, y_i)，按照顺时针排序，确定重叠多边形质心坐标 $O_{N\text{-polygon}}(x, y) = \frac{1}{N}\sum_{i=1}^{N}(x_i, y_i)$；

Step_2：根据质心坐标和相邻两个交点坐标，通过式（8-2）计算 N 个三角形面积之和即为多边形面积 $S_{N\text{-polygon}}$；

Step_3：通过选取相邻两个交点之间的角度，通过式（8-3）计算 N 个圆弧区域面积之和 $\sum_{i}^{N} S_{\text{arc}}^{i}$；

Step_4：通过式（8-1）计算 N 个圆环重叠区域面积 $S_{N\text{-overlap}}$。

上述直接求解重叠区域面积的方法比文献［6］提出的基于多边形近似的方法更加准确；比文献［7］提出的基于二进制索引方法更加简单、直接，降低了最优化计算的复杂度，适用于实时绘制。

圆环布局的目的是将所有圆环布局在合适位置，确保所有交集区域面积正比于输入集合各交集的势。为此，采用区域面积的均方根误差函数评估当前布局效果：

$$Re_S = \sqrt{\sum_{i}^{M}(\text{targetArea}_i - \text{currentArea}_i)^2} \tag{8-4}$$

式中：targetArea$_i$、currentArea$_i$ 分别表示集合 i 代表的区域的理想面积和当前布局面积；M 为输入的集合个数。

本书采用 Nelder-Mead 方法[16] 解决上述非线性最优化问题，当 Re_s 取最小值时即为最佳布局，具体算法参考了 matlab2010b 中 fminsearch（）的实现。

图 8-3 为采用韦氏图对 3 个网络层的连边集合的关系进行可视化表示。从图中可以看出，图中 3 个网络层 A、B、C 中，C 集合的面积最大，表明层 C 包含的连边最多；3 个集合的交集尺寸为 18，表明 3 个网络层共有的重叠连边数量为 18，它们构成了这 3 个网络层的核心网络结构；层 B 中的连边大部分为与 A 层或 C 层的重叠边，自有连边较少，其大部分交互可通过 A、C 两层实现。

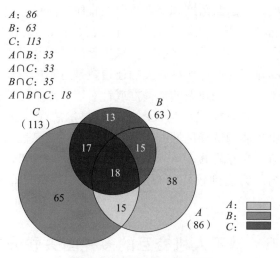

图 8-3　Venn diagrams 案例

8.4.2　基于有向箭头的层内交互模式可视表示

交互模式表示对单个网络层中选择区域内部聚合的细节信息进行可视表示，包括区域内部连边、区域之间连边和节点数量等统计信息。

图 8-4 为基于有向箭头的层内交互模式可视表示示意图，图中交互模式表示包括盒子容器和有向箭头两部分：

（1）每个盒子容器表示一个被选择区域，容器内部为每个区域内部的节点信息，左侧容器内部为 group5 区域内部的节点度分布直方图，右侧容器内部为 group1 区域内部的节点数量。用户可以点击盒子容器，放大展示容器内部信息。视图中的容器也可以采用气泡图、柱状图、环状图等其他形式展示节

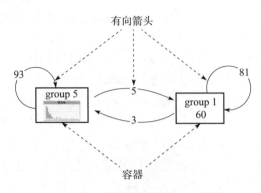

图 8-4 交互模式可视表示示意图

点度、节点重叠度、节点激活度和节点重要性排序等信息。

（2）区域内部连边显示为自循环的有向箭头，以相同轮廓颜色编码；区域间连边显示为盒子容器间的有向箭头，采用起始区域和目标区域颜色的渐变色进行编码。边的宽度与所选区域相关的连边数量总和成正比。

当在拓扑视图中通过创建新的选择框或针对层、点的过滤操作选择了感兴趣的区域或元素时，高阶模式信息视图中可以显示感兴趣区域的交互模式视图。如果更新了感兴趣的选择区域或范围。高阶模式信息视图中关联的可视化表示也会自动更新。交互模式表示采用标准的选择集编辑组件，可根据语义手动编码颜色和命名。为达到较好的布局效果，采用力引导布局方法计算容器位置。

8.5 基于人机交互的多视图关联分析

为支持用户多样化探索的需求和多视图对照分析，首先对多个视图共享底层数据和编码，使其成为一个相互关联的整体；其次，采用基于节点属性的过滤在视觉上隐藏不重要的节点，降低视觉感知负荷；再次，通过区域选择交互创建感兴趣的区域和选择集；最后，将拓扑视图和高阶信息视图紧密耦合，实现多视图关联分析。

8.5.1 底层数据共享

所有视图中的底层数据在结构上保持完全一致，不同之处在于不同视图根据展示信息的不同选择不同的数据子集和图形表示元素。在不同的视图中，数据和图形元素的编码映射规则根据展示方式设定。如图 8-5 所示，图（a）~图（c）分别对应拓扑结构视图、属性统计表和高阶模式信息视图，不同的视图具有完全相同的底层数据，但是根据展示的信息不同，采用了不同的图形元素，即图（a）使用节点—连接图展示连接关系，图（b）采用柱状图展示节点的度值信息，图（c）采用有向箭头展示子图结构间的连边强度。

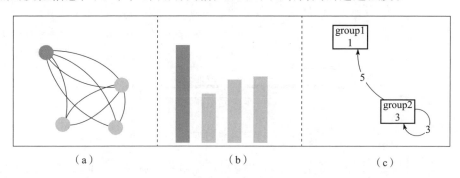

图 8-5　多视图底层数据共享示意图

通过底层数据共享，将同一数据集合的连接关系信息、属性统计信息和高阶模式信息等网络数据的不同侧面同时展示在并列的视图中，可以确保在同时可见的多个视图之间进行视觉切换，便于多维度感知网络结构。另外，通过多视图关联可以避免通过查询记忆来比较当前视图与所见视图造成的认知负担，降低用户工作记忆资源的占用[17]。

8.5.2　多交互方式设计

1. 基于节点属性的过滤交互

受屏幕尺寸和人类视觉感知能力限制，将大量的网络数据展示在有限的屏幕上，用户将难以清晰分辨混杂的密集元素。过滤可以去除冗余数据，将用户的注意力放到感兴趣的数据或元素上，是开展针对性分析的必要操作。基于节点属性的过滤交互作用于节点的属性信息，选择性地显示感兴趣的数据，同时移除不感兴趣的数据。但是，过滤并没有删除数据，只是这部分数据没有映射为可视元素并显示，从而保证用户在视觉上不受冗余数据的干扰。用户可以通过更新过滤范围或关闭过滤器即可根据分析任务、分析流程等需要灵活地控制数据是否可见，开展数据探索过程。

节点属性除了包括 5.2.3 节有关节点的 ID、type、function 和 index 等抽象的属性信息以外，还包括表示节点的度、激活度、介数中心性、接近中心性等多种网络属性测度。如图 8-6 所示，用户通过标准选择控件（例如拖动手柄）调整节点属性范围，筛选合适的节点及其连边，隐藏范围之外的节点，即可根据需要控制拓扑结构视图中元素的显示或隐藏。将有限的感知能力聚焦到符合条件的数据上，有目的地探索网络中的不同部分，从而达到辅助理解或发现隐藏在数据中的隐含模式的作用。

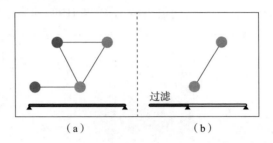

图 8-6　节点属性过滤示意图

基于节点属性的过滤交互不仅支持用户针对单一属性在不同范围内探索分析，还支持跨属性的过滤分析。基于多个属性范围设置，在后台数据库中筛选符合条件的数据，通过可视元素映射和显示绘制，将感兴趣的数据以图形化方式动态呈现给用户。所有数据处理、视觉编码、显示绘制和交互操作按照可视化框架设计的流程形成完成的闭环。用户基于当前视图感知网络状态，通过"交互→展示→感知→再交互"的多次迭代过程，实现对不同的条件或场景下的自由探索，从而更加全面地理解空间信息多层网络数据并得到有价值的知识。

2. 基于可视元素的选择交互

无论是整体的还是局部的模式信息对于数据分析都是有用的，用户在探索过程中通过切换感兴趣的区域，可以高效、全面地挖掘隐藏在数据中的模式信息。为支持用户多样化的探索需求，图 8-7 为区域选择组件提供了单点选择、矩形选择和椭圆选择方式。如图 8-7(a) 所示，用户在拓扑结构视图中通过框选方式创建一个感兴趣的区域；在高阶信息视图中生成如图（b）、图（c）所示相关区域的高阶信息表示。选择集是包含在区域中的所有节点及其连边；用户可以通过拖动方框和改变方框大小，更改选择的范围。区域选择操作支持同

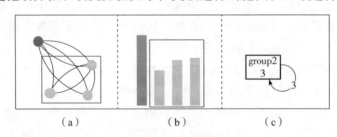

图 8-7　区域选择示意图

一网络层和跨层选择，前者用于同层感兴趣区域之间的交互模式分析，后者用于实现不同层中感兴趣的区域相似性对比。

在区域选择组件实现中定义了一个选择集排序机制，用于解决选择中的冲突：一个节点只能属于一个选择框；如果多个框有重叠节点，根据被选择的顺序决定属于哪个选择集，即节点属于排序靠前的选择集。

其他支持多视图关联分析的交互组件还包括：

（1）层选择组件。用户根据兴趣以复选框的形式选择相关网络层；多层复合网络包含多个网络层以及聚合层和重叠层，默认为选择原图中的所有网络层。层选择为深入探索单层交互模式和多层相似性模式提供基础操作数据和视觉元素。

（2）选择集设置组件。选择框及其包含的节点的（可调节的）颜色相近以用于视觉关联；每个选择集都显示在选择集设置组件中，选择集的颜色和名称可以自由编码以表示具体语义。

在空间信息多层网络探索过程中，用户通过多种选择操作专注于网络感兴趣的部分，通过共享底层数据，后台将这部分的细节信息进行聚合。最后，通过简单直观的信息图表方式直接向用户传达清晰、准确的高阶模式信息。用户通过交互操作选择拓扑结构视图中的元素或过滤网络数据，一方面可以充分利用人的领域知识和多种编码方式快速分析网络，另一方面用户可以自由探索，便于发现更多有价值的信息。

8.6 案例分析

8.6.1 实验方案设计

本节实验基于拓扑结构视图和高阶信息视图，分析可视表示模型和方法对多层网络层—边模式分析任务的支持，验证前文所述模型、方法的可行性和有效性；并与拓扑结构视图对比，分析本章高阶模式表示和交互方法在自由探索与数值化分析空间信息多层网络结构方法的优势。

8.6.2 相似模式表示分析

本节展示相似模式表示对 8.3 节中多层对比分析任务的支持。在第 7 章拓扑结构视图基础上，通过选择和过滤组件选择感兴趣的层（或子图、区域等）、聚合节点和连边信息，在高阶信息视图中展示层间相似模式。

首先，对 3 个原始网络层中的节点和连边的数量与分布进行对比分析。从

图 7-12 所示的拓扑结构视图中可以直观获取各个网络层的社团构成信息，为了探索网络层内部节点和连边的重叠程度，选择这 3 个网络层，绘制了如图 8-8 所示的重叠边分布图，图中 3 个圆环分别采用图例中的不同符号表示各网络层中的连边集合，交集区域表示在 2 个或者 3 个网络层中重复出现的连边，区域面积与表示的连边的数量成正比。

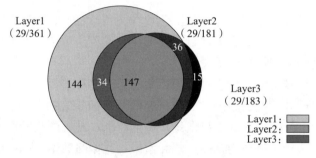

图 8-8 原始网络层重叠边分布图

从图 8-8 中可以获取各网络层中节点数量和连边数量：图中括号中的数值依次为所表示区域的节点数量和连边数量，3 个网络层中节点数量相等，都包含了网络中的全部节点（参见表 8-1 中 Task1.2）；其中 layer1 层面积最大，表示 layer1 层连边数量最多，有 361 条连边，Layer3 层次之（参见表 8-1 中 Task1.3）。另外，也可以对层间连边的相似度进行分析（参见表 8-1 中 Task2.1.3）：图中 Layer2 层包含 181 条连边，并完全被包含于 layer1 层中，表示 layer2 层中的所有连边都存在于 layer1 层，两层具有大量相同的连接关系，层间相似性程度最高；layer3 层和 layer1 层的重叠面积相对较小，但是也超过了 layer3 层的面积的一半，共由 147 条连边，也具有很高的层间相似性程度；3 个原始网络层共同的连边数量为 147，表明 3 个网络层表示的连接关系在很大程度上是重复的，节点在 layer3 层中具有少量 layer1 层中不具有的特殊连接关系。

通过图 8-8 中 3 个原始网络层中重叠边分布图可知，layer1 层包含了最多连边，为探索 layer1 层与聚合层和重叠层中节点和连边的分布特点（参见表 8-1 中 Task2.1.2 和 Task2.1.3），选择 layer1 层、聚合层和重叠层，创建相应的相似模式视图,如图 8-9 所示。图中 3 个圆分别表示 3 个网络层中的连边集合,3 个网络层节点数量相同,包含了原网络中的所有节点。图中 layer1 层中的连边占聚合层中所有连边的 96%,表明 layer1 层中的连接关系基本覆盖了全部网络层中节点的所有连接关系。但是,聚合层中仍然有少部分连边是 layer1 中没有的,结合对图 7-12 的分析可知这部分连边主要来自 layer3 层。重叠层连边代表了在 3 个网络层中同时存在的连接关系,在一定程度上代表了网络数据的核心网络结构,从图中可以看出重叠层占据了聚合层的 39%。由于案例网络中 3 个网络层都包含了所有的网络节点,因此这里没有单独对节点的相似性进行展示和分析。

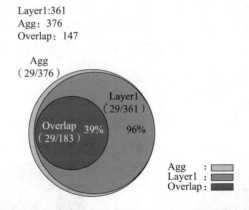

图 8-9 Layer1 层、聚合层和重叠层重叠边分布图

其次,在原始网络层中分别选择相对应的相似社团,分析指定区域的重叠节点和重叠边的数量和分布(参见表 8-1 中 Task2.2)。如图 8-10(a)~(c)中选择区域 S_1、区域 S_2 和区域 S_3,选择元素为方框内部的节点和节点的所有连边。

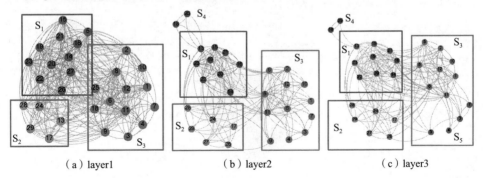

(a) layer1　　　　　　　(b) layer2　　　　　　　(c) layer3

图 8-10 案例网络拓扑结构被选区域示意图

((a)(b)(c)对应的三个区域分别为区域 S_1、区域 S_2 和区域 S_3)

图 8-11 为 3 个原始网络层中相似区域的重叠节点分布图,层标签 layer1、layer2 和 layer3 分别表示对应网络层中的指定区域。当节点数量较少时,用户可以从拓扑结构视图中直接获取节点数量信息,如 3 个网络层的区域 2 中包含的节点数量都为 5,然而要分析哪些是重叠节点,哪些是自有节点以及重叠节点数量时则需要逐个节点对比,效率很低。尤其当数量稍微大一些时(超过 10 个节点时)用户很难有效获取到区域内部节点数量和重叠节点分布信息。但是,图 8-11 采用带区域比例的韦氏图表示区域间重叠节点分布,可以直观感知 3 个网络层中对应区域内部节点数量和重叠节点数量(参见表 8-1 中 Task2.2.1):在 3 个网络层对应区域中节点重复率都很高,3 个区域中 3 个网络层的重叠节点数量分别为 7、4、11,占比超过任意网络层指定区域内部节点总量的一半,layer2 层和 layer3 层中的区域 2 以及 layer2 层和 layer3 层中的区域 3 节点完全重叠,从而验证了拓扑结构视图中的直观感受。

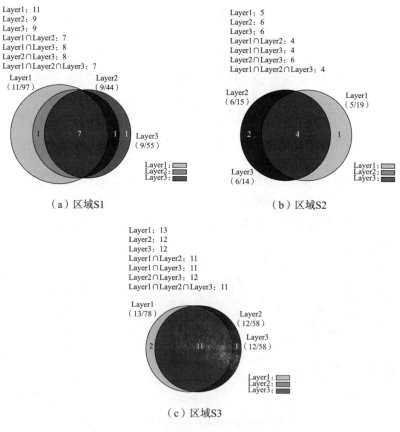

图 8-11 被选区域重叠节点分布图

图 8-12 为 3 个网络层中指定区域的重叠连边分布图,从图中可以分析 3 个网络层中指定区域的重叠连边、自有连边的数量和分布(见表 8-1 中 Task2.2.2):以图(a)所示的区域 1 为例,3 个网络层指定区域内部连边总和分别为 97、44、55,其中 layer1 层连边最多;3 个网络层的重叠连边数量为 34,超过了 layer2 层和 layer3 层指定区域内部连边数量的 60%;layer2 层和 layer3 层指定区域内部重叠连边数量为 39,表明 layer2 层和 layer3 层连接关系非常相似。对比 3 个区域,layer2 层和 layer3 层连边重叠度都十分大,表明这两层网络拓扑结构十分相近,从而在定量的数值上验证了拓扑结构视图中 layer2 层和 layer3 层拓扑结构十分相似的直观感知。

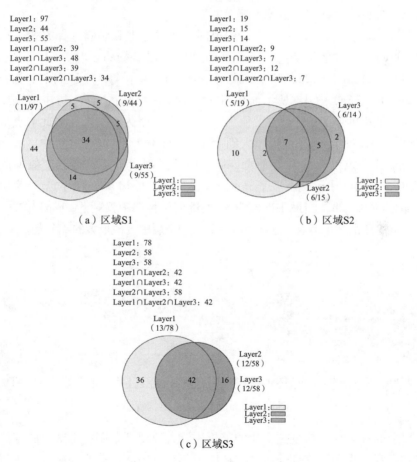

图 8-12 被选区域重叠连边分布图

以上采用韦氏图对指定区域的重叠节点和连边的数量及其分布等高阶模式信息进行了可视表示和分析,能够补充拓扑结构视图在定量分析层间差异性

（相似性）方面的不足。分析结果表明，该方法能够高效地支持 6.2 节中有关层间对比分析任务（见表 8-1 中 Task2）。

8.6.3 交互模式表示分析

本节展示相似模式表示对 8.2 节中单层网络分析任务的支持。首先，在 8.6.2 节对所有网络层概览信息分析对比的基础上，确定感兴趣的网络层（这里选择连边数量最多的 layer1 为例）进行重点分析。其次，在 8.6.3 节的拓扑结构视图上选择感兴趣的区域（或社团），统计节点和连边信息，生成并绘制交互模式表示。最后，分析该网络层中的社团内部和社团之间连边随度值变化的规律，分析指定网络层的交互模式。

图 8-13 为 layer1 层的拓扑结构视图，通过方框和椭圆选择方式选择 3 个社团，通过节点度值过滤筛选节点，得到网络在 Degree $\in$ [8, 42]、Degree $\in$ [18, 42]、Degree $\in$ [28, 42] 和 Degree $\in$ [35, 42] 等 4 个区间上的拓扑结构分别如图 8-13(a)~(d) 所示。从拓扑结构变化可知：layer1 层中节点度值普遍较大，最小度值为 8，最大度值为 42（由于网络为有向图，因此节点最大度值超过了 $N-1$）；当最小度值增大到 18 时（图 8-13(b)），网络中区域 group1 和 group2 中节点没有减少，区域 group3 中节点减少 6 个；最小度值继续增大到 28 时，group2 中仅剩下一个节点（节点 28），可知 group 中的节点度值范围绝大部分自 18~28；当最小度值增大到 35 时，网络中仅剩下 group3 中的一个节点和 group1 中的 2 个节点，这 3 个节点是该网络层中度值最大的 3 个点。

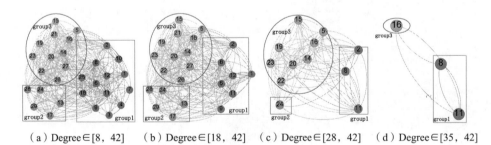

(a) Degree $\in$ [8, 42]　(b) Degree $\in$ [18, 42]　(c) Degree $\in$ [28, 42]　(d) Degree $\in$ [35, 42]

图 8-13　layer1 层拓扑结构视图

以上通过拓扑结构视图变化的分析能够大致得到社团内部节点的度值分布规律和直观感受到随着度值增大，社团内部和社团间连边都在减少等规律，但是无法对这些变化进行定量分析。

图 8-14 采用有向箭头分别对图 8-13(a)~(d) 对应的区域内部和之间的交互模式进行表示。图中 3 个方框容器分别表示图 8-13(a) 中的 3 个区域，

第 8 章　基于多视图关联的空间信息多层网络层—边模式可视化方法

图示方框容器内部数值为节点个数，根据需要，还可以在方框中选择节点的度分布图、PageRank 排序、中心性排序等多种属性可视化图表。从图中可以更直观和准确地获取社团内部节点数量（见表 8-1 中的 Task1.1.1）、社团内部连边和社团间连边分布（见表 8-1 中的 Task1.1.2）等情况（以图 8-13(a)为例）：group1、group2 和 group3 中的节点数量分别为 13、5、11，图（a）中 group1 内节点最多；自循环的箭头表示社团内部连边，分别为 78、19、97，group3 中内部连边最多，社团内部交互最为频繁；方框容器之间的有向箭头表示社团之间节点的交互情况，group3 与 group1 和 group2 之间的连边最多，并且 group1 和 group2 区域指向 group3 的连边数量（分别为 35 和 55）要明显多于 group3 指向其他两个社团的连边，表示 group3 内部成员主动与 group1 和 group2 区域内部的成员联系较多。

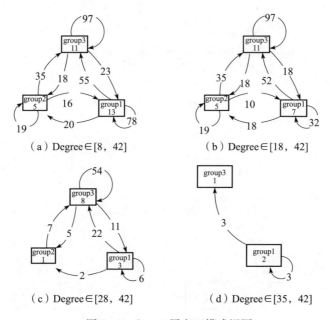

图 8-14　layer1 层交互模式视图

当最小度值增大为 18 时，group1 区域内部的节点减少 6 个，内部连边和指向其他两个社团的连边减少较多，group2 和 group3 区域节点区域内部连边和指向这两个区域的连边数量都没有变化，表明 group1 区域内部被过滤掉的节点（如节点 10、4、3 等）只与本区域内部成员之间有连接关系，而与 group2 和 group3 区域内部成员交互不多。

当最小度值继续增大到 28 时，3 个区域内的节点都有所减少，group2 内只剩下一个节点，区域之间的连边数量减少较多。当最小度值增大到 35 时，仅有 group1 区域内部有连边，并且仅有 group 区域指向 group3 区域的 3 条连边。

类似地，分别选择 layer2 层和 layer3 层，按照各个网络层的社团划分设定感兴趣的区域，绘制各网络层中社团间的交互模式，分别如图 8-15 和图 8-16 所示。从图中可以得到如下基本信息：layer2 层和 layer3 层包含的社团数量分别为 4 和 5，以及节点在各社团的分布；layer2 层中 group1 区域和 group3 区域，以及 layer3 层中 group3 区域内部连边最多，区域内部交互最为频繁；layer2 层中 group1 区域和 layer3 层中 group3 区域与其他区域间的交互较多，并且 layer2 层、layer3 层中只有 group1 区域指向 group3 区域的连边，表明在这两个网络层中，group1 区域主动与 group3 区域联系，反之则没有。

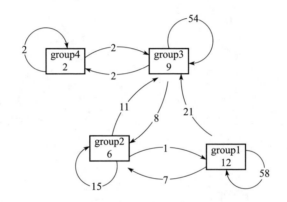

图 8-15　layer 2 层交互模式视图

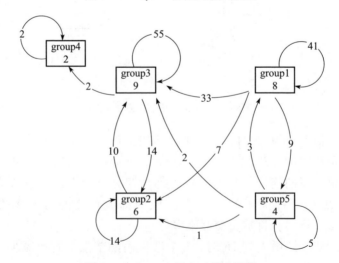

图 8-16　layer 3 层交互模式视图

另外，通过对比图 8-14(a)、图 8-15 和图 8-16，可针对社团构成、社团内部节点分布、社团内部连边分布和社团间连边分布等分析任务对这 3 个网络层进行对比，从节点数量、交互模式等定量指标上分析网络层之间拓扑结构的相似性，从而进一步地支持 8.2 节中基于相似模式表示的多层对比分析。

综合上述分析，采用有向箭头对选择区域内部和区域间连边聚合信息进行表示，可以更直观地和更准确地获取网络层的社团构成、区域内部节点分布、区域内部连边和区域之间连边分布等信息，有效辅助分析区域间的交互模式。结合节点属性过滤，隐藏部分不感兴趣的节点，可以从数值上更加准确地考察网络层中交互模式的变化情况。另外，有向箭头可以有效表示区域间连边的指向，避免拓扑结构视图中连边方向不明确的问题。

8.7 小结

本章针对层—边模式展示需求，在基于交互式界面的多视图关联分析模型的基础上提出一种基于多视图关联的空间信息多层网络层—边模式可视化方法。首先，该方法将多层网络层—边模式分析任务抽象为相似模式和交互模式，并分别采用熟悉的隐喻设计两种可视表示方式，即基于韦氏图的相似模式表示和基于有向箭头的交互模式表示。其次，通过底层数据共享和多种基于选择、过滤的交互操作实现多视图关联，方便用户自由选择感兴趣的层（或子图、区域等）在多个并列视图中同时开展探索过程。最后，结合第 7 章拓扑结构视图进行实验和分析，结果表明，本章方法能够完全支持多层网络层—边模式分析任务，数值化的聚合信息更有助于准确理解空间信息多层网络的多层结构，辅助层间结构对比。

参考文献

[1] Lam F, et al. VennDiagramWeb: a web application for the generation of highly customizable Venn and Euler diagrams [J]. BMC Bioinformatics, 2016, 17 (1): 401-409.

[2] Micallef L. Visualizing set relations and cardinalities using Venn and Euler diagrams [D]. UK: University of Kent, 2013.

[3] Pirooznia M, et al. GeneVenn: A web application for comparing gene lists using Venn diagrams [J]. Bioinformation, 2007, 1 (10): 420-422.

[4] Heberle H, et al. InteractiVenn: a web-based tool for the analysis of sets through Venn diagrams [J]. BMC Bioinformatics, 2015, 16 (1): 169-176.

[5] Kestler H A, et al. Generalized Venn diagrams: a new method of visualizing complex genetic set relations [J]. Bioinformatics, 2005, 21 (8): 1592-1595.

[6] Wilkinson L. Exact and approximate area-proportional circular Venn and Euler diagrams [J]. IEEE Transactions on Visualization and Computer Graphics, 2011, 18 (2): 321-331.

[7] Andrienko N, et al. Basic concepts of movement data [C]// Mobility, Data Mining and Privacy. Berlin Heidelberg: Springer, 2008: 15-38.

[8] Zeng W, et al. Visualizing interchange patterns in massive movement data [J]. Computer Graphics Forum, 2013, 32 (3): 271-280.

[9] Liu S X, et al. Multivariate network exploration and presentations [J]. Computer, 2015, 48 (8): 6.

[10] Brehmer M, et al. A multi-level typology of abstract visualization tasks [J]. IEEE Transactions on Visualization and Computer Graphics, 2013, 19 (12): 2376-2385.

[11] Saket B, et al. Group-level graph visualization taxonomy [DB/OL]. [2014-3-21]. http://arxiv-org-s.nudtproxy.yitlink.com/abs/1403.7421.

[12] Piškorec M, et al. MultiNets: web-based multi-layer networks visualization [C]// European Conference on Information Visualization. Cham: Springer-Verlag, 2015: 298-302.

[13] De Domenico M, et al. Layer aggregation and reducibility of multilayer interconnected networks [DB/OL]. [2014-5-2]. arXiv: http://arxiv-org-s.nudtproxy.yitlink.com/abs/1405.0425.

[14] De Domenico M, et al. MuxViz: a tool for multi-layer analysis and visualization of networks [J]. Journal of Complex Networks, 2014, 3 (2): 159-176.

[15] Redondo D, et al. Layer-centered approach for multigraphs visualization [C]// International Conference on Information Visualization. Barcelona: IEEE, 2015: 50-55.

[16] Nelder J A, et al. A simple method for function minimization [J]. The Computer Journal, 1964, 7 (4): 308-313.

[17] Zhao Y, et al. IDSRadar: a real-time visualization framework for IDS alerts [J]. Science China Information Sciences, 2013, 56 (8): 1-12.

第 9 章
基于可视界面的交互式分析方法

9.1 引言

提供多方面的交互分析支持是可视化系统能够得到实际应用的基本要求。可视界面是用户与可视化系统之间的接口，承载了空间信息网络时变数据的形象描述和直观表示，展示出数量繁多的视觉元素。由于大量的抽象信息均以图形化的形式存在，易造成认知上的过载，因此对交互式分析方法具有迫切的需求。本章将围绕典型的可视分析需求，研究交互式分析方法。

从可视化任务上看，在可视界面中进行交互式分析，让用户能够从中获取感兴趣的信息，是空间信息网络可视化的任务之一。用户感兴趣的信息主要包括两个方面：隐含模式探索和细节信息查询。首先，要求可视界面支持交互式操作，允许用户自由地探索，并从中获取一些不易发现的隐含模式；其次，为了减少可视界面中的视觉杂乱，通常只在视图中呈现概览信息，局部的和细节的信息往往隐藏在视觉元素的背后，交互式的信息查询有助于用户获取局部细节信息。

针对上述两方面的需求，本章分别设置典型的应用场景，并研究交互式分析方法。第一，针对隐含模式探索需求，研究交互式布局方法，支持用户对可视界面中呈现的网络布局进行交互式调整，并即时响应用户的交互式输入，反馈布局结果。第二，针对细节信息查询需求，构建细节查询和分类查询两种模式，从不同层面展示空间信息网络中隐藏的细节信息。

9.2 面向隐含模式探索的交互式网络布局方法

9.2.1 交互式网络布局问题分析

可视界面中呈现出大量的视觉元素，它们都代表着各种不同的信息。但是，并非所有的信息都能够通过视觉元素呈现出来，我们将那些在可视界面中不能直接体现出来的信息模式，统称为隐含模式。例如，聚类是传递网络结构信息的一种重要的表观特征，聚类内部的节点相互靠近，聚类之间的节点相互远离，体现了亲疏关系的差别。然而，在某些情况下，聚类并非体现在网络结构上，而是一种语义上的聚类。例如，在空间信息网络中，处于同一轨道高度的卫星节点之间可能没有通信链路直接相连，因此不具有拓扑意义上的聚类特征，但是这些节点在语义上却属于同一层次，具有比较亲密的关系，属于语义上的聚类。

对于网络 $G=(V,E)$，传统力引导算法对 G 实行自动布局，生成布局结果 L。在布局过程中，交互性比较差，不支持用户参与布局过程。主要体现在：

（1）算法根据网络 G 的拓扑结构自动进行布局计算并趋向平衡状态，不需要交互式干预。但是，用户往往希望能够对布局结果 L 进行交互式调整，以实现自己的可视化预期。

（2）即便用户通过交互式操作移动了布局 L 中的某个节点，由于没有改变节点在网络中的受力结构，因此也将在斥力和引力的作用下，逐渐恢复到它之前的平衡位置。

由此可见，若要采用力引导算法生成语义聚类，则必须对力引导算法进行改进，使其能够响应用户的交互式操作。挑战在于，在传统的力引导算法中引入交互式操作会产生一些额外的问题，例如，当用户移动单个网络节点时，网络布局可能会产生震荡，并且在释放节点之后，节点在力的作用下，会恢复到它之前的布局位置，用户难以获得想要的聚类布局效果。一种直接的解决方案是在网络布局中增加新的边，从而修改力的生成模式。然而，直接增加的边改变了网络拓扑结构的真实性，违背了可视化的忠实原则[1]。

针对上述问题，本节通过建立"隐式连接"来响应用户的交互式操作意图，从而生成语义聚类布局。关键步骤包括：

（1）利用传统的力引导算法对网络进行动态布局，以获得平衡状态。

（2）用户基于当前平衡状态进行交互式选择操作，确定具有相同语义特征的节点集，交互式算法将为此建立隐式连接，改变传统力引导算法中力的生成关系，调整斥力和引力的作用对象，从而打破现有平衡，生成语义聚类布局。

（3）通过控制网络元素的运动状态，防止其剧烈震荡，使其动态且平滑地收敛到新的布局位置，形成新的平衡状态。

通过本书交互式布局方法生成的布局结果，既能满足网络的布局质量，又能对用户的交互意图提供一种积极的反馈，有助于用户对网络可视化结果图像的理解。下面将详细阐述如何建立隐式连接，设计并实现交互式的布局方法。

9.2.2 隐式连接模型

定义 9-1 设用户交互选择的对象为网络 G 的节点集 V 的子集（记为 V'），则隐式连接被定义为建立在 V' 上的集合，即

$$E' = \{e_{ij} \mid i, j \in V', i \neq j\} \tag{9-1}$$

定义 9-2 由节点子集 V' 和隐式连接 E' 构成的关系图，称为隐式图，记为 $G' = (V', E')$。其中 $V' \subseteq V$，但 $E' \not\subset E$，且 $\forall e \in E'$，$e \notin E$。

图 9-1 描述了隐式连接的建立过程及其在网络布局中的作用。图 G 包括 3 个节点 $V = \{1, 2, 3\}$ 和 2 条边 $E = \{e_{12}, e_{13}\}$，经过程 1 生成布局 L，如图 9-1(a) 所示；设节点集 $V' = \{2, 3\}$，用户希望将 V' 中的节点 $\{2, 3\}$ 布局在相互更加靠近的位置，因此通过交互操作选定了节点 $\{2, 3\}$，从而建立起一条隐式连接 $E' = \{e_{23}\}$，如图 9-1(b) 中虚线所示；隐式连接参与布局计算，在力的作用下，布局不断收敛和更新，形成最终的布局 L'，如图 9-1(c) 所示，具有聚类特征的节点 $\{2, 3\}$ 已经相互靠近地布局在一起。

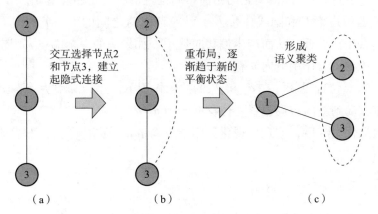

图 9-1　建立隐式连接及其在网络布局中的作用

从图中可见，隐式连接的概念是相对于显式连接而言的，E'参与交互操作过程中的布局计算，却并不显示在最终的布局结果中。通过改变操作对象在网络布局中的受力结构，从而影响网络布局结果，使其能够更好地符合用户的交互式操作预期。

针对隐式图$G'=(V', E')$，根据定义9-1，E'是建立在V'上的连接集合，但它的建立方式并不唯一，因此，隐式图G'的拓扑结构也并不唯一。可见，不同的隐式连接建立方法决定了不同的力生成模式。在各种变化中，最直观的是全连接。

在全连接模式下，隐式图$G'=(V', E')$是一个完全图，即V'中每一对不同的节点均有一条边相连。若G'包含n个节点，则存在$n(n-1)/2$条边，其中$n=|V'|$。在引力和斥力的共同作用下，全连接模型将使得G'的节点迅速相互靠近，从而网络布局中快速呈现出聚类效果，对用户交互意图的反馈效果比较明显。

全连接模型比较简单和直观，易于理解，并且聚类效果好。同时也存在一些缺点：首先，建立的隐式连接的数量较多，增加了力引导算法的计算负担；其次，容易导致节点的剧烈运动，新生成的布局难以保持动态稳定性。

9.2.3 交互式力引导布局算法

与传统力引导算法相比，在每次迭代过程中，交互式布局算法将修改力的生成模式，核心布局过程包括：

（1）遍历节点集V，计算节点对之间的斥力f_r。斥力将使得两个节点相互远离，每个节点$v \in V$都偏离它的当前布局位置，产生偏移向量d_r。

（2）遍历边集E和隐式连接E'，计算节点对之间的引力f_a。引力使得边的两个端点相互靠近，从而产生偏移向量d_a。如果边的一个端点u固定，则另一个端点将在引力作用下向u移动。

（3）节点位置更新。在d_r和d_a的共同作用下，斥力和引力将逐渐趋向平衡，节点移动到新的布局位置，位移向量为$d=d_r+d_a$。

每次迭代完成后，均在可视化界面中对网络布局进行刷新，形成动态的布局效果。

9.2.4 实验结果与分析

选取标准数据集[2]中的一组简单网络，节点和边的信息概览如表9-1所示。对这些网络进行交互式操作，并统计与布局质量相关的指标数据。

表 9-1　一组标准网络数据信息概览

网络名称	节点数量	边数量
tree_22	22	21
tri_mesh_9	11	19
mesh_49	49	84

数据集的可视化结果如图 9-2 所示。分别针对三个简单网络进行直观的定性分析，第一行表示传统力引导算法的布局结果，第二行表示经交互操作之后生成的布局结果。从各图中可见，经过交互式选择之后，可视化图像中明显呈现出了聚类效果（如虚线圆所示）。

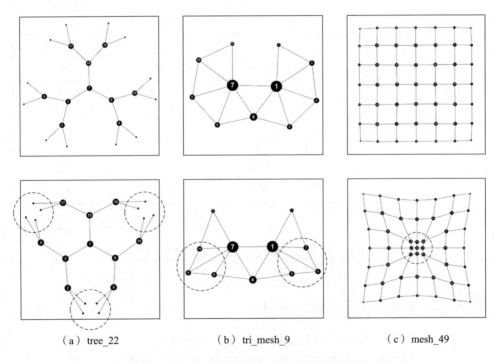

（a）tree_22　　　（b）tri_mesh_9　　　（c）mesh_49

图 9-2　一组标准网络数据的交互式聚类布局结果

对图 9-2 中呈现出的可视化结果进行定量对比分析，则选取三个美学准则作为衡量布局质量的指标，包括尽量减少边交叉数量（记为 c_1）、尽量使边的长度相等（记为 c_2）、保持布局的对称性（记为 c_3）。其中，c_1 是为了使网络的拓扑结构更加清晰，统计边交叉数量即可进行比较；c_2 采用边长度

的标准差 σ 来衡量，$\sigma = \sqrt{\dfrac{1}{m}\sum_{i=1}^{m}(l_i - \bar{l})^2}$，其中，$l_i$ 表示第 i 条边的长度值，$\bar{l}$ 反映网络布局中边的平均长度值，m 表示边的数量，σ 反映了边的均匀性，值越小表示边的长度越均匀；由于数据集是具有对称性的简单图，因此可以通过对布局图像进行对称折叠，计算对称位置节点的距离差来实现指标 c_3 的度量。

定量对比结果如表 9-2 所示。从表中可见，本书方法与传统方法均没有出现边交叉，且布局对称。由于交互操作使得部分节点的联系更加紧密，因此出现了部分边的拉伸，导致边长度的标准差略有增加。总体布局质量相当。可以认为，在引入用户交互的情况下，并没有破坏网络的布局质量。

表 9-2　交互式布局方法的布局质量对比

	美学准则	tree_22	tri_mesh_9	mesh_49
传统方法	c_1	0	0	0
	c_2	7.49	6.45	8.45
	c_3	0.57	0.44	0.08
本书方法	c_1	0	0	0
	c_2	34.28	20.42	44.06
	c_3	0.43	0.42	0.10

9.3　面向细节信息展示的交互式查询方法

9.3.1　多重图信息查询问题分析

在讨论细节信息查询问题之前，首先定义相关概念：
（1）若图中至少存在两条边的端点完全相同，则称该图为多重图。
（2）将两个节点之间存在的多条边，称为多重边或平行边。
（3）若图中既没有多重边也没有自环，则称为简单图。
（4）若将两个节点之间的所有多重边通过累积操作描述为一条边，则称该边为累积边，相应的图称为累积图。

从不同的粒度观察空间信息网络，会获得不同的理解。从最粗的粒度上看，空间信息网络中两个节点之间由一条通信链路相连；然而，从更细微的粒度上看，网络链路并非只是单一的线条。例如，从链路层观察，可以将具有双向通信的两个节点之间的链路看作具有两条有向边的有向图；从协议层观察，空间信息网络中可能采用了多种不同的网络传输协议，抽象边的数量更多；从应用层观察，网络链路上传输的业务通常包括话音、多媒体业务、高速数据、寻呼、传真等各种不同的业务类型，若将每种业务的数据传输均抽象为两个节点之间的一条边，那么空间信息网络的拓扑结构会更加复杂。若要在网络可视化视图中有区别地展示上述细节信息，则势必出现节点重叠和边交叉等视觉杂乱现象。若能解决这一问题，将使空间信息网络可视分析更加贴近实际应用，具有重要意义。

由此可见，如果将空间信息网络各个层面所包含的全部细节信息绘制在可视界面中，用户将无法从视觉杂乱现象中获取任何有价值信息。因此，为了清晰地从宏观上展示网络结构，尽量减少可视化视图中的视觉杂乱现象，通过累积操作，将两个节点之间存在的多重边简化为累积边，这种处理思路具有两个优势：一是在可视化布局过程中，采用累积边代替多重边，减少了参与布局计算的边数量，因此可以降低算法的时间复杂度，使得网络布局更加清晰；二是通过累积操作，能够将多重图转化为累积图，由于累积图是一种特殊的简单图，因此可以获得更多的算法资源和更强的理论支撑。

虽然累积操作简化了网络布局，使得可视化视图更加美观和清晰。但是，当用户浏览网络可视化结果时，伴随着两类典型的问题：一是在网络呈现出累积图布局状态时，网络元素中隐藏了哪些细节信息？二是在多类抽象信息中，如何观察某一类信息的分布状况？

9.3.2 可视查询框架

针对这两类典型的问题，本节分别研究两种可视查询方法，如图 9-3 所示。其中，图 9-3(a) 表示输入网络数据的原始状态，存在多重边现象，例如，节点 v_3 和 v_4 之间存在 5 条边，并且具有不同的方向和类型；将节点之间的多重边累积简化为一条累积边，并采用力引导算法进行布局，获得累积图可视化结果，如图 9-3(b) 表示，该过程既减少了布局计算量，也使得布局结果更加清晰；图 9-3(c) 表示基于放大镜隐喻的局部细节可视查询，采用查询工具探索节点 v_3 和 v_4 之间的细节边，从放大视图中可以明确地辨识出 5 条边的类型和方向；图 9-3(d) 表示面向专题视图的可视查询，能够从视图中清晰地观察到选定边类型的分布状况，并且在展示专题的同时，保持上下文信息的存在（如虚线所示），从而辅助用户对专题图的理解。

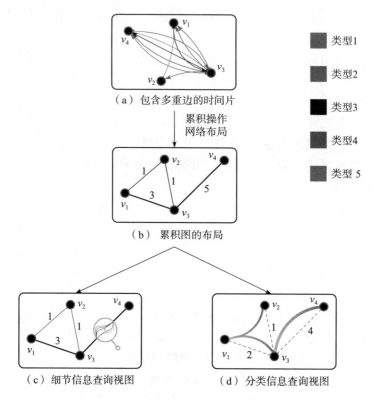

图 9-3　可视查询方法

9.3.3　基于放大镜隐喻的细节查询方法

1. MagMetTool 模型

局部细节查询是一种交互式分析技术，目的在于清晰地展示累积边中隐藏着的细节信息。为了实现这一目的，构建一个基于放大镜隐喻（Magnifier Metaphor）的细节查询工具，称为 MagMetTool。一方面，MagMetTool 的外观和使用非常类似于生活中常见的放大镜，通过将 MagMetTool 移动到待查询的累积边上，可在一个原地扩大的视图中浏览累积边的局部细节；另一方面，在功能上，MagMetTool 与真实的放大镜仍然有所区别：真实的放大镜只是将待查询的对象按比例扩大，而 MagMetTool 除了有扩大的功能之外，还实现了对累积边进行分解的功能，能够将一条累积边分解为多条单边。

此外，MagMetTool 在查看局部细节方面存在一个优势，查询局部细节的同时，保持了上下文环境的完整性和一致性。换言之，在可视化视图中，只有查询对象发生变化，其他部分仍保持原来的状态，从而维持一个稳定的上下文环境。与之相反，现存的一些交互变形工具（如 EdgeLens 技术[3] 和 Edge Plucking 技术[4]），虽然也拥有类似于凸透镜的外观，但是对网络全局的变形操作损失了视图边缘的信息，并且只考虑边的形变，不支持对网络边携带信息的分解。而本书的 MagMetTool 对累积边进行局部分解，并且在上下文环境中显示细节信息，而不仅仅是改变边的形状，如图 9-4 所示。

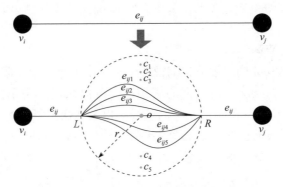

图 9-4　MagMetTool 的原理以及参数

设节点 v_i 和 v_j 之间的边 e_{ij} 是一条累积边，使用 MagMetTool 查询 e_{ij} 中所包含的细节信息。构建 MagMetTool 需要三个主要的控制参数：中心点 O，影响半径 r，放大率 m。参数的确定方法及其对 MagMetTool 的影响作用如下：

(1) 在交互过程中，只需要将鼠标移动到待查询的边 e_{ij} 上并且单击，则拾取到了对象 e_{ij}。MagMetTool 自动计算 e_{ij} 的中点坐标，并以此作为 MagMetTool 模型的中心点 O。

(2) 根据可视化视图中边 e_{ij} 的长度（即节点 v_i 和 v_j 之间的距离），确定影响半径 r。该参数控制了细节查询视图的大小。

(3) 根据边 e_{ij} 所包含的细节边的数量，确定放大率 m。在绘制 MagMetTool 时，参数 m 控制了视图中显示细节边的疏密程度。

在确定 MagMetTool 的三个主要参数之后，需要进一步研究细节边的布局问题。如图 9-4 所示，节点 v_i 和 v_j 之间存在 5 条细节边，表示为集合 $\{e_{ijk}|1\leqslant k\leqslant 5\}$。这些细节边具有如下几个特点：

(1) 每条细节边 e_{ijk} 均描述了一种不同于其他细节边的特定类型的信息。

(2) 边的走向用透明度表示，深色代表目标点，浅色代表起始点。中间点的透明度变化通过插值计算确定。

(3) 位于边 e_{ij} 同一侧的细节边具有相同的走向。

在绘制曲线时，通常采用各种各样的样条模型，如含有不同度的 Bezier 曲线、B 样条曲线、β 样条曲线等，在不追求极度精细的情况下，各种样条曲线

的效果差别不大[5]。本书细节边 e_{ijk} 的曲线模型采用三阶 Bezier 曲线，其方程为

$$B(t)=P_0(1-t)^3+3P_1t(1-t)^2+3P_2t^2(1-t)+P_3t^3 \qquad (9-2)$$

式中：四个控制点 P_1、P_2、P_3 和 P_4 分别对应于 MagMetTool 与边 e_{ij} 的两个交点 L 和 R、中心点 O 和控制点 c_k。前 3 个控制点均易于确定。第 4 个控制点 c_k 位于与边 e_{ij} 垂直的一条直线上，由放大率 m 确定。设同侧边数量为 n，则 $m=r/n$。

2. 细节查询流程

使用 MagMetTool 构建细节查询视图包括以下五个主要步骤：

（1）选择。交互确定待查询的累积边，可以采用三种不同选择方法，包括单击累积边，绘制一条与边交叉的直线，以及依次选择累积边的两个端点。

（2）排序。根据边的类型或者重要性，进行从内至外的排列。

（3）设计。根据多重边数量、多重边方向、放大率等参数，设计多重边的空间分布。

（4）布局。为每条细节边 Bezier 曲线计算控制参数：L、R、O 和 c_k。

（5）绘制。在可视化视图中绘制 Bezier 曲线，进行颜色插值。

通过上述五个步骤，用户可以从可视化视图中定位到感兴趣的边，并利用放大镜工具将累积的细节展开，获取到网络拓扑结构的细节信息。

3. MagMetTool 的查询结果展示

利用 MagMetTool 构建细节查询视图的可视化结果如图 9-5 所示。虚线圆的范围表示 MagMetTool 构建的细节查询视图。多条细节边表示不同的应用或者多个数据包。图 9-5(a) 表示总体概览图；图 9-5(b) 表示卫星节点之间的星间链路查询，可见，从"节点 66-34"到"节点 65-19"有 4 条边，说明在当前拓扑时刻节点之间正在传输 4 个不同应用的数据包，而反方向有 5 条边，说明在当前拓扑时刻节点之间正在传输 5 个不同类型应用的数据包；图 9-5(c) 表示卫星与地面站的上下行链路查询，可见，当前"乌鲁木齐"站正在向"节点 4-52"传输 4 种不同类型的数据包；图 9-5(d) 表示地面站之间的信息传输，可见，"成都"站正在往"昆明"站传输 5 种不同类型的数据包。

4. 与类似方法的对比

从功能上，将 EdgeLens 技术[3]、Edge Plucking 技术[4] 和本书的 MagMet-Tool 进行比较，如表 9-3 所示。其中，方法 A 表示 EdgeLens 技术，方法 B 表示 Edge Plucking 技术，方法 C 表示 MagMetTool。采用不同的符号表示各方法是否具有该功能，符号"√"表示具有该功能，符号"×"表示不具有该功能。

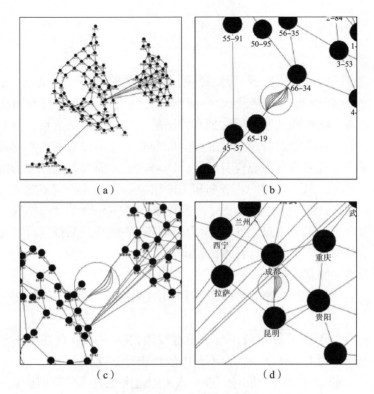

图 9-5 利用 MagMetTool 构建细节查询视图

表 9-3 细节查询工具的功能对比

功能	方法 A	方法 B	方法 C
D1	×	×	√
D2	×	×	√
D3	√	√	√

参与比较的功能指标包括：

（1）保持上下文一致性（记为 D1）。在可视化视图中，只有查询对象发生变形，其他部分仍保持原来的状态，从而维持一个稳定的上下文环境。

（2）视觉元素分解（记为 D2）。分解视觉元素，并且在视图中显示分解后的细节信息，而不仅仅是改变视觉元素的形状。

（3）局部视图放大（记为 D3）。局部视图放大能够让密集的部分变得稀疏，从而展示放大区域的细节信息。

9.3.4 面向专题图的分类查询方法

1. 设计思想

空间信息网络同时支撑着多种不同的业务,传输属于各种业务的数据。例如,空间信息网络中包含预警网、导航网、通信网等多个具有不同功能的子网,这些功能子网在物理层上通常拥有共同的卫星或地面站节点,但是在逻辑划分上,它们又具有相对的独立性。在实际的业务操作过程中,不同业务的使用人员或管理人员通常只关心自身业务的网络状态,而对其他业务的网络状态不感兴趣。因此,面向不同的业务和相关的用户,有必要研究专题图的查询方法,支持从总体视图中生成专题图。专题图关注特定信息的分布情况,优势在于仅显示用户感兴趣的信息,而不需要显示所有的细节。从信息可视化技术角度上看,专题图属于信息过滤技术的范畴。

专题图布局的基本操作步骤如下:

(1)从控制面板中交互式选择一种边的类型,这些边将构成一个专题子图。

(2)对专题子图进行布局,与基于直线边的基本的节点连接图相比,专题图中的边绘制为 Bezier 曲线,以不同的颜色进行高亮显示。

(3)当边的拥塞比较严重时,进一步采用边绑定技术使视图更加清晰。

2. 实验结果与分析

专题图的可视化结果如图 9-6 所示。当专题图被高亮时,基础的累积图布局作为半透明的背景,为用户呈现出一个上下文的环境,从而辅助用户感知专题图在网络整体中的定位。图中展示了空间信息网络中同时运行着的 4 种不同应用的数据传输状态。

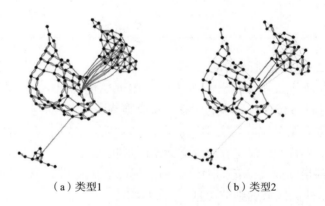

(a)类型1　　　　　　　　(b)类型2

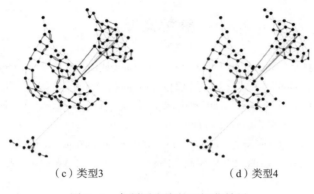

(c) 类型3　　　　　　　　　(d) 类型4

图 9-6　专题图查询的可视化结果

9.4　小结

本章针对典型的交互式可视分析需求，在隐含模式探索和细节信息查询等方面做了深入研究，创新性贡献主要体现在以下两个方面：

（1）在隐含模式探索方面，传统力引导算法通常致力于创建更符合美学准则的网络布局，而很少考虑用户的交互式操作需求，因此很难从力引导算法的布局结果中通过交互手段调整布局结果。本节通过建立"隐式连接"来实现交互式操作，在满足布局质量的同时，对用户的交互意图提供积极反馈，获得了较好的效果。

（2）在细节信息查询方面，针对空间信息网络中抽象信息查询问题，从细节查询和专题图查询两个方面开展研究。一方面，提出一个新颖的 MagMet-Tool 模型，基于放大镜隐喻实现交互式的细节查询；另一方面，通过信息过滤实现专题图查询。两种查询方法有助于用户基于可视化界面开展信息查询，以获取更深入的认知。

基于可视界面开展交互式分析的内容是比较广泛的，本章仅选择两类具有代表性的分析需求，研究了相应的分析方法。在实际应用中，必然产生更多的交互式分析需求，需要将导航、选择和变形等各种不同的交互技术结合起来，针对具体的分析需求，研究相应的交互分析方法。这也从侧面证实了可视化技术具有领域相关的特殊性。在下一步研究中，我们将探索和研究更多的交互分析方法。

参考文献

[1] Nguyen Q, et al. On the faithfulness of graph visualizations [C]//Proceedings of International Symposium on Graph Drawing (GD'12). Redmond: Springer, 2012: 566-568.

[2] Lin C C, et al. A new force-directed graph drawing method based on edge-edge repulsion [J]. Journal of Visual Languages and Computing, 2012, 23 (1): 29-42.

[3] Wong N, et al. EdgeLens: an interactive method for managing edge congestion in graphs [C]//Proceedings of the IEEE Symposium on Information Visualization. Seattle: IEEE, 2003: 51-58.

[4] Wong N, et al. Using edge plucking for interactive graph exploration [C]//Proceedings of the 2005 IEEE Symposium on Information Visualization. Minneapolis: IEEE, 2005: 51-52.

[5] Holten D. Hierarchical edge bundles: visualization of adjacency relations in hierarchical data [J]. IEEE Transactions on Visualization and Computer Graphics, 2006, 12 (5): 805-812.

第10章
空间信息网络拓扑可视化原型系统

10.1 引言

空间信息可视化技术研究需要可视化系统的支撑。目前,互联网上公开可见的空间信息可视化系统主要用于天文馆、科技馆等大型公共场所,面向公众展示太阳系和整个宇宙。这些系统通常又有开源和闭源之分。

开源可视化系统数量较多,具有协作、开放、免费等特征。例如,微软研究院推出的虚拟天文台 WorldWide Telescope[1] 主要针对天文台、望远镜和天文机构数据进行可视化,是一个由美国天文学会管理的开源项目,支持太阳系和恒星的可视化,以及宇宙浏览功能,侧重于从地球的角度呈现数据。Celestia[2] 是一款展示太阳系和宇宙目标的交互式可视化系统,提供了虚拟纹理,可对行星表面进行高分辨率成像并精确定位天体,是一款适应多平台的开源系统。Gaia sky[3] 是一个开源系统,旨在可视化和分析从欧洲航天局盖亚任务收集到的银河系恒星。目前,它可以通过使用一种新颖的、具有星等空间的 LOD 八叉树数据结构来可视化 13 亿颗恒星。Gaia sky 提供了可视化宇宙的能力,但缺乏地球浏览,阅读和使用 NASA SPICE 内核执行除盖亚以外的太空任务的能力,以及合并其他数据源(如体数据集)的能力。Stellarium[4] 是一款开源软件,用户可以从任何行星的表面以 3D 方式观看天空,该软件提供了恒星目录、深空物体、时间控制,以及添加人造卫星的能力。和 Gaia sky 与 WorldWide Telescope 一样,Stellarium 主要是一个天文学系统,允许用户添加内容。OpenSpace[5] 是开源的交互式数据可视化软件,旨在可视化整个已知宇宙并描绘宇宙方面的研究工作。OpenSpace 由 NASA 部分资助,面向公众展示空间数据可视化研究的最新技术,支持以观测、模拟以及太空任务计划和操作来交互式呈现动态数据。可在多种操作系统上工作，其可扩展的体系结构为高分辨率的瓦片显示和天文馆穹顶提供支持，并利用最新的显卡技术来实现快速数据吞吐量。此外，OpenSpace 还可以在全球范围内同时进行连接，从而为全球观众之间的共享体验创造机会。

闭源可视化系统有专门的团队进行论证、建设、管理和维护，形态上高度产品化，功能上高度体系化，质量优秀，但是因为需要付费购买或者未上架销售，使用范围比较小，可扩展性稍弱。例如，Uniview[6] 是一款能够提供多个数据源接口的产品，但是被 Sciss 公司商业化后成为一个闭源软件，用户无法添加全新的功能。与 Uniview 一样，Digistar[7] 和 DigitalSky[8] 都是闭源软件，不支持用户扩展。NASA 喷气推进实验室和加州理工学院的可视化技术应用和开发团队开发的 Eyes[9]，是可以运行在 Mac、PC 和移动设备上的基于 WebGL 的沉浸式应用程序，支持用户体验地球和太阳系，以及探索宇宙飞船，是一款不可扩展的应用程序。

可视化技术发展到现阶段，逐渐突出了应用驱动和人在回路的特征，只有将技术与业务领域相结合，同时与用户进行实时交互，才能实现更大的价值。为了以直观的方式验证相关技术的可行性，本章以前文所述技术为基础，基于 B/S 架构（Browser/Server，浏览器/服务器）和 C/S 架构（Client/Server，客户端/服务器）这两种主流的信息系统框架，分别构建轻量级的空间信息网络拓扑可视化原型系统，以快速直观的方式验证相关技术的可行性。其中，基于 B/S 架构分别构建了动态特征可视化和多层特征可视化原型系统，基于 C/S 架构构建了集成可视化原型系统。

其中，B/S 架构下的可视化原型系统基于 Cesium 进行实现。Cesium 是由分析图形公司（Analytical Graphics, Inc., AGI）于 2011 年创立的一种脚本语言，早期主要应用于空间和国防工业中动态数据可视化的跨平台虚拟地球仪展示，后来，Cesium 逐渐发展成为一个服务于地理空间、石油、天然气、农业、房地产、娱乐和体育等多领域的 3D 地图和地球仪。据 Cesium 主页数据显示，已经在 JavaScript 库 Cesium.js 的基础上成功实现了 140 多个案例，覆盖空间、国防、智慧城市、地理空间、体育和娱乐等多个领域[10]。Cesium 是一个基于 JavaScript 编写的使用 WebGL 的可视化引擎，支持 3D、2D、2.5D 形式的地图展示，可以自行绘制图形，高亮区域，并提供良好的触摸支持，且支持绝大多数的浏览器和移动设备。基于 WebGL 实现硬件加速图形化，跨平台、跨浏览器，支持实现真正的动态数据可视化。基于 Apache 开源协议，支持商业和非商业免费使用。

C/S 架构下的可视化原型系统基于 OpenSceneGraph（OSG）[11] 和 OSGEarth

进行实现。OSG 是一个基于工业标准 OpenGL 的开源软件接口，支持快速创建高性能、跨平台的交互式可视化程序。OSGEarth 是基于 OSG 开发的三维数字地球引擎库，在 OSG 基础上实现了非常多的地理数据和投影转换插件，从而实现三维虚拟地球。本章基于 OSG 和 OSGEarth 开发空间信息网络的三维与二维可视化场景，以及逻辑拓扑可视化视图。

针对空间信息网络拓扑结构动态、多层的特征，结合空间信息网络业务应用场景，本章分别构建了 3 个不同的原型系统，以期在不同信息系统架构、不同设计思路、不同技术环境下充分验证空间信息网络建模与可视化方法。这些原型系统各自具有不同的侧重点，但是构建原型系统的基本体例相同，即按照系统设计、系统实现和系统分析的步骤进行。

10.2 空间信息网络拓扑动态特征可视化原型系统

本节在第 2 章~第 4 章的技术研究基础上，基于 B/S 架构设计和实现了一个以用户为中心的空间信息网络动态特征可视化原型系统（Space Information Networks Dynamic Visualization System），简称 SINDV 原型系统。

10.2.1 系统设计

1. 系统需求分析

近些年，有关空间信息网络基础理论和关键技术的研究已取得了较多成果。在本书中，针对空间信息网络体系结构模型、空间信息网络拓扑结构模型和空间信息网络动态可视化方法的内容已进行了系统地探索和分析。通过对比分析可知，仍然存在一些问题，主要包括：

（1）针对空间信息网络体系结构已有相应的技术方案，但是缺乏有效的演示系统和集成平台来展示空间信息网络实体域的结构模型和组网过程。现有较为成熟的仿真平台包括典型的卫星工具包 STK（Satellite Tool Kit）[12] 和卫星星座可视化软件 SaVi[13]，总的来说，STK 和 SaVi 都是基于 C/S 架构实现的，而且 SaVi 更偏向应用于学术研究中，这就导致了上述仿真平台在使用上、推广上都极为不便利。因此，对于那些初次接触空间信息网络的用户，或者希望对空间信息网络有直观认识的用户，以及那些建设、维护和管理空间信息网络的用户来说，如何有效地展示空间信息网络实体域的组成结构和运行规律就显得至关重要。

（2）随着对空间信息网络的建设和发展，各行各业对空间信息网络的依赖和需求也在不断的增加，致使空间信息网络的规模不断扩大，组成结构也越来越复杂。对于空间信息网络的建设和管理人员来说，一方面需要了解规模扩大后空间信息网络的体系结构，另一方面当空间信息网络发展到一定规模后便需要借助复杂网络的思想，从网络的角度整体把握空间信息网络的拓扑结构和拓扑演化规律。同时，还需要在空间信息网拓扑结构演化的过程中，发掘空间信息网络中的关键节点和核心链路，这对于维护空间信息网络正常运行和日常管理来说都至关重要。反观现阶段，还没有成型的系统或平台能够支撑空间信息网络拓扑域的拓扑结构展示和拓扑演化规律的演示。

结合上述的问题与不足，本节在前文研究的基础上，设计和实现一个以用户为中心的空间信息网络交互可视化系统 SINDV，从而辅助多类用户去了解、建设、发展、维护和管理空间信息网络。

2. 用户特征分析

如前所述，设计 SINDV 原型系统的目的是帮助多类用户对空间信息网络进行有效的理解、建设、发展、维护和管理。用户应是 SINDV 原型系统设计的核心因素，用户的需求决定了 SINDV 原型系统的基本功能，即 SINDV 原型系统的各种功能是为了满足多类用户的多种需求而设计的。因此，为了将以用户为中心的思想落到实处，同时，能够为 SINDV 原型系统所包含的可视视图功能的设计和描述提供指导，本节主要进行 SINDVis 原型系统用户特征的分析。

检验可视化效果的一个主要指标是用户视觉体验的满意程度，因此 SINDV 原型系统研发是以满足多类用户的多种需求为首要指标和初衷。本节对空间信息网络的已有用户和潜在用户的特征进行分析，从而为下一步系统功能模块的开发提供参考。根据对 SINDV 需要的异同，主要把其用户分为以下 3 类：

（1）**USE-1**（初识类用户）：第一类用户是空间信息网络的初识者，这类用户之前并无太多相关的背景知识，是一类需要通过 SINDV 对空间信息网络的组成结构、运行状态等有初步直观了解的用户。

（2）**USE-2**（设计和发展类用户）：第二类用户是空间信息网络论证和建设部门的人员，他们需要对空间信息网络不间断地进行完善和改进，因此，是一类不仅需要对空间信息网络的体系结构进行实时掌握，而且还需要对空间信息网络的演化规律与发展态势进行实时把握和了解的用户。

（3）**USE-3**（维护和管理类用户）：第三类用户是空间信息网络管理和维护部门的人员，他们需要通过 SINDV 对空间信息网络的组成结构和变化规律进行实时的把握，是一类不仅需要掌握空间信息网络中的关键节点与核心链路的位置和关系，从而能够有效地避免其被破坏和干扰，同时，还需要能够有效地维护空间信息网络正常运行的用户。

综上所述，根据需求的不同，我们将 SINDV 用户分为初识类用户、设计和发展类用户以及维护和管理类用户三类。为了进一步分析不同用户对 SINDV 中不同视图的依赖程度，我们通过列表的方式分析了上述三类用户对 SINDV 原型系统功能的需求情况。表中用★表示用户对系统的需求关系，★的数量越多表示对应的用户对该类视图需求越大，用户对不同视图的需求具体情形如表 10-1 所示。需要说明的是，表中提到的可视视图 GeoView 和可视视图 TopolView 的内容将会在后文中详细论述，因此，本节不做具体解释说明。

表 10-1　不同用户对视图需求程度划分

序号	用户类别	视图 GeoView	视图 TopolView
1	USE-1	★★★	★
2	USE-2	★★	★★★
3	USE-3	★★	★★★

3. 体系结构

可视化技术的核心目的是满足用户视觉体验的同时，实现辅助用户基于视图进行数据分析的需求，空间信息网络动态可视化也不例外。因此，在进行系统实现之前需要对 SINDV 的体系结构进行分析。结合空间信息网络的特征和上述用户的需求，SINDV 框架应该包括动态数据的输入，到核心部分的可视化视图生成，再到满足用户需求的可视化视图输出，同时，要能够实现用户与视图进行实时的可视交互。为此，我们设计了 SINDV 框架体系结构。

如图 10-1 所示，从数据集（输入模块）、可视化方法集（处理模块）、视图集（输出模块）和用户四个主体出发，构建了 SINDV 框架结构。为了更加清晰地展示 SINDV 的体系结构，本节较为详细地分析其组成。

（1）**数据集**：SINDV 的输入模块，包括实体数据集和网络数据集两部分，网络数据是由实体数据从实体域映射到拓扑域而得到的数据。实体数据集主要是由空间数据组成，如卫星轨道参数、卫星运行周期参数、卫星覆盖范围参数、卫星信息交换参数等。将空间实体映射为节点，将空间实体间的关系映射为连边则构成了网络数据集。实体数据集和网络数据集共同组成了 SINDV 的输入。

（2）**可视化方法集**：SINDV 实现的核心处理模块，包括实体域方法和拓扑域方法。对于实体域而言，参考 STK 和 SaVi 软件的视图，从而实现空间信息网络在实体域体系结构和运行状态的展示。对于拓扑域而言，主要实现空间信息网络拓扑结构动态演化规律的展示。可视化方法集是方法的大集合，其本

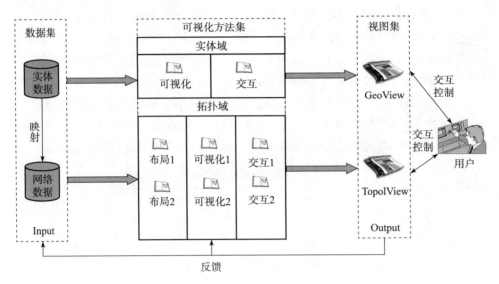

图 10-1 SINDV 框架体系结构

质是一个黑盒子,实体域方法主要包括可视化和交互两部分,拓扑域方法主要包括布局、可视化和交互三部分。由于实体域和拓扑域的原理和对象不同,因此,它们的实现方法也不同。

(3) **视图集**:SINDV 的输出模块,包括实体域视图 GeoView 和拓扑域视图 TopolView。可视化视图是可视化技术实现的直接体现,也是显示信息和实现用户交互的媒介,我们认为可视化方法集是处理过程,而视图集是结果,因此,分别构造了可视化方法集和视图集。在 SINDV 中,视图 GeoView 和 TopolView 同时显示在不同的页面中,当然具体的展示形式要取决于所采用的可视化方法。视图集可以将用户的新需求反馈到输入模块和核心处理模块,从而生成满足用户新需求的输出模块。

(4) **用户**:SINDV 的中心,用户的要求是 SINDV 功能设置的基础参考。可视交互是建立在视图集和用户之间,用户可以通过视图界面实现实时的交互功能,同时,用户可以对视图进行实时控制。由于 SINDV 是一个动态可视化系统,因此主要的交互是用户对时间的控制。此外,由于页面范围的限制,用户可以根据自己的兴趣实时对视图进行选择性的放大、缩小或平移,这也是 SINDV 的主要视图交互功能之一。

4. 功能描述

SINDV 功能由视图体现,在进行用户特征分析时,根据不同用户对系统功能需求程度不同,我们制作了表 10-1,其中提到了可视视图 GeoView 和 Topol-

View。GeoView 是实体域视图的简称，用来表示在 SINDV 中关于空间实体的视图展示，TopolView 是拓扑域视图的简称，用来表示在 SINDV 中关于网络拓扑结构的视图展示。实体域视图 GeoView 是对空间信息网络实体组织关系的直接体现，拓扑域视图 TopolView 是由实体数据映射为网络数据后所生成的网络视图，二者相辅相成共同支撑 SINDV 功能的实现，下面分别进行描述。

1）GeoView 功能描述

基于卫星工具包 STK 的启发，同时为了同拓扑域视图 TopolView 形成互补，我们开发了面向 Web 的可视化视图 GeoView，该视图不仅能够实现 STK 所包含的基本功能，同时还进行了部分功能扩展，包含如下功能：

（1）**功能 10-1**：视图 GeoView 能够逼真地模拟和展示空间信息网络的组成结构和运行状态，可以实现立体的展示（3D），也可以实现平面展示（2D），同时也能够显示相关的地理空间环境。

（2）**功能 10-2**：视图 GeoView 能够展示 GEO 层卫星系统、MEO/LEO 层卫星系统具体的组网结构和连接关系，同时能够展示卫星系统的运行轨道和覆盖范围等。视图 GeoView 能够展示临近空间层信息系统飞机群和热气球群的组群样式、运行方式和覆盖范围等，能够展示地面层终端的具体位置、与其他信息系统的连接关系等。

（3）**功能 10-3**：视图 GeoView 能够通过设置热区实现可视化元素的参数，演示在不同链路中数据信息的动态传输方向、传输流量等动态传输现象。

（4）**功能 10-4**：视图 GeoView 能够实现 3D、2.5D 和 2D 的自由切换，同时可以切换多个地图背景和运行环境，在切换的同时，都可以实现数据信息的实时同步，用户也可以根据个人需求自由地进行放大和缩小的操作，既可以展示整体视图信息，也可以展示视图细节信息，整个过程都不会引起视图的失真。

根据用户的初始需要，将实体域视图的功能初步设定为上述 4 项功能，其中，功能可能有重复的地方，为了实现不同的目的，分别进行了论述。当然，实体域视图的功能远不止如此，根据用户的需求还可以进行后续的开发和拓展。

2）TopolView 功能描述

可视视图 GeoView 负责实现实体域的视图展示和分析，然而，随着空间信息网络规模的扩大、实现功能的增加，产生了分析其拓扑结构和拓扑变化规律的需求，因此，需要借助复杂网络的思想来实现。即将空间信息网络的实体抽象为网络节点，将实体之间的关系抽象为网络连边，从而分析空间信息网络的网络性能，基于此，拓扑域视图应运而生。构建拓扑域视图 TopolView 的出发点即基于可视化手段来掌握空间信息网络的网络性能和网络特征，如节点的重要程度、关键链路和网络拓扑的动态演化规律等。因而，可视视图 TopolView 应具备如下功能：

（1）**功能 10-5**：视图 TopolView 能够展示空间信息网络的整体拓扑结构，实现空间信息网络 4 层网络拓扑结构的展示，同时，能够展示出层级内部的紧耦合连接关系和层级间的松耦合连接关系。

（2）**功能 10-6**：视图 TopolView 能够在同一页面中展示出空间信息网络中的关键节点和重要链路等网络特征。关键节点和重要链路是整个网络的核心，也是整个空间信息网络得以正常运行的基石，因此，对于空间信息网络的设计、建设、维护和管理等各个部门的用户来说，掌握这些信息至关重要。

（3）**功能 10-7**：视图 TopolView 能够展示空间信息网络的动态演化规律，在拓扑演化规则的指导下，根据节点增加、删除，连边的增加、删除等不同情形，可以通过滑动时间片动态展示空间信息网络由于节点与连边的变化所引起的网络拓扑结构的震荡和变化，并且在一定时间内形成新的稳定状态。

（4）**功能 10-8**：视图 TopolView 能够辅助进行空间信息网络的优化，通过对网络拓扑无关节点和无关链路的清理，如删除不重要的节点、删除无关的链路等操作，可以优化空间信息网络的结构规模，减少重复建设等。

可视视图 TopolView 是 SINDV 研发的主要部分，不论是对于空间信息网络的建设、论证部门的人员，还是对空间信息网络的维护、管理部门的人员来说，依靠 SINDV 的可视视图 TopolView 是对实际空间信息网络的建设与管理的有效方法和高效手段，所以对可视视图 TopolView 的依赖性也是最强的。本节主要从需求出发，描述了上述 4 项功能，同可视视图 GeoView 一样，拓扑域视图的功能远不止前文描述的那些，亦可以根据用户的需求进行后续的开发和拓展。

随着空间信息网络的建设和发展，其规模将不断扩大，结构将变得越来越复杂，同时，空间信息网络拓扑结构的实时变化会带来更多的不确定性。凡此种种，将会为空间信息网络的维护和管理带来诸多挑战。在第 3 章，我们建立了空间信息网络加权局域动态演化模型，该模型充分考虑了空间信息网络的局域世界现象和边权演化特征，然而，模型只是从网络的视角分析了空间信息网络的部分基本网络特征。人类 70% 的信息是通过眼睛获取的，而可视化方法不仅可以实现形象化展示视图的目的，也可以挖掘隐藏在视图背后的信息，因此，这也是设计拓扑域视图 TopolView 的初衷。一方面，可视视图 TopolView 可以展示空间信息网络动态演化的过程；另一方面，它也可以辅助分析空间信息网络中的关键节点和核心链路。在此基础上，可以总结出空间信息网络的动态演化规律，为空间信息网络的建设、开发、管理和维护提供一定的指导，这也是可视化技术支持空间信息网络性能分析的具体实践。

对于多类用户而言，视图 GeoView 和 TopolView 是彼此补充共同实现 SINDV 的基本功能，双视图相互补充的原则概括如下：首先，作为实体域视图的 GeoView，当空间信息网络的规模较小时，它能够较为容易地展示空间信息网络组成结构和运行规律。然而，随着空间信息网络规模的增加，空间信息网络的体系结构变得越来越复杂，当规模发展到一定程度之后，可视视图 GeoView 只能展示其组成结构，却不能很好地进行其运行规律的分析。其次，作为拓扑域视图的 TopolView，它是空间实体映射为节点，空间实体间关系映射为连边的抽象表示。可视视图 TopolView 能够在不考虑空间信息网络规模的情况下，从网络视角展示空间信息网络动态演化过程，也能够支撑分析空间信息网络中关键节点和核心链路的改变。因此，可视视图 TopolView 能够弥补 GeoView 的不足，可视视图 GeoView 可以通过提供直观的视图来补充 TopolView 的抽象特征。只有将这两个视图相互融合使用，才能充分发挥 SINDV 的作用。

综上所述，本节从任务需求、用户特征、SINDV 体系结构和 SINDV 功能描述等多个角度出发，分析了 SINDV 原型系统设计的相关内容，接下来将对 SINDV 原型系统具体实现进行论述。

10.2.2　系统实现

1. GeoView 视图实现

结合可视视图 GeoView 要实现的功能和 Cesium 在其他领域的成功应用，基于 Cesium.js 为空间信息网络实体域可视视图 GeoView 的实现提供了可能，因此本书实体域视图 GeoView 实现的核心模块采用 Cesium.js。

1）开发平台及运行环境

建议的开发平台及运行环境如下：

（1）当前主流的计算机、操作系统、浏览器和网络环境。

（2）搭建本地服务器。

（3）开发工具：Brackets、Atom、Adobe Dreamweaver CS6、Eclipse、Cesium.js。

2）GeoView 展示模块

假设 LEO 卫星系统由 5 颗 LEO 卫星和 1 个地面站组成。视图 GeoView 不仅支持 3D 视图的展示，还支持 2.5D 和 2D 视图模式，且在同一时刻可以自由进行页面切换，如图 10-2 所示。

空间信息网络拓扑建模与可视化

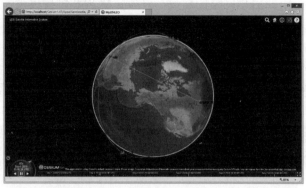

（a）3D视图展示（一）

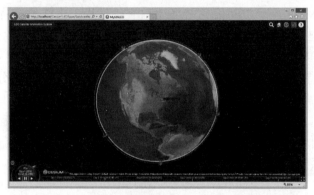

（b）3D视图展示（二）

（c）2D视图展示

图 10-2　LEO 层卫星系统视图展示

图 10-2(a) 为从陆地基站视角出发，展示 LEO 卫星系统的具体组网形式，图中曲线为该信息系统中卫星的运行轨道，当该系统中的卫星运行到与地

面基站有效的范围内,则该卫星会同地面站建立连接,同时进行数据传输,如图 10-2(a) 中直线所示,图 10-2(c) 为其 2D 视图展示,曲线为卫星的运行轨道。

在 LEO 卫星信息系统是基础上,增加 MEO 卫星星座,则可以实现基于 MEO/LEO 星座的 MEO/LEO 层卫星系统。本节增加 6 颗 MEO 卫星,从而构造 MEO/LEO 层卫星系统,如图 10-3 所示。

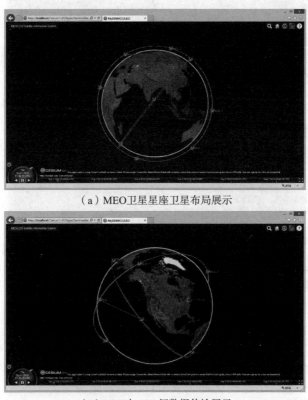

(a) MEO 卫星星座卫星布局展示

(b) MEO 与 LEO 间数据传输展示

图 10-3 MEO/LEO 层卫星系统 3D 视图展示

图 10-3(a) 展示了 MEO 卫星星座的卫星布局和具体分布;当 MEO 卫星和 LEO 卫星运行到有效范围内,相互之间会建立连接,进行数据传输,图 10-3(b) 中的直线展示了 MEO 星和 LEO 星正在进行数据传输。在上述系统的基础上,通过增加 GEO 卫星信息系统,则可构建空间信息网络卫星信息系统,考虑到 GEO 卫星的特点,本节采用 3 颗 GEO 卫星均匀分布在 GEO 轨道上,则可建立全覆盖的 GEO 层卫星系统,同时,GEO-2 兼任中继星的功能,一方面负责收集其他 GEO 卫星的数据信息,同时也负责将所有数据信息传输到地面基站 BS,如图 10-4 所示。

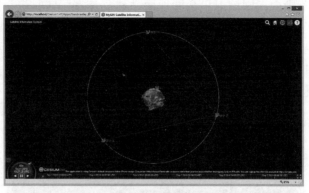

（a）GEO卫星间数据传输展示

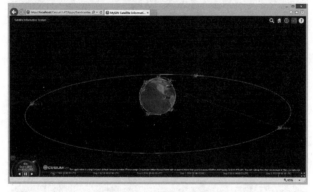

（b）GEO与BS间数据传输展示

图 10-4　GEO 层卫星系统 3D 视图展示

图 10-4(a)、(b) 分别展示了 GEO 卫星之间和 GEO-2 同地面基站 BS 之间建立连接进行数据传输的状态，图中直线为传输链路。

截止到现阶段，以上述卫星为例初步建立空间信息网络的卫星信息系统部分，相比于其4层结构而言，临近空间层由于其结构和位置的特殊性，同时受 SINDV 页面范围的限制，因此，临近空间层具体组网的情形在整体视图中不能够清晰展示。接下来，将以 HABs 为例进行临近空间层信息系统的具体展示。临近空间层主要是依靠飞机和热气球来解决卫星系统所不能覆盖的区域或者不能详细获取信息数据的区域，因此，对于那些地形复杂的区域，只能依靠 HABs 来完成任务，为此，我们选择地形复杂的山区作为环境，以 12 只热气球组成一个 HABs，从而展示其具体情形，如图 10-5 所示。

如图 10-5 所示，通过加载 Cesium 库中的热气球模型，依靠 12 只热气球构建了一个 HABs，在具体设计时选择图中方框包围的那只气球作为群中心，

图 10-5 临近空间层信息系统 3D 视图展示

即数据传输和指挥控制中心，能够连接地面基站和其他 11 只气球，负责进行数据信息传输，最终实现临近空间层所需完成的任务。

综上所述，结合空间信息网络的 4 层体系结构，本节基于 Cesium 进行视图 GeoView 的具体实现和展示，从而让不同用户对空间信息网络有一个直观的认识。

3）GeoView 交互模块

在视图 GeoView 中，针对时间控制模块，选用 Cesium 自带的时间面板进行动态时间的控制，如图 10-6 所示。

图 10-6 视图 GeoView 中时间线控制模块示意图

图 10-6 中左侧为控制面板，包括顺时针/逆时针、播放/暂停、快进/减慢等操作按钮，右侧为具体时间线显示，其中默认的时间间隔为 24h。

综上所述，结合空间信息网络的体系结构和实体域视图 GeoView 的功能，本节对视图 GeoView 进行具体实现，视图 GeoView 与视图 TopolView 在功能上相互补充，主要是从空间实体的角度展示空间信息网络的具体组成和结构框架，让用户对空间信息网络是什么样子有一个直观的视觉体验。同时，本书开发的面向 Web 的模式能够依托互联网更加便利地进行推广和使用。基于 Cesium.js 进行空间信息网络实体域视图的展示，还有很多附属功能可以进一步开发，本节只是为了与空间信息网络体系结构和实体域视图 GeoView 的功能相映射而实现了基本功能，其附属功能将会在今后的研究中进一步开发，本节将不做过多阐述。

2. TopolView 视图实现

1）实验平台及运行环境

具体的实验平台及运行环境如下所示：

（1）操作系统：Windows 8.1 Professional Edition_x64。

（2）处理器：Intel（R）Core（TM）i7-4790 CPU @ 3.60GHz。

（3）内存（RAM）：8GB。

（4）显卡：NVIDIA GeForce GTX 745。

（5）本地服务器：Wampserver3.0.6_x64。

（6）浏览器：InternetExplorer、Avast Secure Browser、Google Chrome。

（7）开发工具和平台：Brackets、Atom、Adobe Dreamweaver CS6、Eclipse、D3.js、Vis.js、Echarts.js、Cytoscape.js 等。

2）TopolView 展示模块

在视图中展示空间信息网络在拓扑域的整体结构，即将空间信息网络中的实体与连接关系分别映射为节点和连边，从而展示其关系结构。假设：该空间信息网络由 3 颗 GEO 卫星（编号：GEO_1~GEO_3）、6 颗 MEO 卫星（编号：MEO_1~MEO_6）、5 颗 LEO 卫星（编号：LEO_1~LEO_5）、10 只热气球（编号：Hab_1~Hab_10）和 2 个地面站（编号：F_1~F_2）按照一定的连接规则组成，其初始拓扑结构形成过程如图 10-7 所示。

在图 10-7 中，从拓扑域视角展示了在 SINDV 中空间信息网络动态组网的过程，结合前文所论述的空间信息网络的体系结构，在图 10-7(a) 初始时刻，展示了组成空间信息网络的基本元素，即 GEO、MEO 和 LEO 卫星系统和地面站，假设其内部已各自建立连接关系；在图 10-7(b) 时刻，展示了 MEO 卫星系统和 LEO 卫星系统相互连接构成 MEO/LEO 层卫星系统的过程；在图 10-7(c) 时刻，为了解决临近空间层的问题，将 GEO 层卫星系统、MEO/LEO 层卫星系统和地面站相互连接组成的一个 3 层结构的空间信息网络，加入了热气球群来代表临近空间层信息系统，将临近空间层信息系统接入到整个网络中，便可组成空间信息网络的雏形。

3）TopolView 交互模块

在可视视图 GeoView 中，通过小部件 Cesium.Timeline 进行显示和控制当前场景的时间，为了与视图 GeoView 对应，我们在可视视图 TopolView 中也添加时间线控制面板供用户进行操作，从而去追踪用户所感兴趣的时刻或时间段的网络演化详情。为此，我们在视图 TopolView 中设计和添加了时间线控制模块，如图 10-8 所示。

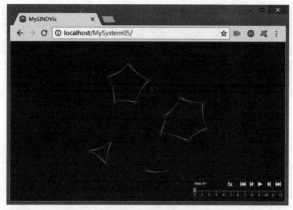

(a)初始时刻

(b)MEO/LEO层卫星系统组网时刻

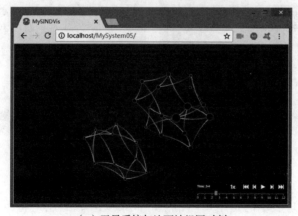

(c)卫星系统与地面站组网时刻

图 10-7　空间信息网络动态组网过程展示

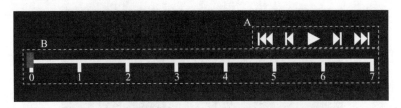

图 10-8 视图 TopolView 中时间线控制模块示意图

如图 10-8 所示，在可视视图 TopolView 中，其时间线模块主要包括两部分组成：A 模块用来进行控制，包括播放/暂停、快进/回退；B 模块是时间条，用来显示时刻和时间片段。下面给出可视视图 TopolView 的其他交互功能，如图 10-9 所示。

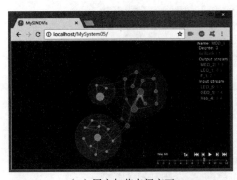

（a）用户与节点间交互

（b）用户与连边间交互

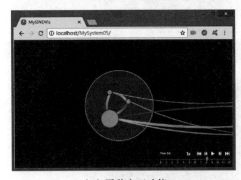

（c）平移交互功能

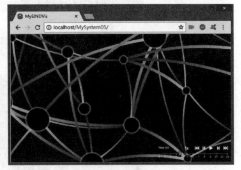

（d）缩放交互功能

图 10-9 空间信息网络交互功能展示

图 10-9(a) 展示的是用户与节点之间的交互，当用户将鼠标置于某一节点之上时，则会在页面的右上方出现关于该节点的细节信息，包括节点名称、节点度、输出流、输入流等，将鼠标挪开则细节信息隐藏；图 10-9(b) 展示

的是用户与连边之间的交互,当用户将鼠标置于某一条连边之上时,则会在页面的右上方出现关于该连边的细节信息,包括连边所包含的目标节点和源节点的名称、连边的连接程度等,将鼠标挪开则细节信息隐藏;图 10-9(c) 则展示了平移的交互功能,为了在页面中只展示 GEO 层的细节信息,故可以将网络中其他部分平移出可视页面中,则可达到图示的效果;图 10-9(d) 展示了在图 10-7(c) 基础上的一个缩放功能,即在同样大小的页面上为了展示细节信息可以通过滚动鼠标实现页面的放大,缩小功能与之类似,因而本节不做更多解释。

结合所要展示的内容,针对 SINDV 拓扑域 TopolView 视图的部分功能需要进行整体说明,具体如下:

说明 10-1:图 10-7(c) 和图 10-9(a) 是具有相同网络结构的视图,由于网络结构本身的局限性,如果用户想通过图 10-7(c) 获悉空间网络的四层结构是无法实现的,因此,通过引入聚类系数来对不同层级的网络节点进行约束。针对 SINDV 中的四层结构,通过设置 4 个不同的约束值达到了图 10-9(a) 的效果,基于聚类系数约束后的网络由 4 个圆面将属于各自层级的网络节点包含,在不影响网络整体拓扑结构的基础上,实现了较为清晰的层级视图展示。

说明 10-2:结合图 10-8 可知,在 SINDV 的动画控制部分,采用基于时间线方式进行实时的时间控制,如图 10-7 和图 10-9 页面右下角时间线模块所示。将动画时间区域设置为 [0,12],实现动画演示可以进行两种操作:一是通过鼠标拖拽滑块,可根据用户的需求实时进行动画转换;二是通过点击"播放/暂停"按钮,可以实现动画的自动展示。同时,为了实现更加人性化的功能设计,满足用户更多的需求,我们在时间线模块中增加了加速/减速等控制按钮,供用户进行操作。

说明 10-3:为了凸显不同节点在整个网络中重要程度的差别,在视图 TopolView 中根据网络节点度值的不同,采用面积编码进行展示,节点度值大则对应的节点显示时面积较大,节点度值小则对应的节点显示时面积较小,当然,考虑到视图页面的范围有限,上述提到的节点度值是相对值。同时,考虑到网络中数据信息传输的方向性问题,采用透明度编码进行展示,从而凸显出输入和输出的差别,如图 10-9 中所示的渐变曲线。

综上所述,结合空间信息网络的体系结构和拓扑域视图 TopolView 的功能,本节对视图 TopolView 进行具体实现,视图 TopolView 与视图 GeoView 相互补充,主要是从网络视角展示空间信息网络的具体组成和连接关系,让用户对空间信息网络的连接关系有一个直观的视觉体验。同时,本书开发的面向 Web 的模式能够依托互联网更加便利地进行推广和使用,本节设计和实现的

TopolView 视图展示了空间信息网络从无到有的动态组网过程,同时将用户的需求与视图页面进行良好的融合,实现了用户的实时交互。关于前文提到的节点、连边的增加、删除等功能其原理同上述内容相同,可以依托图 10-7 获得相关效果。本节主要目的是展示 TopolView 的基本功能,更多功能可以在该视图的基础上进行后续的进一步开发。

下面对原型系统进行简要的分析。

SINDV 实现了针对视图 GeoView 和 TopolView 所描述的基本功能,为了区别于传统卫星可视化系统的功能和性能,本节从依托架构、服务类型、交互性、软件性质、实现视角和应用范畴 6 个方面将 SINDV 同卫星工具包 STK[12] 和卫星星座可视化软件 SaVi[13] 进行比较分析,如表 10-2 所示。

表 10-2 典型卫星平台对比分析

名称	依托架构	服务类型	交互性	软件性质	实现视角	应用范畴
STK	C/S	重量级	较弱	商业软件	实体域	较广
SaVi	C/S	轻量级	适中	学术软件	拓扑域	较窄
SINDVis	B/S	轻量级	较强	综合软件	双域	适中

不同于 STK 和 SaVi 的 C/S 架构,SINDV 是依托 B/S 架构实现的一款面向 Web、轻量级、具有较强交互性的综合性软件。作为具有良好集成功能的 STK,特别适用于重量级的仿真验证,因其具有较强的分析计算能力、轨道生成能力、可见性分析能力、可视化结果展示能力[12],所以 STK 具有较强的商业地位。同时,由于 STK 具有较强的集成度,可以针对多种需求实现多种功能,因此在航天等多领域被成功应用,成为仿真分析的强有力工具。SaVi 同属于 C/S 架构,是一种轻量级的卫星可视化软件,由于其主要被应用于学术研究,因此功能和性能较为局限,也没有被较好地推广和使用[13]。在对 SINDV 设计和实现之初,因为旨在服务于空间信息网络已有的和潜在的用户,其功能都是针对用户需求而设置的,所以 SINDV 的应用范畴适中。STK 可以从实体域视角实现对卫星组网、卫星动态运行的可视化展示,SaVi 可以从拓扑域视角实现对卫星组网的展示,但其是一个静态展示,不能实现对组网过程的动态展示和拓扑动态变化的展示。相比较而言,SINDV 可以同时实现实体域、拓扑域的双视图可视化展示,即可以同时实现软件 STK 和 SaVi 针对卫星组网、卫星动态运行的实体域、拓扑域功能。因此,本书设计与实现的 SINDV 是对上述两个软件实现该部分功能的改进和优化。

前文也曾提到,可视化技术发展到现阶段逐渐凸显出应用驱动的特征,即只有与具体技术相结合而研发的可视化系统才更有价值,更能发挥作用,而近些年关于该类型的可视化系统也出现了很多。然而,横向将 SINDV 与其他领域的可视化系统进行比较,并不能很好地体现出它们之间的异同,故没有将该部分内容进行详细论述。

诚然,SINDV 本身也存在一些缺点和不足,需要不断地进行优化和改进。如针对 GeoView 而言,虽初步实现了空间信息网络动态组网和实时运行展示,但对于所描述的空间信息网络,其包含的组分不仅规模较小,而且结构也较为简单。导致上述现象的主要原因是在实现系统时,以说明问题为导向,以可行性为原则,将工程性的工作量降到了最少。虽然证明了提出的体系结构建模方法的有效性和可行性,以及设计的实体域视图的有效性和可行性,但是为了使仿真模型更加接近于真实的空间信息网络,需要在后期优化和改进工作中增加网络组分的同时丰富网络结构。如针对 TopoView 而言,以实体域中的空间信息网络实体和实体间的关系为参照,映射到拓扑域,则形成了拓扑域数据,在进行空间信息网络拓扑结构展示时同样存在节点和连边数量少的问题。同时,针对拓扑结构动态演化的问题,根据制定的演化规则进行了实现,虽然验证了拓扑演化建模方法与动态可视化方法的有效性和可行性,但整体而言,演化规则较为单一,演化结果也较为单一。在后期工作中,不仅要丰富演化规则、增加节点和连边数量,同时要对方法中包含的演化算法、布局算法、交互算法等进行优化和改进。

10.3 空间信息网络拓扑多层特征可视化原型系统

本节在第 5 章~第 8 章的技术研究基础上,基于 B/S 架构设计和实现了一个空间信息网络多层特征可视化原型系统(Space Information Networks Multilayer Visualization System),简称 SINMV 原型系统。设计目的是提供一个允许用户自由探索空间信息多层网络数据的可视化平台,通过拓扑结构视图和高阶模式信息视图的可视化展示,辅助用户理解和感知空间信息网络多层特征。

10.3.1 系统设计

1. 系统架构

为便于维护管理和快速部署,SINMV 采用 B/S 架构,如图 10-10 所示,该架构主要通过浏览器端、服务器端、数据库端 3 个层次实现。

顶层为浏览器端,为视图表现层,用于将映射和编码完成的图形元素数据显示给用户;同时通过交互式操作界面接收用户输入的操作请求数据,并传递

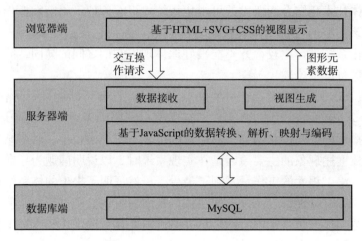

图 10-10　原型系统架构图

给服务器端。当前一些主流的浏览器基本上都具备比较强大的图形渲染功能，在性能和兼容性上都能够很好地支持本系统的视图绘制需求。

　　服务器端为业务逻辑层，是实现可视化服务的核心。服务器端接收用户通过交互式操作界面发送的服务请求数据，并访问数据库获取需要的数据列表；同时，在服务器端对数据进行转换、解析、映射与编码等操作，最终将网络数据转换为可用于浏览器绘制的图形元素数据，并发送给浏览器端。通过对服务器端底层结构更新和管理，可方便、高效地完成系统升级、维护等工作。

　　数据库端为数据访问层，涉及的功能相对较少，主要负责源数据列表的管理。本原型使用 MySQL 数据库保存实验网络数据，数据库端可以根据实际需求切换为其他平台。

2. 功能结构设计

　　SINMV 主要功能模块如图 10-11 所示，主要包括数据处理模块、视图展示模块和交互控制模块，用户通过多类型交互方式作用于网络数据或拓扑结构视图中的可视元素，通过拓扑结构视图和高阶信息视图的可视化展示目标网络的多层结构。以下对各功能模块作用进行介绍。

　　数据处理模块主要功能是根据用户需求为视图展示模块提供数据准备，具体包括：

　　（1）数据载入选择并导入待分析的网络数据列表；对数据进行清洗，删除重复节点、连边；生成聚合网络层和重叠网络层数据列表；生成图数据对象。

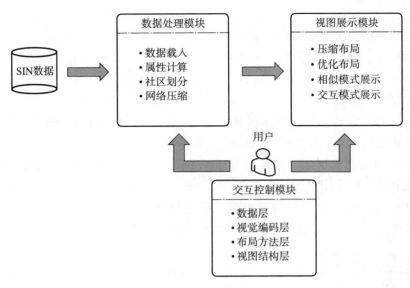

图 10-11　原型系统功能结构图

（2）属性计算计算节点和连边属性，如节点度、介数中心性等，为视图展示和用户基于数据层的交互提供数据准备。

（3）社团划分根据原型集成的社团结构探测算法对各网络层节点划分社团隶属，用于网络压缩和视图编码。

（4）网络压缩利用网络压缩算法压缩各网络层数据，获得各网络层的抽象结构，用于节点布局和视图编码。

视图展示模块利用拓扑结构视图和高阶信息视图从定性和定量角度展示网络结构特征，主要包括：

（1）基于压缩布局的拓扑结构视图采用节点—连接图的形式对压缩网络结构进行展示，突出网络层的社团结构特征和骨架结构等中观尺度与宏观尺度特征。

（2）基于优化布局的拓扑结构视图采用节点—连接图的形式对原始网络层结构进行展示，布局过程利用优化布局方法计算节点坐标，从微观视角展示各网络层结构特征。

（3）多网络层间相似模式视图采用韦氏图的形式对感兴趣区域的层间相似性，即节点重叠度和连边重叠度及其分布等进行展示，从数值上突出层间结构相似性。

（4）单网络层交互模式视图采用有向箭头对单网络层中感兴趣区域的交互模式进行展示，从数值上突出单网络层子图结构间交互模式，辅助层间结构对比。

交互控制模块则通过多类型的交互方式作用于数据、布局参数、网络层或视图元素等，从可视数据和视觉效果上辅助多层特征分析，主要包括：

（1）数据层交互通过源数据选择、基于属性的过滤等方式操作数据或其属性，改变可视数据。

（2）视觉编码层交互利用可视元素的颜色、尺寸、标签等属性编码可视数据，从视觉效果上提升用户的感知效果。

（3）布局方法层交互选择布局方法和算法参数，调整可视元素的位置，从视觉效果上提升用户的感知效果。

（4）视图结构层交互通过点选、框选等操作选择可视元素，通过缩放、平移等视图导航操作改变观察视角，辅助用户查询视图细节。

10.3.2　系统实现

1. 系统开发平台

建议的开发平台及运行环境如下：

（1）当前主流的计算机、操作系统、浏览器和网络环境。

（2）搭建本地服务器。

（3）开发环境与工具：Apache-2.2.5、MySQL、jQuery.js、D3.js、three.js、Vis.js、jsnetworkx.js、bootstrap.js、crossfilter.js 等。

2. 数据处理模块

数据处理模块对导入的网络数据做预处理，并生成如图 10-12 所示的数据对象。图中，左侧为图对象，包含相关层、节点和连边数据，以及必要的节点添加与删除方法、连边添加与删除方法、社团划分方法、属性计算方法、节点和连边查找方法等；右侧由上至下依次为连边、层和节点对象，存储相关属性。

3. 视图展示模块

视图展示模块包括拓扑结构视图和高阶信息视图，拓扑结构视图根据压缩布局和优化布局分别展示压缩网络和原始网络的拓扑结构，高阶信息视图根据层间或层内区域选择展示相似模式或交互模式。

1）压缩布局展示

采用 MNC 算法对案例网络压缩并布局各网络层节点，得到压缩布局拓扑结构视图如图 10-13 所示。各图左上角为网络层标签以及节点和连边数量等信息。

第 10 章 空间信息网络拓扑可视化原型系统

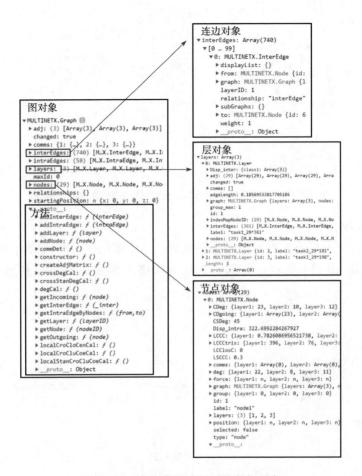

图 10-12 空间信息多层网络数据对象

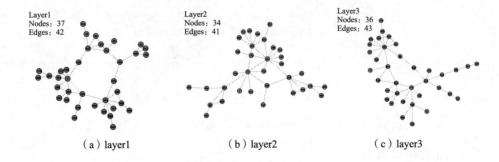

（a）layer1　　　　　　（b）layer2　　　　　　（c）layer3

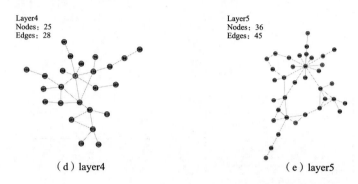

（d）layer4　　　　　　　（e）layer5

图 10-13　案例网络各网络层压缩布局拓扑结构视图展示

2）优化布局展示

采用优化布局方法对案例网络各网络层节点布局，得到原始网络层拓扑结构视图如图 10-14 所示。各图左上角为网络层标签以及节点和连边数量等信息。

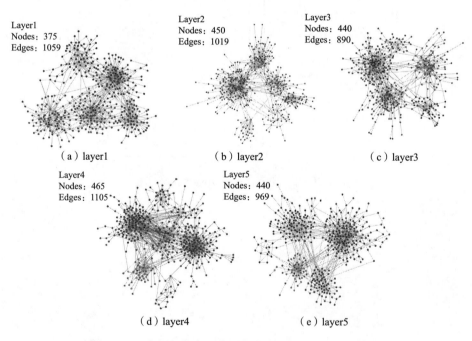

图 10-14　案例网络各网络层优化布局拓扑结构视图展示

3）相似模式展示

分别对 layer1 层、layer2 层和 layer3 层的节点和连边的相似模式进行展示，效果如图 10-15 和图 10-16 所示。

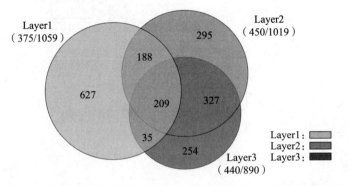

图 10-15　案例网络 layer1 层、layer2 层和 layer3 层重叠连边分布图

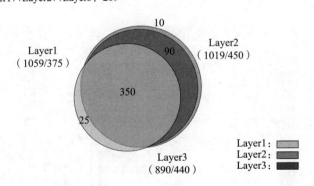

图 10-16　案例网络 layer1 层、layer2 层和 layer3 层重叠节点分布图

4）交互模式展示

由图 10-14(a) 可知，layer1 层所有节点被划分为 5 个社团，对 layer1 层所有社团间的交互模式进行展示，结果如图 10-17 所示。

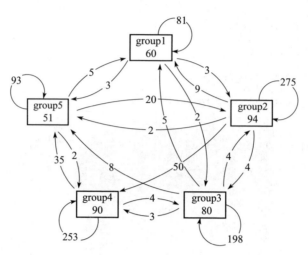

图 10-17　案例网络 layer1 层社团间交互模式视图

4. 交互控制模块

交互控制模块从数据、布局方法、可视元素和视图等层次控制可视化视图的输出，图 10-18 为交互控制模块界面。图中窗口被划分为左、中、右三部分，左侧为主要交互控制面板，控制面板中的交互包括：（a）数据选择、（b）层选择、（c）基于属性的节点过滤、（d）布局方法与参数选择和（e）区域选择器；右侧为高阶信息视图，包括（f）标签和颜色编码与（g）属性列表选择；中间为拓扑结构视图，包括（h）网络层拓扑结构视图选择。

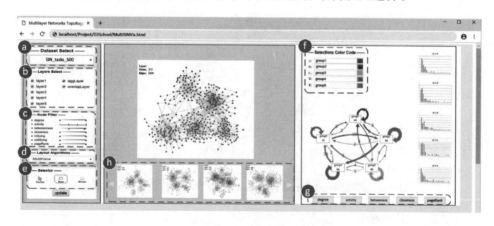

图 10-18　交互控制模块界面

根据多层特征展示任务需求，本节重点对多层网络建模与多层特征展示等方面进行探索。构建了多层网络模型和相对系统地设计了多层特征可视化方法，能较好地改善多层特征展示效果，便于辅助用户对不同网络层间的拓扑结构进行对比分析。另外，该方法和系统具有一定的通用性，经少量修改即可应用于其他具有多层特征的复杂系统的网络化分析。

10.4 空间信息网络集成可视化原型系统

本节兼顾空间信息网络拓扑结构的动态特征和多层特征，提出了一个集成的空间信息网络可视化框架，构建了空间信息网络可视化的格网布局和动画布局视图，并针对典型的信息获取需求研究了交互式可视分析方法。理论上能够对多尺度的空间信息网络仿真数据进行可视化展示与分析。

本节在前文技术研究的基础上，为了进一步系统地集成展示空间信息网络的多维特征，基于 C/S 架构设计并实现了一个空间信息网络集成可视化原型系统（Space Information Networks Integrated Visualization System），简称 SINIV 原型系统，对典型的空间信息网络仿真数据进行可视化展示与分析。SINIV 不仅集成了本书的各种理论研究成果，检验了提出的可视化方法，展示了各种可视化效果，而且提供了多种新颖、灵活、友好的用户交互方式。

10.4.1 系统设计

1. 总体思路

SINIV 除了包含展示动态和多层拓扑特征的可视化视图，还将传统的可视化视图集成在一起。传统的空间信息网络可视化仿真软件多采用经典的两视图结构，即三维立体视图（记为 V_{3D} 视图）和二维平面视图（记为 V_{2D} 视图），分别从空间和平面两个视角来模拟节点的运动、显示空间环境信息、演示节点运行轨道及星下点覆盖范围等。V_{3D} 视图的优势在于物理上比较直观，但是存在比较严重的球体背面信息遮挡；V_{2D} 视图在一定程度上弥补了 V_{3D} 视图的上述缺陷，有利于从宏观视角进行信息展示，但是当多维信息集中呈现在有二维地图约束的平面上时，存在比较严重的视觉杂乱。最关键的是，传统的可视化框架没有专门针对逻辑拓扑设计的可视化视图，V_{3D} 视图和 V_{2D} 视图在拓扑结构信息的表现上都不够充分，网络特征不明显。

SINIV 的创新之处是在传统两视图框架基础上进行扩展，设计新增一个基于动态特征的逻辑拓扑可视化视图（记为 V_{TOP} 视图），从而形成多视图结构的空间信息网络可视化工具，如图 10-19 所示。空间信息网络数据具有多维度、多粒度、动态变化等特征，多视图结构中各个视图的关注焦点不同，有利于从不同的角度和层面展示网络数据，从而使信息呈现更加丰富和充分。三个视图是相辅相成的关系，它们具有各自的特点，从多个不同的角度发掘并展示空间信息网络仿真试验数据中所蕴含的信息。同时，各可视化视图所展示的信息密切关联，具有互补的特征。

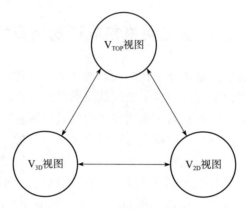

图 10-19 SINIV 的视图结构

SINIV 的设计目的是提供一个具有交互功能的平台，帮助用户从多个维度探索空间信息网络数据。因此，SINIV 需要实现从数据到可视化，再到可视分析的完整的流程，主要围绕以下几个关键要素进行总体设计：

（1）统一数据接口，各视图的数据来源保持一致。

（2）各视图以展示空间信息网络的动态特征和多层特征为核心，兼顾空间信息网络的其他特征。

（3）在可视分析中，支持交互操作，支持用户对可视化视图进行交互控制。

SINIV 的总体设计思路如图 10-20 所示。涵盖了数据生成与处理、视觉编

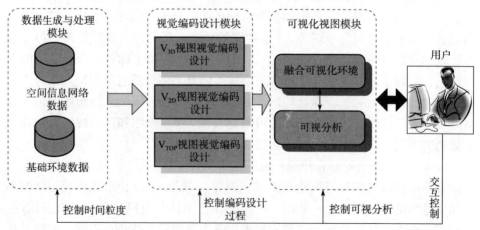

图 10-20 SINIV 的总体设计思路

码设计、可视化视图与交互控制等模块,以展示动态特征为核心,构建支持用户交互的 SINIV 原型系统。

在系统设计过程中,既考虑到能够验证本书提出的关键技术和方法,又注重能够嵌入到更大规模的、实际的建模仿真系统,因此,采用模块化的设计,使主要的功能模块设计具有可重用性。多视图结构和多视图协调关联使得 SINIV 具有较强的可扩展性,易于集成更多的可视化视图。

2. 结构设计

SINIV 的总体结构如图 10-21 所示。根据总体设计思路,将 SINIV 分为三个模块:数据生成与处理模块、视觉编码设计模块和可视化视图与交互分析模块。

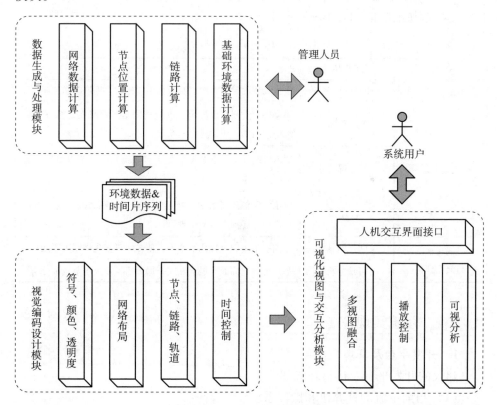

图 10-21 SINIV 的总体结构

数据生成与处理模块,生成时间片序列,包括以下部分:首先,根据设定的空间信息网络参数(包括节点参数和链路参数),从节点数据库读取需要的节点数据;其次,根据卫星轨道数据计算卫星节点的实时位置,以及地面站节点的位置;再次,根据节点的实时位置计算网络链路状态;最后,根据链路的变化状态，生成并存储空间信息网络时间片。

视觉编码设计模块，主要是对可视化视图中的展示内容进行设计，包括符号、图形、颜色、透明度等视觉设计，以及网络布局等算法设计。其中，网络布局将输入时间片序列进行布局，格网布局将输入数据转化为一系列的小图像，形成二维图像格网；动画布局将输入数据转化为动画。网络布局过程中需要进行时间片序列数据的调度，以及对动态布局过程的进行时间控制。

可视化视图与交互分析模块，将多个视图融合在一起，形成一个统一的可视化环境；用户通过人机交互界面，进行可视分析。

3. 功能设计

SINIV 包括数据生成与处理、视觉编码设计、可视化视图与交互分析 3 个模块。各模块的功能如表 10-3 所示。

表 10-3　SINIV 各模块功能

模块	子模块	主要功能
数据生成与处理	提取时间片	根据设置的时间粒度以及数据生成模型，提取时间片序列
视觉编码设计	V_{3D} 视图	逼真展示空间基础环境，模拟空间信息网络在虚拟三维空间中的运动，包括实体、轨道、链路等可视化要素
	V_{2D} 视图	展示空间信息网络节点的星下点轨迹，以及节点对地覆盖范围等要素
	V_{TOP} 视图	展示空间信息网络的拓扑结构，采用动画布局、格网布局等方法，体现网络的多种特征
可视化视图与交互分析	关联视图结构	在同一个集成可视化框架下，使多个可视化视图关联融合
	可视分析	基于可视化界面开展交互式布局分析，以及细节查询分析

10.4.2　系统实现

1. 开发平台及环境

建议的开发平台及运行环境如下：

（1）当前主流的计算机和操作系统。

（2）开发环境与工具：Visual C++ 2005、Qt 4.5.0、CMake、OSG、OSGEarth 等。

2. 数据生成与处理模块

仿真生成空间信息网络数据，以验证可视化原型系统。数据仿真方法很多，本书不再赘述，重点介绍可视化方法。

3. 视觉编码设计模块

1) V_{3D} 视图和 V_{2D} 视图

传统两视图结构的展示效果如图 10-22 所示。空间信息网络实体节点采用两种模型显示：一是在近距离观察时显示为三维模型；二是在远距离观察时以布告板的方式显示为图片，以降低绘制成本，提高绘制效率。空间信息网络链路区分不同的类型进行显示，如将星间链路和星地链路进行区别显示。

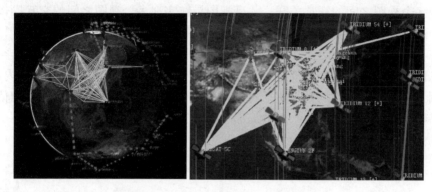

图 10-22 V_{3D} 视图和 V_{2D} 视图效果

2) V_{TOP} 视图

空间信息网络拓扑可视化视图如图 10-23 所示。针对不同的业务类型，基于力引导布局算法，采用不同的符号、颜色、透明度、线型等进行可视化显示。其中，总体上可以呈现为格网布局形态，每个单独的可视化布局支持动画

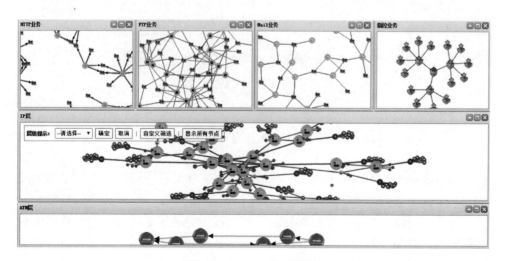

图 10-23 V_{TOP} 视图效果

显示布局过程。格网布局支持用户对不同业务层的网络拓扑进行快速比较,从而感知网络拓扑中隐藏的模式;动画布局视图对空间信息网络拓扑进行动态更新,从而感知网络拓扑变化。

4. 可视化视图与交互分析模块

多视图关联设计包括共享底层视图数据、共享视觉形式编码和共享视图导航,其中共享底层视图数据实现多个视图之间的数据关联,共享视觉形式编码实现多个视图之间的视觉关联,共享视图导航实现多个视图之间的交互操作关联。这种交互式关联设计,可以使多个信息视图在分析系统的界面上展开,便于在不同信息视图中对比切换,降低分析过程中的认知负荷和记忆负担。空间信息网络交互式探索分析部分设计了数据过滤、业务分析、关联探索等内容,如图 10-24 所示。在对数据进行过滤筛选操作后,用户在宏观上浏览空间信息网络整体,并可以选择感兴趣的局部数据子集进行有针对性的展示,对各个层级的业务开展具体对比分析。

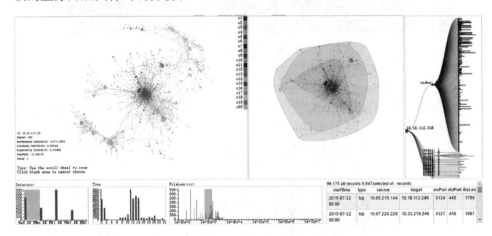

图 10-24 多视图关联分析效果

10.5 小结

随着 Starlink、OneWeb 等卫星网络逐渐变成现实,空间信息网络正在发展成为一个拥有数万个节点、数十万条连接的复杂网络,具有典型的复杂、异构、异质、受限、多层、动态等特征,对大规模空间信息网络的理解正变得越来越困难,必须发展新的可视化技术和系统来实现直观展示、多维分析、深度挖掘和扩展应用。

第 10 章　空间信息网络拓扑可视化原型系统

本章分别设计和实现了 3 个空间信息网络拓扑可视化原型系统，即 SINDV 原型系统、SINMV 原型系统和 SINIV 原型系统。

SINDV 原型系统基于 Web 平台实现拓扑图的动态可视化展示，可以同时满足多类用户的多种需求，包括从系统需求分析、用户特征分析、SINDV 体系结构、SINDV 功能描述 4 个角度出发，进行系统设计；从实验平台、运行环境、功能实现 3 个角度出发，实现了视图的基本功能；从依托架构、服务类型、交互性、软件性质、实现视角和应用范畴等方面将 SINDV 同卫星工具包 STK 和卫星星座可视化软件 SaVi 进行了详细比较。

SINMV 原型系统同样基于 Web 平台实现，包括数据处理模块、视图展示模块和交互控制模块 3 个模块，也具有一定的通用性，经过扩展适配，可以应用于其他具有多层特征的复杂系统的可视化研究，如大脑功能网、电力控制网和多平台社交网等。主要针对空间信息网络的多层特征展示需求，进行设计并实现。

SINIV 原型系统对前面各章的理论研究成果和算法实践进行集成，尤其是将三维立体仿真视图和二维平面视图集成在一起，形成多视图结构的空间信息网络可视化工具。多个视图相辅相成，从不同的角度支持用户进行探索，以直观地发现空间信息网络仿真实验数据中所蕴含的信息。

参考文献

[1] American Astronomical Society. World wide telescope [EB/OL]. [2021-11-12]. http://www.worldwidetelescope.org/home.

[2] Celestia. Celestia—real-time 3D visualization of space [EB/OL]. [2021-11-12]. https://celestia.space/.

[3] Sagrista A, et al. Gaia sky: navigating the gaia catalog [J]. IEEE Transactions on Visualization and Computer Graphics, 2019, 25 (1): 1070-1079.

[4] Stellarium. Stellarium astronomy software [EB/OL]. [2021-11-12]. https://stellarium.org/.

[5] Bock A, et al. OpenSpace: a system for astrographics [J]. IEEE Transactions on Visualization and Computer Graphics, 2020, 26 (1): 633-642.

[6] Klashed S, et al. Uniview-visualizing the universe [C]//Eurographics Conferences. Sweden: Eurographics DL, 2010: 37-43.

[7] Evans & Sutherland. Digistar planetarium software [EB/OL]. [2021-11-12]. https://www.es.com/Digistar/.

[8] Skyskan. DigitalSky 2 software for definiti theaters [EB/OL]. [2021-11-12]. http://

www.laxemedia.com/sky-skan/website/products/ds.html.

[9] Jet Propulsion Laboratory. NASA's eyes [EB/OL]. [2021-11-12]. https://eyes.jpl.nasa.gov.

[10] Pan D X, et al. Visualization and studies of ion-diffusion kinetics in cesium lead bromide perovskite nanowires [J]. Nano Letters, 2018, 18 (3): 1807–1813.

[11] 肖鹏, 等. OpenSceneGraph 三维渲染引擎编程指南 [M]. 北京: 清华大学出版社, 2010.

[12] 陈宏宇, 等. 微小卫星轨道工程应用与 STK 仿真 [M]. 北京: 科学出版社, 2016.

[13] Wood L. SaVi: satellite constellation visualization [C]//First Annual CCSR Research Symposium (CRS 2011). United Kingdom: University of Surrey, 2011: 1–2.